中学生认知与学习

李彩娜 主编

陕西师范大学出版总社

图书代号　JC16N0974

图书在版编目(CIP)数据

中学生认知与学习 / 李彩娜主编. —西安：陕西师范大学出版总社有限公司，2016.8(2019.7 重印)
ISBN 978-7-5613-8598-2

Ⅰ.①中… Ⅱ.①李… Ⅲ.①中学生—认知心理学—高等学校—教材 ②中学生—学习心理学—高等学校—教材　Ⅳ.①B844.2

中国版本图书馆 CIP 数据核字(2016)第 194248 号

中学生认知与学习
ZHONGXUESHENG RENZHI YU XUEXI

李彩娜　主编

图书策划 /	雷永利　古　洁
责任编辑 /	古　洁　刘金茹
责任校对 /	古　洁　郑世骏
封面设计 /	汜林书装
出版发行 /	陕西师范大学出版总社
	(西安市长安南路 199 号　邮编 710062)
网　　址 /	http://www.snupg.com
经　　销 /	新华书店
印　　刷 /	西安市建明工贸有限责任公司
开　　本 /	787mm×960mm　1/16
印　　张 /	19
字　　数 /	290 千
版　　次 /	2016 年 8 月第 1 版
印　　次 /	2019 年 7 月第 3 次印刷
书　　号 /	ISBN 978-7-5613-8598-2
定　　价 /	38.00 元

读者购书、书店添货或发现印装质量问题，请与本社高等教育出版中心联系。
电　话：(029)85303622(传真)　85307864

前　言

中学阶段是个体进一步积累知识技能,认知和思维能力获得快速发展的重要时期,也是人格与情绪发展的关键时期。那么,如何帮助未来教师全面了解中学生认知发展的规律,掌握促进认知发展的理论和实践能力,是有效提升教学质量、促进教师教育发展的前提。因此,在编写教师教育系列公共课教材《中学生认知与学习》的过程中,我们依据2011年教育部《教师教育课程标准(试行)》关于中学职前教师教育课程应"理解中学生的认知特点与学习方式,学会创建学习环境,鼓励独立思考,指导其用多种方式探究学科知识"的要求,在课程设计中,将"中学生认知与学习"作为重要学习模块,在教材编写过程中强调教师遵循个体认知发展的规律,科学运用学习规律指导学习,注重传统基础知识的教学与教学方式的创新相结合,力求教师教育的理论内容切合教学实践,实现对教师教学过程的科学引领与促进。

在教材编写过程中,编写组的老师们经过多次研究讨论,并深入广泛地听取了专家同行的意见与建议,对教材的编写提纲进行了多次修改完善,并最终确定了该教材的现有框架。由于学生在学习本书之前已经系统学习了儿童发展课程,因此,本书中较少涉及中学生认知发展的内容,主要关注中学生的学习理论与特点。主要包含以下章节:第一章,介绍认知与学习的基本概念;第二、三、四章,系统介绍了不同流派的学习理论,包括行为主义、认知主义、建构主义与人本主义等不同流派学习理论的主要观点,重点阐述了不同学习理论的代表人物、学习的实质与规律及教学启示;第五章,主要阐述中学生知识技能的学习及相关教学策略;第六章,介绍了中学生的能力与创造性培养;第七章,主要介绍学习迁移的理论及在教学中如何实现学习的迁移;第八章,介绍了学习动机的内涵、相关理论及激发中学生学习动机的主要教学方法。

  每一章的结构安排主要包括教学目标、学习重点、课前思考、正文、案例、拓展学习、内容要点、复习思考等部分。正文主要介绍每一章的主要概念、相关理论及中学生学习特点与相关研究;案例旨在让学生通过分析发现相关事件中蕴含的心理学规律与特点;拓展学习是对章节中所学知识的进一步检验,激发学生的学习兴趣,并促进其深入学习;内容要点是对每一章节正文内容的简要概括;复习思考是对所学内容的巩固练习以达到良好的学习效果。

  我们期待该教材能够满足教师教育课程改革的需求。此外,我们也深刻体会到,编写教材是一件艰苦而长期的工作,由于受水平与能力所限,本书难免会有一些疏漏和偏差之处,恳请专家学者和广大读者批评、指正!

李彩娜

2016 年 5 月 16 日

目　　录

第一章　认知与学习概述 ··· 1
　　第一节　认知概述 ·· 2
　　第二节　学习概述 ··· 18
　　第三节　认知与学习的关系 ·· 25
第二章　行为主义学习理论 ·· 35
　　第一节　经典性条件反射理论 ····································· 36
　　第二节　桑代克的试误—联结学习理论 ························· 42
　　第三节　斯金纳的操作性条件作用 ······························· 47
　　第四节　班杜拉的社会学习理论 ·································· 61
第三章　认知学习理论 ·· 73
　　第一节　早期的认知学习理论 ····································· 74
　　第二节　布鲁纳的认知—发现学习理论 ························· 83
　　第三节　奥苏贝尔的认知—同化学习理论 ······················ 90
　　第四节　加涅的认知—指导学习理论 ···························· 97
第四章　建构主义与人本主义学习理论 ···························· 109
　　第一节　建构主义学习理论 ····································· 110
　　第二节　人本主义学习理论 ····································· 130
　　第三节　学习理论小结 ·· 139
第五章　中学生知识技能的学习 ···································· 144
　　第一节　知识的学习 ·· 145

第二节　技能的学习 …………………………… 154
　　第三节　学习策略 ……………………………… 172
第六章　中学生能力与创造性的培养 …………………… 184
　　第一节　中学生感知能力的培养 ……………… 185
　　第二节　中学生注意能力的培养 ……………… 191
　　第三节　中学生记忆能力的培养 ……………… 200
　　第四节　中学生思维与想象能力的培养 ……… 206
　　第五节　中学生创造力的培养 ………………… 214
第七章　中学生学习的迁移 ……………………………… 223
　　第一节　学习迁移概述 ………………………… 224
　　第二节　学习迁移的经典理论 ………………… 228
　　第三节　学习迁移的当代理论 ………………… 236
　　第四节　为迁移而教 …………………………… 242
第八章　中学生学习动机的激发 ………………………… 253
　　第一节　学习动机概述 ………………………… 254
　　第二节　学习动机的主要理论 ………………… 262
　　第三节　学习动机的激发与培养 ……………… 274
　　第四节　自主学习 ……………………………… 280
参考文献 …………………………………………………… 290
后记 ………………………………………………………… 297

第一章　认知与学习概述

■ **教学目标**
- ❖ 理解认知的内涵、认知发展的实质,理解认知发展的影响因素。
- ❖ 了解学习的含义与分类。
- ❖ 理解中学生认知与学习的关系。

■ **学习重点**
- ❖ 认知发展的实质及影响因素。
- ❖ 学习的概念。
- ❖ 中学生认知与学习的关系。

■ **课前思考**
- ❖ 什么是认知?个体认知的发展受哪些因素的影响?
- ❖ 中学生的认知水平与学习活动的关系如何?
- ❖ 什么是学习?广义的学习与狭义的学习有什么不同,学习的意义是什么?

第一节 认知概述

认知(cognition)或认识是个体认识和了解世界的方式或方法,是个体通过与周围环境进行互动最终获取知识的过程。现代认知心理学指出,认知是个体通过感觉、知觉、记忆、思维等活动进行的信息加工过程(information processing),包含信息的获得、编码、贮存、提取和使用等一系列连续的认知操作阶段。认知过程作为个体了解自身和环境的心理过程,可以是自然的或人造的、有意识的或无意识的,被看作人之为人的基础。

认知与学习间存在密切联系。一方面,个体已有的认知水平、所处的不同认知发展阶段会影响其学习的方式方法、形式内容及学习的品质与结果等诸多方面。不同认知水平个体掌握的学习方法不同,认知和学习风格迥异,学习的主动性、对学习的监控与评价,均会受到认知水平的影响与制约,导致其所能掌握的知识也存在诸多差异;另一方面,学习活动的最终目的是促进个体认知的发展与完善,不同的学习活动对认知的影响不同,适合个体认知发展水平的学习活动能够促进个体认知过程的发展与完善,背离个体认知发展水平的学习活动会影响甚至危害个体的健康发展与适应。在中小学教学实践中,教师只有了解和掌握了中学生认知与学习的关系,才能有效地促进教学活动的顺利进行,并最终引导学生的健康发展。

一、认知的含义

认知对于个体的生活、学习与工作等各项活动的顺利展开具有重要的价值,歪曲、错误的认知会导致个体对世界的错误了解,正确和高效的认知则是了解世界真相的重要途径。

(一)认知的概念

在上学期的心理学基础课程中已经学习过,个体心理活动包括心理过程、个性和心理状态三大范畴。其中,心理过程描述了个体心理活动的动态过程,包含认知、情感和意志三方面。

其中,认知是个体对客观世界进行认识的信息加工过程,主要包括感觉、知觉、记忆、思维、想象、言语等基本过程。(莫雷,2007)对世界的认识开始于感知觉,其中,感觉是对事物个别属性和特性的认识,如看到物体的颜色、明暗,听到的声调,触摸到纹理的粗细或软硬等;知觉则是对事物的整体属性及其联系的认识,如看到红旗、听到嘈杂的人声等。亦即,感觉是个体通过感官对事物个别属性或特性的反应,知觉则是对不同感官所获得的各属性间内在联系与关系的把握。在对事物的特征进行感知之后,个体将相关经验储存在大脑中并在需要时进行提取与再现的过程就是记忆;思维则是个体通过对已有知识经验的加工所获取的对事物间本质属性和内在联系的间接、概括性的知识,是认识过程的高级活动。此外,个体在头脑中描绘出之前没有感知过的事物的形象和特征的过程则是想象。

认知是个体通过与周围环境的互动来认识和了解世界的基本方式,是人类从事其他一切活动的前提和基础,对个体的发展与适应有重要作用,歪曲或错误的认知会导致个体对世界的错误了解和不良的发展与适应;客观正确的认知则是个体了解世界真相的前提与重要途径。作为未来的教师,师范生应全面了解认知过程对学生学习与发展的重要性,遵循认知的特点与规律组织好教育教学活动,同时利用认知过程及其发展规律促进学生的高效学习,对未来教育工作的顺利进行和教育成效的获得具有重要的理论与现实意义。

(二)认知的主要理论模型

心理学对认知特点与规律的了解经历了一个漫长的过程。从最初行为主义的机械学习观完全忽略认知的重要性,到格式塔学派强调认知的整体性与顿悟对个体了解世界的重要性,再到建构主义学习理论重视个体已有知识经验和对知识的主动建构与人本主义从自我实现的角度对认知的重要性的强调,不同的心理学流派对认知的理解各有侧重。现代认知心理学则从信息加工的观点出发,用计算机类比人脑的认知过程,并据此对认知过程的内涵做出了全面深入的阐释。

根据信息加工理论的观点,个体的感觉、知觉、记忆、思维等认知过程可以类比为计算机对信息的输入、编码、加工储存、提取和使用过程。此外,基于对信息传递和加工方式的不同理解,信息加工理论提出了两种影响力较为广泛的模型——多阶段存储模型和加工水平模型。其中,多阶段存储模型认为,信息在个体内部的传递是从一个阶段到下一阶段的序列加工;加工水平模型则认为,信息在个体内部的加工只是加工深度的差异而没有阶段的不同。两个模型观点都有一定的实证依据作为支撑,是认知心理学中两大较为成熟的理论模型。

1. 多阶段存储模型

多阶段存储模型认为,信息在个体内部的传递是一个序列性的过程,强调信息在依次递进的三个不同的系统中被存储,即感觉记忆系统、短时记忆系统、长时记忆系统(图1-1)。

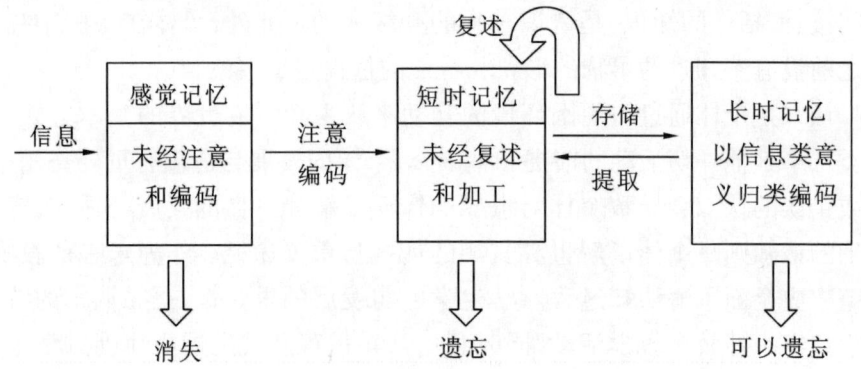

图1-1 记忆的多阶段存储模型示意图

首先,来自内外环境中的刺激作用于个体的感觉器官进入感觉记忆系统,在感觉登记器中进行编码,并以映象的形式在感觉登记器中暂存(约1秒钟)。接着,感觉记忆系统中一部分能够引起个体注意的信息会进入短时记忆系统接受进一步的加工,大量未经注意的信息则会迅速消退。

然后,在短时记忆系统中,暂时存储的信息如果得到了复述等进一步的精细加工,就会进入长时记忆系统并被加以存储,未经精细加工和复述的信息则会消退或遗忘。短时记忆的重要特点是存储空间的有限性,只能存贮7±2个组块(意义的单元),瞬时记忆和长时记忆的容量则具有无限性。

此外,当个体在短时记忆中对瞬时记忆系统中的信息进行加工时,来自长时记忆系统的已有信息,也会被部分的提取和使用,此时,就会出现思维、想象、言语等高级的认知活动。

专栏1-1　拓展阅读

1. 感觉记忆与短时记忆分别属于两个系统的实验依据——部分报告法

　　Sperling通过一系列实验发现,以刺激呈现后1秒钟为分界点存在两个不同的记忆系统:感觉记忆和短时记忆。在全部报告法实验中,呈现一些刺激项目(如一串数字或字母)要被试复述,结果发现在呈现时间50毫秒条件下同时呈现12个字母,被试平均只能报告4~5个字母(Sperling,1960)。在部分报告法实验中,同样在50毫秒内呈现12个字母,但实验前与被试约定,字母呈现终止时会出现不同的声音信号,要求被试根据随机出现的声音信号报告:高音复述第一行字母,中音复述第二行,低音复述第三行。由于声音信号在字母后立即呈现,此时被试还未产生遗忘。结果表明,不论出现哪一种音调、报告哪一行字母,正确率都在75%以上,被试至少正确报告出每行的3个字母。由此推理,被试实际看清的字母数至少是9个(12×75%=9),远高于全部报告法。

　　在后续实验中,Sperling系统地改变了字母与声音信号间的时间间隔(延迟0.1秒,0.2秒……以此类推),使声音信号延迟呈现,延迟的时间里,被试会产生遗忘。结果表明,随延迟时间的延长,部分报告法的成绩急剧下降,直至与全部报告法相同。通过比较不同时间间隔的成绩发现,被试在刚刚看到字母刺激时,其记忆广度远远超过5个;1秒钟之后,其记忆广度则稳定在5左右。

　　这种1秒前后记忆特性的反差说明,存在两个不同的记忆系统:感觉记忆和短时记忆,其保持时间以1秒钟为分水岭。1秒之前记忆容量比较大,但其中只有一部分信息进入1秒以后的短时记忆阶段,其他信息则被迅速遗忘。

2. 短时记忆与长时记忆分别属于两个系统的实验依据

　　系列位置效应(serial position effect)包括近因效应与首因效应。在自由回忆情况下,测试被试对一系列刺激项目的学习成绩,结果发现,处在系列前段和末尾的刺激项目的自由回忆成绩较好,位于中间的则成绩较差。前段成绩好,被称为首因效应(primacy effect);末尾成绩好,被称为近因效应(recency effect)。心理学家认为,系列位置效应反映了一个现象,即短时记忆与长时记忆分别属于两个独立的系统,系列位置效应是多阶段存储模型的实验依据。

在系列位置效应的研究中,Mrudock(1962)让主试快速朗读一系列单词给被试,使其不能复述,结果发现首因效应消失而近因效应仍然存在。在Postman和Phillips(1965)的实验中,让被试在听完单词后,立即完成一个与单词记忆无关的计算任务,然后再复述单词,结果发现,近因效应消失而首因效应未受影响。

实验心理学认为,如果两个效应在相同实验处理下表现不一致甚至相反,就可说明其内在的心理机制不同。首因效应中被试对最前面单词的回忆成绩较好,是因其保留的时间比较长,反映了长时记忆的作用;近因效应中,被试对最后呈现单词的回忆成绩好,是因为其仍存在于短时记忆中,反映了短时记忆的作用。

(资料来源:邵志芳.认知心理学——理论、实验和应用[M].2版.上海:上海教育出版社.2013:98-101.)

2. 加工水平模型

加工水平理论从认知加工的深度入手,对认知过程进行分析,认为短时记忆和长时记忆两个系统并不存在,所谓长时记忆和短时记忆只不过是一种记忆过程中的不同水平。

人们对识记材料保持时间的长短、记忆得清楚与否,决定于对材料提供的信息是如何加工的,即取决于加工的水平。

具体而言,人们对接收到的外来信息要经过一系列不同水平的分析和加工,从浅表的感觉分析开始,接着要进行较深层次的、较复杂的、抽象的分析。

浅表的感觉分析一般包括对一些视觉或听觉刺激的感知加工,较深层次的分析加工,则包括语义的分析、加工,意义的提取及与已有认知结构体系间的相互联系等。

加工水平模型认为,加工的水平越深,人们对信息的记忆痕迹保持的时间就越久。

例如,在识记时,若不仅对成语的字音字形进行加工,还理解掌握成语的含义,则记忆的印象更为深刻,保持的时间更长久。

> **专栏 1-2　拓展阅读**
>
> **加工水平模型的实验依据**
>
> 　　Craik 和 Tulving(1975)的一个实验为加工水平理论提供了有力证据。在该实验中,问被试呈现关于特定单词的一系列问题,这些问题分为结构水平、语音水平和语义水平,三种水平的加工深度递增。例如:
>
> 　　结构水平的问题:这个词是大写的吗?
>
> 　　语音水平的问题:这个词与 weight 押韵吗?
>
> 　　语义水平的问题:这个词能否填入以下句子:"The girl placed the _____ on the table."
>
> 　　实验中,先呈现问题,再呈现单词,然后要求被试尽可能快地做出"是"或"否"的反应,记录他们的反应时。由于事先不告诉被试将要进行任何记忆或学习测验,可以认为被试的学习是一种不随意学习(incidental learning)。
>
> 　　问题回答完毕后,进行单词再认测验。结果表明,反应时与再认成绩都受加工水平的影响。加工越深,所需的反应时或信息加工时间越长;加工越深,再认成绩越好。在三种加工任务中,语义加工的反应时最长,再认成绩最好。
>
> 　　资料来源:邵志芳.(2013).认知心理学——理论.实验和应用(第二版).上海:上海教育出版社.(p141-143)。有删改。

二、认知发展的含义

个体对外部世界的认知过程,不仅受到信息加工的不同阶段和加工深度的影响,还会受到个体已有的认知水平、所处的不同认知发展阶段的影响。处于不同发展阶段的个体,对外部世界进行的认识活动和过程不同,能够达到的认知能力与水平存在差异,认知风格迥异。认知发展指的是个体认知功能的不断发展与完善的变化过程,与学习间存在密切联系,一定的认知发展水平是学习的前提,学习的认知发展目标之一是促进个体认知的发展。因此,掌握学生认知发展的特点和规律,是有效指导学生的学习活动,促进其认知发展和学习的重要保障。

(一)认知发展的概念

发展心理学指出,个体心理的发展,包括认知、情绪和人格社会性等方面的发展,其中,认知发展(cognitive development)指的是儿童、青少年在与环境相互作用的过程中,其感知觉、注意、观察、记忆、想象、思维与学习等方面的逐渐成长,即个体认知功能系统的不断完善和发展变化过程。(莫雷,2007)认知发展是个体心理发展的重要方面。

(二)认知发展的特点

伴随年龄的增长,个体的认知水平也在不断发展变化。发展心理学研究表明,个体认知发展的特点包括连续性与阶段性的统一,普遍性与差异性的统一,主动与被动的统一。

1. 连续性与阶段性

个体的认知发展是连续性与阶段性的统一。

一方面,个体认知的发展表现为一个连续的量的累积过程。推动变化的潜在过程是渐进的,并在人的一生中保持不变。信息加工理论指出,正如个体随年龄增长表现出的身高变化的特点一样,个体认知发展在大多数领域是随时间产生的连续的量的变化。每个新的发展水平都建立在之前的基础上,并逐渐发展到一个新的、更高级的水平,成熟程度不同的个体间的差异,主要表现为行为数量或复杂程度的不同。如随着儿童年龄的增长,其信息加工的速度加快,短时记忆的容量也有极大的扩展,对思考的内容也有更多的了解,这些方面都在发生着量变的累积。亦即,信息加工论者认为,儿童思维的任何突然变化都是由运算上的连续性量变(如工作记忆和加工速度的变化)所导致的。

另一方面,个体的认知发展又表现出阶段性的特征,不同年龄阶段的个体在认知水平上存在显著的差异。认知发展的阶段论观点指出,个体在整个生命中的发展变化表现为一个质变的过程,经历截然不同的阶段时,会表现出各阶段的独特性,并获得不同于前一阶段的新技能或能力,正如毛毛虫蜕变为蝶的过程,而不是小毛毛虫成长为大毛毛虫。如皮亚杰的认知发展阶段理论指出,个体的认知发展是按照一定顺序、分阶段进行的,儿童先后经历从"感知运动"到"形式运算"四个不同的认知发展阶段,每个阶段都有其不同的认识世界的方式和思维模式等,这些发展阶段代表了认知功能和形式的不同质的水平,是一种非连续的、质的变化,所有儿童都按照同样的顺序发展,前一阶段是后一阶段的基础,阶段之间不能跨越。

第一章 认知与学习概述

个体认知发展的阶段性提醒我们,在教育教学实践中,教师应考虑特定时期个体在生理发展、社会关系、认知能力等方面的阶段性特征,更加关注相应阶段个体在认知上的独特经验。尽管目前越来越多的人质疑皮亚杰提出的严格的认知发展的阶段论,但不可否认的是,在发展的许多领域,不同年龄儿童的发展变化并不是完成的"更好",而是以"不同方式"来完成,就像是从新手到有经验者,最终到大师级别的过程,表现出一定的顺序性和阶段性特征。

总之,个体的认知发展是由量变到质变,再由质变到量变的过程。认知发展连续性与阶段性的统一,表现在个体认知发展的年龄特征。认知发展的年龄特征,指的是在一定的社会和教育条件下,不同年龄阶段的个体在认知发展上所形成的一般性的、典型的、本质的特征。在教师的实际教学工作中,应当充分考虑教学对象的年龄、成熟等因素,依据其所处的认知发展的不同水平,合理安排教学方法与教学内容。只有准确把握各年龄阶段学生认知发展的特点,才能选择更合适的教学方法,最终有效地指导学生的学习活动。

2. 普遍性与差异性

个体的认知发展还表现出普遍性与差异性的统一。

由于人类个体在大脑发育、生理机能发育及动作发展等方面具有共同的过程和阶段,使得不同个体间在认知发展各阶段的发展顺序表现出较为一致的特征,在各阶段的变化过程与发展速度上基本相似,表现出认知发展的普遍性特征。如小学低年级阶段,学生在学习过程中更多地采用形象记忆,通过事物的外部特征掌握学习内容;随年龄增长,中学阶段的个体则能够采用抽象记忆的方式进行学习,并通过理解事物间的内在联系掌握知识。因此,教育应遵循学生认知发展的一般规律,根据不同发展阶段的身心特点采用教育方法、制定教育内容。

但是,由于个体的遗传素质、生理特性及所处环境和教育等影响因素不尽相同,因而不同个体在认知发展过程和速度上又存在一定的差异性。例如,即使是同龄儿童,每个学生的认知发展水平不一定完全一致,有些甚至存在很大的差异。同时,每个学生在智力水平、认知风格等方面也具有自己的特点,因此,教师既要把握儿童认知发展的普遍性进行统一的教育,又要善于发现每个学生认知发展的差异性,有针对性地进行个别化辅导,做到因材施教。

3. 主动性与被动性

虽然曾有心理学家认为,儿童的学习和发展过程只是被动接受遗传、环境、教育等因素的影响,但目前越来越多的研究者同意以下观点:儿童青少年是发展的主体,在接受知识的同时,其认知发展过程同样具有主动性的特征。亦即,个体认知发展是主动性与被动性的统一。

行为主义学习理论提出了环境决定论下的个体被动发展观,认为学习是在刺激—反应间建立联结的被动的、渐进的过程,学习的结果是促使个体外在行为特征的改变,教育者可以通过改变环境条件来塑造和改变行为。如华生强调,有机体学习的实质是通过经典性条件反射的建立形成刺激与反应间联结的过程。华生将人的学习等同于动物的学习,忽视了人的主观能动性,这不符合实际情况,同时也不利于培养学生积极主动的学习态度。

随着认知发展学派、建构主义学习理论的兴起,儿童发展的主动性得到越来越多的重视。认知发展学派把儿童看作积极主动的学习者,他们积极主动地探索环境,在与周围环境中的人与事物的相互作用过程中逐渐形成自己的认识与理解。儿童不是消极被动的学习者,而是积极主动的环境探索者,在与环境互动的过程中,自己去发现、形成并构建自己的知识经验,使认知能力得到发展。建构主义学者认为,学习和个体认知的发展不是简单的知识由外到内的转移与传递过程,而是学习者主动建构自己知识经验的过程,即通过新旧经验间的双向互动来充实、丰富和改造自己的知识经验。因此,个体的认知发展不是被动地接受现成的结论,而是主动建构信息意义的过程。

综上,当前的教育心理学家普遍认为,认知的发展过程不仅包括被动地接受外在教育环境的影响,还包含个体的主动建构。个体的认知能力是在其与环境的交互作用中逐渐发展的。

(三)认知发展的影响因素

心理学家对于认知发展的影响因素曾争论不休。遗传论者强调了遗传和成熟等生理因素的作用,环境论者则强调环境和教育等后天因素的影响,二因素论者企图克服前两种理论的片面性,主张儿童心理的发展是由遗传和环境两个因素共同决定的,但把遗传和环境看作影响儿童心理发展的同等成分或两种相互孤立存在的因素,没有揭示它们之间的本质联系。

目前,影响最大的发展交互作用论认为,儿童认知的发展是遗传与环境两大因素相互作用的结果,遗传对心理发展影响作用的大小依赖于环境的变化,而环境影响作用的发挥,也会受到遗传限度的制约。发展的交互作用理论深入揭示了儿童认知发展不同影响因素间复杂的交互作用特点与机制,对于理解和解释发展的多样性与复杂性,探明遗传与环境对个体不同方面发展的具体影响方式有重要作用。亦即,发展心理学家目前关注的是,如何更深入、更细致地探讨环境和遗传的各种因素到底以怎样的方式影响个体发展的内在机制,如何共同决定个体发展的年龄特征与发展的总体面貌。

1. 遗传素质与生理成熟为认知发展提供可能性

遗传素质(here dodiathesis)指的是个体通过遗传获得的先天人类机体的构造和形态等生理特征,是认知发展的必要前提和基础。大脑是人类最复杂、最精细的部位,大脑皮层的不同区域与个体众多的认知过程有关,如额叶与思维、言语等方面有关,顶叶与身体的感觉、味觉、触觉及空间认知有关,枕叶与视觉有关,颞叶则与听觉有关。认知是人脑对客观现实的反映,人类的所有认知活动都是大脑活动的结果。一个没有人类大脑构造的黑猩猩永远不会说人类的语言,天生视觉系统受损的盲人,则很难重新获得分辨颜色的能力。也就是说,遗传因素为个体的认知发展提供了先天的生物前提和发展的可能性。

生理成熟(physiology maturity)指的是个体生理方面的生长发育过程,尤其是神经系统和内分泌系统的成熟。个体的认知发展与生理成熟直接相关,并以生理成熟为前提和基础。生理成熟依赖于遗传,具有一定的时间程序性。人类个体的生长发育是一个相对漫长的过程,尤其是参与各种认知活动的核心——大脑,其发育自出生起直至18岁以后一直处于持续的发展完善过程中。如有研究表明,高级大脑中枢的髓鞘化过程会一直持续到青少年时期,参与高级认知活动(如制订计划和策略)的前额叶神经回路的发育完善,则至少到20岁时还能进行重新建构。因此,在个体成长发育的不同阶段,由于生理成熟程度的不同,个体的认知发展水平也会受到制约,并在不同的年龄阶段表现出不同的认知发展特点。

> **专栏 1-3　拓展阅读**
> **遗传与智力差异——来自行为遗传学的研究结果**
>
> 　　行为遗传学(genetics of behavior)以解释人类复杂行为现象的遗传机制为其研究的根本目标,探讨行为起源、基因对人类行为发展的影响,以及在行为形成过程中,遗传和环境之间的交互作用。在针对人类个体的研究中,行为遗传学多采用家庭研究(双生子设计或领养设计),从血缘关系不同的家庭成员间的相似性和差异性,来评估各种属性的遗传力。
>
> 　　家庭研究表明,遗传的可能性影响人们的智力、内/外向性和共情关注,以及出现精神分裂症、双相障碍(BPD)、神经症、酗酒和犯罪等异常行为的倾向性;其中,有关智力的研究表明,个体在遗传上的相关越高,智力上的相关也越高。其中,同卵双生子在智力上的相关最高:在相同环境中一起成长的同卵双生子间IQ的相关为0.86,分开养育的同卵双生子间IQ的相关也达到0.72,一起抚养的异卵双生子间IQ的相关则只有0.53,没有血缘关系的领养子女间IQ的相关只有0.34,充分说明了遗传对智力的重要影响。
>
> 　　(资料来源:Shaffer D R, Katherine K.发展心理学:儿童与青少年[M].邹泓等译.8版.北京:中国轻工业出版社,2009:93.)

2. 环境与教育在一定范围内决定个体的认知发展

遗传与生理成熟是认知发展的前提与基础,决定了发展的可能性范围;环境与教育则在一定范围内决定个体的发展,决定了发展的现实性水平。遗传和生理成熟具有一定的稳定性,认知发展的可塑性与发展的空间由环境与教育所提供,发展的水平与内容更是环境与教育共同作用的结果。例如,个体只有在婴幼儿时期接受了适宜的刺激,才能发展出相应的认知能力。一些在特殊环境中成长的个体(如狼孩),虽然其遗传和生理成熟度与其他个体相同,但由于没有人类社会的环境和教育的影响,其在思维、想象等许多认知能力上,仍比一般人差很多。

教育作为一种特殊的环境,对个体心理的发展起主导作用。教育是一种有目的地培养人的活动,教育条件是儿童社会生活条件中最重要的部分,是有目的、有方向、有组织地引导儿童发展的环境。因此,在影响个体心理发展的诸多因素中,教育起主导作用。生产力越发达,教育对儿童心理发展的作用越明显。因为儿童的心理发展主要依靠掌握前人的经验,教育正是让个体掌握和学会组织与选择信息的方式,最终指引并促进儿童心理的发展。

可见,环境与教育对个体的认知发展具有重要意义,能够将遗传和生理成熟提供的认知发展的可能性转变为发展的现实性。

3. 遗传与环境的交互作用理论

遗传与环境的交互作用理论认为,人类大多数复杂的属性都是天性(遗传和成熟)与教养(环境与教育)长期交互作用的结果,认知发展也是如此。近期的研究普遍关注遗传与环境究竟是如何相互作用来促进个体的发展变化的。下面介绍几种具有代表性的观点。

(1)导向原则。瓦丁顿(C. Waddington,1966)用"导向"一词来表示基因将发展限定于少量的结果中,如婴儿期的咿呀学语行为。所有婴儿,甚至是聋儿,在生命的头8个月至10个月都是以几乎完全一样的方式进行的。环境对这种高度导向的特征几乎没有什么影响,它只是简单地按照基因里预设的成熟程序来自然展现。而智力、气质和人格等特质则较少被导向。这些特质能够被各种生活经历影响,从而可能朝着各个方向偏离其遗传的道路。

另一方面,有效的环境也能够限制或者引导发展。例如,早期环境中营养和社会刺激不丰富,则会长期阻碍儿童的成长,并推迟他们的智力发展。

(2)反应范围原则。根据高兹曼(l. Gottesman,1963)关于反应范围原则的观点,基因一般不严格指导行为,而是对不同的生活经历建立起一定范围的可能反应,因此被称为反应范围原则。即,基因型为一个人面对不同环境时任一特定的属性可能展示出的表型设定了可能结果的范围,在此范围内,环境会极大地影响着个体最终成为什么样的人。反应范围原则的一个重要的推论是,人们的基因是不同的,因此,没有两个人会以完全相同的方式对特定环境做出反应。

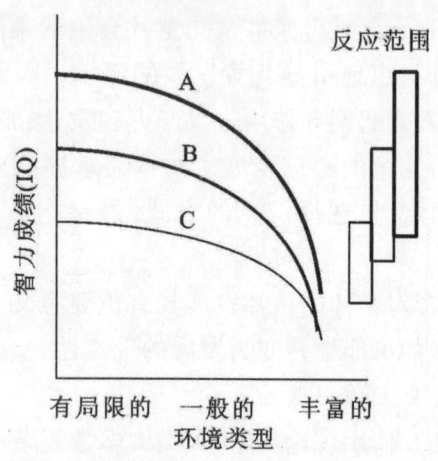

图1-2 反应范围原则示意图

反应范围原则对智力成绩上的影响,如图1-2所示。外部环境丰富程度的变化,会对三个不同遗传天赋的儿童(A、B、C)的IQ表现产生不同的影响。其中,A在智力发展上有很高的智力发展潜能,其IQ发展的反应范围最大;B的智力天赋一般,其IQ发展的反应范围次之;C的智力发展潜能远低于平均水平,其发展的反应范围最窄。在相同的环境条件下,A的IQ成绩总是好于B和C,A的反应范围也是最宽的,因为当环境从非常局限的恶劣环境变化到丰富环境时,其IQ发展变化的幅度远高于一般水平。相反,C的反应范围很窄,智力发展的潜能也很低,无论环境如何变化,其IQ变化的幅度较其他两个儿童IQ的变化幅度都会更小。

总之,反应范围原则清楚地阐述了遗传与环境的交互作用:个体的基因对任一特定的特质设定了一个可能的结果范围,在此范围内,环境会最终决定个体的最终发展。

(3)基因型/环境相关。人类的行为是基因与其所处的家庭和社会文化环境联合调控的结果。一方面,人类的多样性取决于基因,没有基因个体,一切将不复存在;但基因并不能决定个体的生活,如果没有个体赖以生存的家庭和社会环境,所有基因都不能得到表达。发展心理学家认为,基因(即遗传)与环境的关系可以概括为阳性关系和阴性关系两大类。其中,阳性关系是个体的环境经验与遗传倾向保持一致,经验总能促进和保持遗传倾向;阴性关系则是经验和遗传倾向间的不一致。每一类关系又包含以下三种不

第一章 认知与学习概述

同的基因环境关系模式(Scarr & McCartney, 1983):

①被动关系,即被动的基因型/环境相关。儿童被动地继承或接受与其遗传倾向有关的环境的影响。一方面,儿童的基因遗传于父母,其行为会受到父母所遗传的基因型的影响;另一方面,父母为儿童提供的早期养育环境也部分受到父母自身基因的影响。此时,遗传与环境间的阳性被动关系表现为:高智商的父母一方面为儿童提供了高智商的基因,同时,也会给儿童提供更多有益于智力开发的家庭养育环境;有运动天赋的父母,一方面遗传给孩子运动的基因,同时,也会创造出更富于运动气息的家庭环境以鼓励孩子积极参加体育活动。如果乐于交际的父母却有个遗传倾向要求安静的孩子,父母却又要把孩子更多地推向集体活动,就出现了阴性的被动关系,即父母提供给儿童的环境与儿童的遗传倾向背道而驰。

②召唤关系,即唤起的基因型/环境相关。儿童不仅仅是受环境影响的被动接受者,还可以积极地寻求与其基因倾向相关的环境,并从环境中接收与其基因型相应的反应。人们对不同基因型的个体做出的反应不同,即不同基因型的儿童会唤起或引发他人的不同反应。此时,基因与环境间的阳性召唤关系表现为:活泼的婴儿比忧郁的婴儿受到更多的注意和更积极的社会刺激;外向性格遗传倾向的学生受到的老师和同学的注意比害羞内向的学生更多等。阴性的召唤关系则表现为:在学校,教师和同伴可能会鼓励一个遗传倾向上更害羞、内向的孩子更多地参加集体游戏。此时,儿童自身基因型所唤起的他人对儿童的反应作为一种环境的影响,也会对儿童的人格形成与发展起重要的影响作用。

(4)主动关系,即主动的基因型/环境相关。斯卡尔和麦卡特尼指出(Scarr & McCartney, 1983),儿童所喜欢和寻求的环境将会是那些与他们的基因倾向性最一致的环境。如,一个基因倾向于外向的儿童,更可能会是一个积极的聚会爱好者,会邀请朋友到他的家里。相反,遗传倾向于害羞而内向的儿童,则可能会主动避免大型社交场所。即不同基因型的儿童会根据自己的遗传倾向主动选择自己所处的小环境。如果一个在遗传倾向上更害羞、内向的儿童自己故意去寻求参加社会活动,就出现了阴性的主动关系。

需要注意的是,这种对遗传与环境相关的三分法只是为了概念上区分的方便,现实中,个体可能既是环境的被动接受者,又可以通过自己唤起的

15

反应作用于环境,还可以积极主动地选择或创设环境。每种情形中都存在遗传与环境的交互作用及由此导致的相关因素的贡献。此外,遗传与环境在儿童发展中的作用也会随儿童的发展而变化。从婴儿期到青少年期,被动的关系会逐渐减少,主动的关系会逐渐增加。亦即,随着儿童年龄的增长,儿童会自己主动挑选环境的某些方面去反应、去学习,或者不予理睬。最后,唤起的基因型/环境相关一直都很重要,亦即,个体受遗传影响的属性和行为模式一生都会影响其对待他人的方式。

(5)生态系统理论。美国心理学家布朗芬布伦纳(U. Brofenbrenner,1979)提出了人的发展的生态系统观点,系统分析了生态环境对个体发展的影响。生态系统是指个体正在经历着的,或与个体有着直接或间接联系的环境。生态系统理论强调,环境是"一组嵌套结构",发展中的个体嵌套于从直接环境(如家庭)到间接环境(如文化)等一系列相互影响的多重环境系统的中心。同时,人是不断成长的、积极主动的个体,环境的特性也处在不断的发展变化中,因此,个体与环境的相互适应过程也会受到其直接或间接接触的不同环境系统、时间系统等因素的影响。

布朗芬布伦纳归纳出了五个生态系统:微观系统、中间系统、外层系统、宏观系统和时序系统(图1-3)。其中,微观系统(microsystem)是发展中的个体直接面对或亲身经历的特定环境因素,包括表现出的气质、人格、活动、角色及人际关系系统,如家庭、学校、同伴、玩耍等。中间系统(mesosystem)是包含发展中个体在内的两个或多个环境间的作用过程与联系,如家庭和学校的关系、学校与工作单位的关系。换言之,中间系统是微观系统的系统。外层系统(exosystem)则是发生在两个或多个环境间的作用过程与联系,是个体并未直接参与其中但却对其产生影响的环境,如邻居、传媒、社会福利制度等。宏观系统(macrosystem)指的是特定的文化、亚文化或其他更为广阔的社会背景,如社会伦理、道德、价值观等。最后一个是时序系统(chronosystem),即个体所处的社会历史阶段。这五种环境因素同时存在并彼此交互作用,如宏观系统的变化会影响外层系统,并进而影响微观系统和中间系统,每个系统都会与其他系统及个体产生互动,共同影响个体的发展。

第一章 认知与学习概述

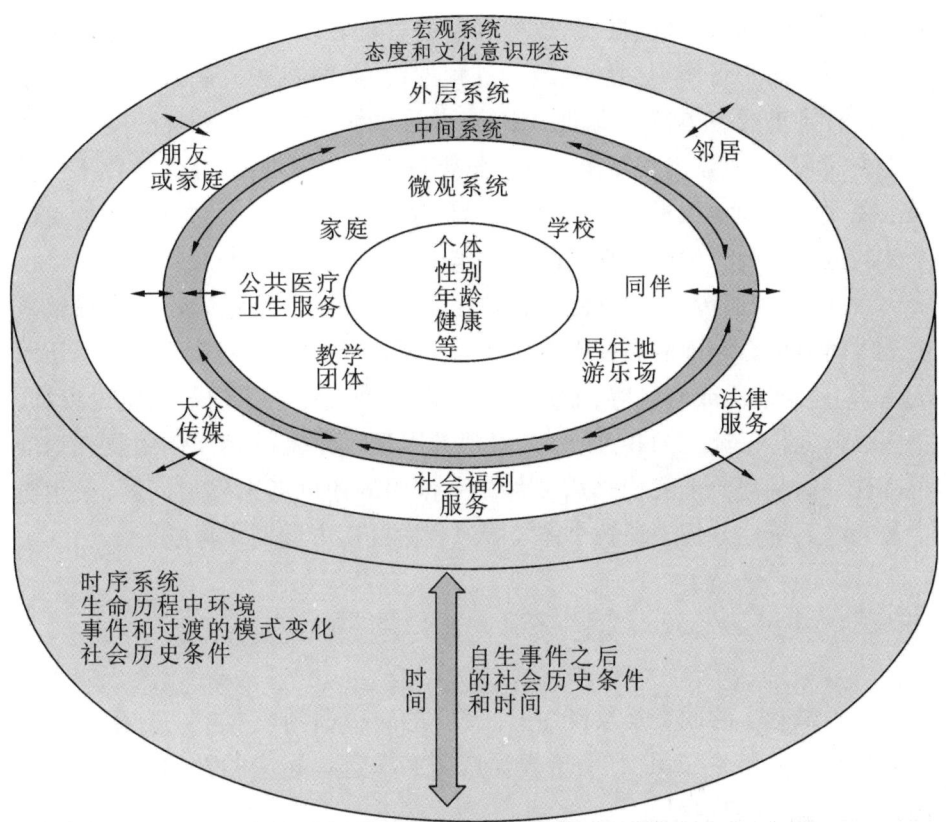

图1-3 布朗芬布伦纳的发展的生态系统理论

布朗芬布伦纳随后提出了一个重要的概念：最近过程（proximal process）。在整个生命历程特别是早期阶段，人类的发展是通过积极的、发展着的人类有机体与当下外部环境中的人、物，以及符号之间的逐步的、愈加复杂的相互作用实现的。要想有效发展，交互作用必须相当有规律地发生，并且持续较长的一段时间。这种在当下环境中持续的交互作用形式被称作最近过程。最近过程持续形式的例子包括亲—子活动，儿童—儿童的活动，群体或独自游戏，阅读，学习新的技能，学习体育运动和完成更加复杂的任务等。对于儿童来说，持续参与到这种交互作用过程中，会产生相应的能力、动机、知识以及技能，而这些使得儿童可以在其他的情境中主动发起类似的活动，从而得到发展。简而言之，最近过程是发展的发动机。

布朗芬布伦纳区分出几类对人的发展过程最具影响力的因素，包括个人特征、个体发展结果的性质、过程发生所处的环境、其间社会的连续和变化。多因子的交互作用会影响最近过程的内容、时机和发展效力。生态系统理论特别重视主体性对发展的影响,并强调影响是在与环境的动态互动过程中实现的,凸显出交互作用论的思想。生态系统理论提示,教育不仅仅局限在课堂中和学校里,家庭、同伴、社会等众多因素,都会对不同年龄阶段个体的认知发展产生不同程度的影响作用。

目前,分子遗传学、内分泌学和神经学等学科的研究结果已被大量整入心理学研究中。当前的研究不再如从前一样简单地将心理功能的发展还原为基因、神经递质或脑区等,而是采用多向模型代替了单向的决定论模型,更多强调遗传—环境的相互作用、表现基因型—经验的相互作用及大脑的可塑性。这些都要求我们采用一种相互作用的角度考虑发展问题,采用更为复杂的系统性分析来理解个体发展过程中的多方面变化与成长。

第二节 学习概述

教师最基本的职责是教授知识,"教"的对应面则是"学"。理解个体的学习过程及其相关知识,有助于教师按照需求选择相应的教学方法和教学手段,促进学生的学习。

一、学习的含义

学习(learning)有广义和狭义之分。

(一)广义的学习

广义的学习包含了动物的学习和人类的学习,指有机体在后天生活过程中,由于练习或反复经验而产生的行为或行为潜能的比较持久的变化。

要把握广义学习的实质,需要从以下几个方面来理解:

第一,学习是人与动物共有的普遍现象,但二者存在本质差异。从学习的内容上看,人类学习不仅是掌握个体经验,更重要的是掌握社会经验;动物的学习则缺乏社会属性,是一种个体的行为。从方式上看,动物的学习只有第一信号系统参与;人类学习则多以语言为中介,是第一信号系统与第二信号系统相结合的学习。从性质上看,人类学习是自觉自发的、积极主动的过程;动物的学习则是不自觉的、消极被动适应生存环境的过程。

第一章 认知与学习概述

第二,学习是有机体后天习得经验的过程。学习是个体通过自身某种活动获得经验的过程,是个体与外界信息相互联系、相互作用的过程。个体的活动是多样的,可以是做某件事情,也可以是观察别人的活动;可以是自主地阅读书本,也可以是听老师讲课。同时,这种经验的获得不是个体简单地接受外界的刺激或信息,而是个体与环境间产生双向交互作用的过程。一方面,这些交互作用要以个体的知识经验、兴趣爱好、态度技能为前提;另一方面,外界环境的影响也会使个体已有的知识经验、兴趣爱好和态度技能等得到丰富和改变。

第三,学习表现为有机体行为由于经验而发生的持久稳定的变化。有时候,这种变化并不一定在行为上立刻有所表现,而是在日后逐渐显现出来,即行为的潜能发生了变化。同时,这种变化是较为持久的、稳定的,而不是为了某种目的而产生的短暂的行为改变。例如,一个人为了避免在狭窄的走廊里与对面的人相撞而向右侧身的行为并不是学习行为。

需要注意的是,并非所有的行为变化都是学习引起的。要注意区分由于疲劳、成熟、疾病或药物等引起的行为的短暂变化与真正的学习行为之间的区别。

(二)狭义的学习

狭义的学习是指人类或学生的学习,是个体在教育环境中进行的有目的、有计划、较系统地掌握知识技能和行为规范,并最终引起行为或行为潜能发生持久变化的过程。

具体来说,学生的学习有其独有的特点:首先,学生学习主要以接受学习为主,直接掌握现有的间接经验;其次,学生学习比较系统,都是在学校中有组织、有计划地进行;此外,学生的学习不仅需要学生自己主动去获取和掌握知识,同时,也需要教师的讲授和指导,师生之间的互动与交流至关重要,只有学生和教师共同努力,才能更好地促进学生的学习。

专栏1-4 原理应用

◇ 重视经验的力量。个体获得的学习经验包括直接经验和间接经验,教师可以充分利用这两种形式。一方面,创造条件,让学生通过亲身参与活动产生直接经验的学习,尤其是对年龄小的儿童而言,这种直接经验的学习尤为重要;另一方面,是提供前人累积的知识,让学生进行间接经验的学习,这种学习以语言为中介,能够在较短时间内获得较多的内容,是学校情境中学生学习的主要形式。

◇ 学习的结果是产生行为或行为潜能的持久变化。教师要注意采取措施保证学生学习行为的持续性,在学习之后及时进行练习与强化,避免已习得行为的消退和遗忘。同时,教师也应关注学习结果的评价方式,不仅考察学习后个体是否表现出行为上的即刻改变,也要对行为潜能的培养予以关注。

◇ 学生的学习以掌握间接经验为主,具有一定的被动性,教师应当理解其特点并合理安排教学。例如,帮助学生认清当前所学知识对未来适应环境的重要作用,提高学习的积极性;同时,系统、合理地组织教学内容以利于学生的理解与掌握。

二、学习的意义和作用

1. 学习是有机体与环境维持平衡的途径

学习是有机体适应环境并与外界保持平衡的重要途径,动物主要是通过学习适应环境,人类则不仅要适应环境,还要主动改变环境以更好地生存发展,因而更需要学习。从广义层面看,有机体的学习过程就是其心理形成、变化与发展的过程,因此,可以说,学习与生命并存。在生物进化史上,随着有机体所处进化序列位置的不同,学习对其的重要性程度也不尽相同。最低等的无神经系统的原生动物仅需要简单的学习,更多的是依靠本能的行为获得生存和繁衍;而人类从出生到死亡的整个生命过程都贯穿着学习,只有不断学习,才能适应复杂多变的自然环境和社会环境。图1-4说明,在不同发展水平的动物个体的生活中,学习所起的作用不同。动物的生命形式越低级,行为的先天成分作用越大;而对于高等动物(尤其是人),行为的后天成分在个体生活中的作用越大,其行为受益于后天学习经验的成分就越大。

2. 学习能促进生理成熟与心理发展

学习一定程度上依赖于个体的生理发展水平,如幼儿要学习写字,必须在其手指肌肉、控制注意的大脑皮层及其他必要的生理成熟的基础上,才可能实现。但如果没有环境的刺激和一定的学习训练,正常的成熟也是不可

第一章 认知与学习概述

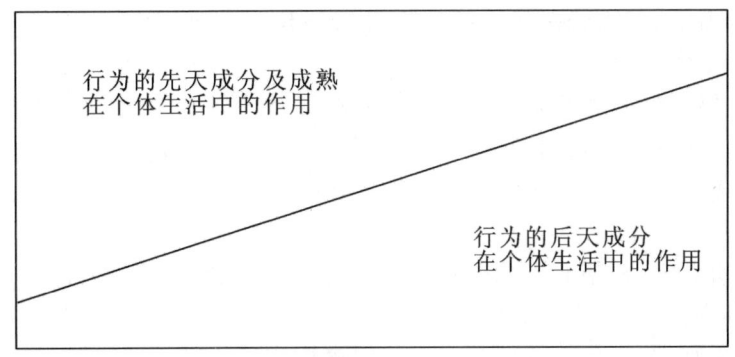

图1-4 学习在不同生命形式中的作用

能达成的。缺乏必要的学习,个体的某些生理结构不能正常发育,生理功能也会随之受到影响。

同时,学习也能促进个体的智力、人格、认知和行为能力等多方面的发展。许多有成就的科学家小时候的学习成绩和能力水平并不高,但经过学习,最终还是成就了一番事业,"勤能补拙"正是这个道理。因此,学习人类社会的知识、文化,可以使个体从单纯的生物个体发展成为适应社会、服务社会的社会人,促进个体的心理发展。

3. 学习推动人类的进化

从人类的诞生到今后的发展,都离不开学习。学习能够促进社会中每个个体的发展,进而推动整个社会及全人类的进化。

三、学习的分类

作为一种极为复杂的现象,学习涉及不同的对象、内容、形式、水平及结果。由于学习的复杂性,学习的分类也十分多样。理解不同的学习分类,能够更好地把握学习的本质,促进有效的学习和教学。下面介绍几种为大多数学者认可的学习分类。

(一)按照学习水平分类

1968年,美国心理学家加涅(R. M. Gagné)按学习的复杂性程度,把学习分为八个水平:

(1)信号学习:指经由经典性条件作用学到的一些反应,有机体通过此种形式学会对某种信号做出某种反应,即刺激——反应——强化。

(2)刺激——反应学习:指经由操作性条件作用学到的一些条件反应,其反应序列是情境——反应——强化。通过创设特殊的情境,引发有机体的特定行为反应,然后选择某些行为进行强化。此类学习是个体进行动作学习与语文学习的基础。

(3)连锁学习:指将数个刺激反应联结成较为复杂的行为的过程。

(4)言语联想学习:指将多个单字联结成语句表达完整意义的过程。

(5)多重辨别学习:指对不同的刺激能够进行区分,并表现出不同的反应。

(6)概念学习:指对不同事物能根据自己的标准予以分类处理,并命名为不同的类别。

(7)规则学习:指能够理解由一些概念构成的规则。

(8)解决问题的学习:指能灵活运用概念与原则解决问题的过程。

上述八类学习由简单到复杂,由低级到高级,每一类学习建立在上一级学习的基础上,较高级的学习则以较低级的学习为前提。1971年,加涅又对此分类进行修正,将前四类学习合并为一类,将概念学习细分为具体概念和定义概念两类,最终包含六类学习:连锁学习、多重辨别学习、具体概念学习、定义概念学习、规则学习、解决问题的学习。

(二)按照学习结果分类

1977年,加涅提出,可以根据学习所得到的结果或形成的能力不同,将学习分为五类。

(1)言语信息的学习。学生以言语信息为媒介所获得的知识(书本、老师讲授),或学习的结果是名称、事实、事件的特性,以及有组织的观点的学习被称为言语信息的学习。如学习地名、国名、达尔文的进化论、人类历史文明等。言语信息是一种陈述性知识,可以通过检查学生是否能复述这些信息来确认他们是否掌握这些知识。

(2)智慧技能的学习。言语信息的学习告诉个体"是什么",智慧技能的学习则指导个体"怎么做",它是指学习利用符号来解决问题的能力,又称过程知识。智慧技能目标的达成可以使个体与环境之间通过符号或概念进行相互作用。例如,儿童学习"+""-""×""÷"符号的意义并进行计算,或是学习利用定理去解答几何问题。

(3)认知策略的学习。认知策略是一种"控制过程",是学习者调节自己的注意、学习、记忆与思维的内部过程(加涅,1985),以帮助学习者控制学习过程或使个体更好地完成任务。智慧技能着眼于个体之外,是个体对问题的解决;认知策略则调节个体内部的认知过程。例如,对艾宾浩斯记忆曲线的学习,能够帮助个体更好地进行记忆。

(4)运动技能的学习。与言语信息不同,运动技能是一种程序性知识,是由有组织的、协调统一的肌肉动作构成的活动,在不断地练习中形成,又称为动作技能。学校教育中所开设的通用技术课程,教会学生进行简易机器人的制作、家政与生活技术等,均属于动作技能的培养。另外,运动技能还包括体操技能、写字技能、作图技能、操作仪器技能等。

(5)态度的学习。态度是通过学习获得的内部状态,这种状态影响着个体对事物所采取的行动。学校的教育应该涉及态度的培养,如开设思想道德课程。同时,态度也可以从课外的生活中获得,媒体的作用应得到足够重视。态度的形成和改变都是复杂的过程,需要教师和家长耐心培养。

(三)按照学习性质分类

奥苏贝尔(D. P. Ausubel,1994)从以下两个维度对学习进行分类。一方面,根据学习方式的不同,把学习分为接受学习和发现学习;另一方面,则根据学习材料与学习者原有知识的关系,把学习分为机械学习与有意义学习。这两个维度互不依赖,彼此独立,每一个维度都存在许多过渡形式,具体如图1-5所示。接受学习是指学生吸收别人的经验并将其变成自己经验的学习,包括了教授者的传授和学习者的主动建构过程。而发现学习则是指学习者通过自己的实践活动,能动地发现知识并掌握知识的过程,是一种经验结构的形成过程。有意义学习是将新知识与学习者已有的认知结构建立起非人为的、实质性的联系,以理解并运用新知识的过程。而机械学习则是死记硬背,没有建立新旧知识的实质性联系。

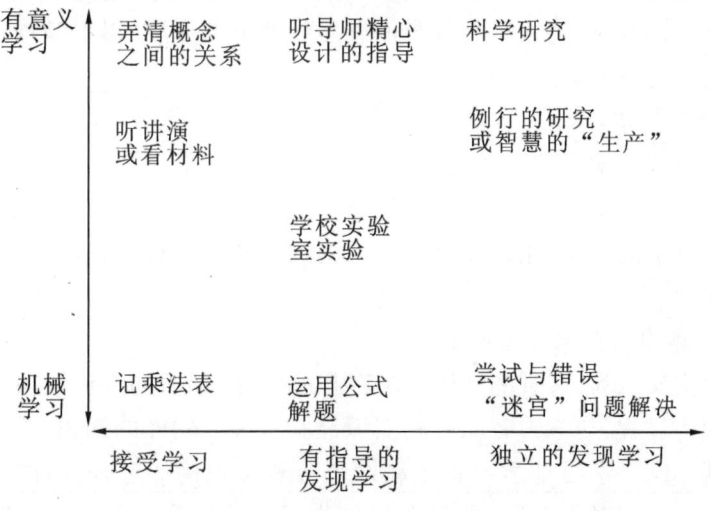

图1-5 奥苏贝尔对学习的分类

> **专栏1-5 原理应用**
>
> ◇ 针对知识的不同特点进行不同形式的教学:涉及理解性的概念或原理时,可以从学生原有的知识体系或熟悉的生活现象入手进行教学,以便有意义学习的发生;而对于结论性的知识,则可以直接教授给学生,进行接受学习。
>
> ◇ 不同的教学方式下,教师的角色不尽相同:有时充当知识的传授者,指导学生进行接受学习;有时则只起辅助作用,例如,在物理、生物等自然科学学科中,鼓励学生进行独立地发现学习,指导学生进行试验和实验等。教师自己应调整好角色,促进学生的学习。

四、学习理论概述

学习理论是关于学习的本质、过程及其规律等的系统的解释与阐述。关于学习的理论古已有之,如《论语》中就有"学而不思则罔,思而不学则殆"的著名论句。科学心理学产生以来,心理学对学习的本质、过程及其规律进行了大量的研究,提出了许多不同的学习理论。具体来说,主要有四大学习理论——行为主义学习理论、认知学习理论、建构主义和人本主义学习理论,每一种理论对于教学都具有不同的价值与意义。

(一)行为主义学习理论

行为主义学习理论认为,学习是刺激与反应的联结,就是形成行为习惯或条件反射,因而行为的塑造只要依靠强化就可以完成,得不到强化或是受到惩罚的行为就消退。

(二)认知学习理论

认知倾向的学习理论认为,学习是学习者的内部过程,是学习者内部心理结构发生的变化,而不仅仅是外显行为的改变。其中,信息加工学习理论受计算机科学的启发,用计算机类比人脑的认知加工过程,从而对学习过程进行研究。

(三)建构主义学习理论

建构主义认为,客观的知识是不存在的,个体学习的知识取决于学习者内部的建构过程,与学习者原有的知识经验有关。同样的知识,不同学习者的理解就不同。学习是学习者主动地进行意义建构的过程,因而教学不是将知识放入学习者的头脑,而是要引导学习者从原有的经验出发建构新的知识。

(四)人本主义学习理论

人本主义学习理论主张从自我实现的角度来解释学习,认为学习是整个人的发展与完善,学习者通过学习使自己的个性、价值和潜能得到充分的发挥,并最终达到自我实现。学习者有自我实现的倾向,因而有自我激励的机制,可以自觉地进行学习。

第三节 认知与学习的关系

认知发展与学习的关系十分密切,一定的认知发展水平是进行学习活动的必要前提。反过来,学习也会促进个体的认知发展。认知发展与学习的相互关系主要表现在以下几个方面:

一、认知发展阶段与学习

1. 不同的认知发展阶段决定学习的方式

学前儿童和小学低年级学生的思维方式主要以具体形象思维为主,且知识经验相对贫乏,因此经常通过事物的外形特征来进行记忆和学习,掌握知识之间的外部联系。这样的心理发展水平决定了这个时期的儿童在学习活动中,以机械记忆占主导地位,他们更倾向于通过老师讲、自己听的方式进行学习,带有明显的机械成分,往往只知其然而不知其所以然。

随着年龄的增长,从小学高年级开始,儿童的抽象逻辑思维逐渐发展;到了初中阶段,个体的记忆方式由机械记忆向理解记忆转变;到了高中阶段,理解记忆已成为个体主要的记忆方式,高中生善于理解记忆对象的内部本质,让记忆对象与已有知识建立联系。中学生的课堂学习主要采用有意义接受学习。随着学生学习主动性、探究性的不断提高,他们开始更多地采用发现学习。在发现学习中,学生要独立思考,主动改组材料,以发现事物的意义,从而认识客观规律或掌握知识。

因此,小学阶段的学习多是机械地接受学习;初中开始个体逐渐发展起有意义的接受学习和发现学习。教师应根据学生认知发展的不同阶段,制订相应的教学方案、安排教学活动。

2. 不同的认知发展阶段制约学习的内容

由于个体的认知发展具有一定的年龄特征,学习活动不能超越个体认知发展的已有水平,应根据已有认知水平确定学习和教学内容。

例如,学前儿童和小学低年级儿童一般只能掌握初级概念,小学中、高年级儿童开始能掌握部分二级概念。这是由于学前儿童和小学低年级儿童以具体形象思维为主要的思维形式,而小学中、高年级的儿童开始出现抽象逻辑思维。在记忆内容上,入学以前,儿童主要记忆具体形象的内容,入学后,对抽象材料的记忆能力迅速发展起来。例如,学前儿童学习数字时,需要借助实物(如糖果、手指)来掌握,计算简单的加减法时,也要掰着指头算;但小学儿童尤其是中、高年级儿童,逐渐能够脱离具体的物体来理解数的概念。但在整个小学阶段,儿童仍善于记忆具体形象的事物,不善于记忆公式、定理、法则等抽象材料。到了初中、高中阶段,抽象性内容的记忆逐渐增加,并开始超过具体形象性的内容。

在课程与教材内容的编制时,必须充分把握不同年龄阶段儿童的认知发展水平,确定与其相适应的学习内容,既要避免内容低于儿童的认知发展水平,使儿童失去学习兴趣,阻碍其发展;又要避免内容不切实际地超越儿童的认知发展水平,让儿童望而却步。

3. 不同的认知发展阶段影响学习的品质

认知发展水平越高,越有助于独立性与批判性学习品质的形成。随着认知水平的提高,学生对于学习的目的和意义都会有越来越深刻的认识,表现为学习的自觉性、主动性的增强,并能有效调节自己的学习活动,自我监控和元认知水平也有了明显提高。

初中生学习的自我监控能力开始发展,能够根据学习活动的结果,对简单学习活动进行一定调节。进入高中后,随高中生对学习方法和相应逻辑规则的掌握,学习的自我监控能力有了明显提高,不仅能够根据学习活动的结果反思、调节自己的学习行为,而且能够在学习过程中对学习活动进行监控,以确保学习活动的顺利进行。而元认知的发展更增强了学生学习策略的应用水平,提高了学生学习的针对性和有效性。

二、认知风格与学习

个体在认知风格与学习风格上存在的差异,直接影响其学习特点和方式方法。教师应充分利用不同个体认知风格与学习风格的不同,有效地促进学生的学习。

第一章 认知与学习概述

1. 认知风格

认知风格（cognitive style），又称为认知方式，指个体感知、思维、记忆、问题解决、决策，以及信息加工的典型方式，是人在进行认知活动时影响其方式方法的某些人格和动机因素。心理学研究者们曾经尝试从各种角度对认知风格的类型进行划分。有些研究者从整体—分析维度进行分类，有些从言语—表象维度进行分类，还有一些研究者则综合了上述两个维度进行分类。以下介绍其中比较有代表性的几种理论。

（1）场独立型—场依存型。20世纪40年代，美国心理学家威特金（Herman Witkin）研究了飞行员利用什么线索来判断自己身体是否坐直的问题。为此他设计了一种可倾斜的房间，让被试坐在一把椅子上，该椅子可以通过转动把手与房间同向或逆向倾斜。当房间倾斜后，研究人员要求被试转动把手，使椅子转到事实上垂直的位置。研究发现，有些被试在离垂直差35°的情况下，仍然坚持自己是坐直的；而有些被试则能在椅子与倾斜的房间看上去角度明显不正的情况下，仍能使椅子非常接近于垂直状态。威特金由此提出，有些人知觉时较多地受到环境信息的影响，有些人则较多地受到来自身体内部线索的影响。他将受环境影响较大者称为场依存型（field dependence），他们是"外部定向者"，基本上倾向于依赖外在的参照（身外客观事物）；将不受或很少受环境因素影响者称为场独立型（field independence），他们是"内部定向者"，基本上倾向于依赖内在的参照（主观感觉）。

场依存型与场独立型与学习存在密切联系。国外的研究表明，场依存型的大学生更可能选择的学科有人文学科、社会学、语言学、临床心理学、护理等；场独立型的大学生更可能选择的学科有自然科学、数学、艺术、工程学、建筑学等。研究发现，在一个专业选择较为自由开放的氛围中，学生们往往选择与其认知方式相匹配的专业，这有助于他们取得更理想的学业成就。反之，则容易由于缺乏专业兴趣而厌学，无法获得令其满意的学业成就。

此外，场独立型的学生学习较为主动，学习动机以内部动机为主，较少依赖外部的监控与反馈，偏爱较为宽松的教学结构及相应的教学方法。场依存型的学生较多地依赖教师、家长等外部监控与反馈，学习动机以外部动机为主，需要严密的教学结构，希望得到教师明确具体的讲解与指导。其他一些研究还表明，场依存者对社会线索更敏感、倾向于选择与人际有关的工作，在社交活动中表现得热情、温暖、老练、宽容、情感更加开放；场独立者则对社会线索不敏感,在社交活动中表现得比较冷漠、苛求、与他人保持距离等。

(2)沉思型—冲动型。沉思型与冲动型认知风格的划分最初由卡根(J. Kagan)及其同事在有关认知速度的研究中提出。他们在对儿童的分类风格进行研究时发现,一些儿童反应很快,另一些儿童则不急于反应,会用更多时间思考。由此他们提出可以将学习者分为两类——冲动型和沉思型。冲动型个体有一种迅速做出决定的欲望,往往以很快的速度形成自己的看法,在回答问题时快速反应,但更易犯错误。沉思型个体在反应前倾向于深思熟虑、仔细考虑各种可能性,他们往往采取小心谨慎的态度,做出的选择比较准确,但速度较慢。

认知速度的差异与智力无关,但会影响到学生的学业表现。沉思型与冲动型认知风格对学习的影响,主要反映在个体信息加工、假设形成和问题解决的速度和准确性上。如冲动型学生在阅读、记忆、推理等任务中容易犯错误,教师可适当引导让其学会沉思又不丧失其激情。如在问答时间,为避免冲动型学生打断沉思型学生的思维,可以采用轮流回答问题的方法。

(3)整体型—序列型。英国心理学家帕斯克(G. Pask)和司克特(Scott)提出了这种认知风格的分类。他们指出:序列型学习者在学习、记忆和概括一组信息时,常根据简单的关系将信息联系起来,即信息之间呈现的是低序列的关系,因为他们习惯于吸收冗长的序列型数据,不能容忍不相关的信息;整体型学习者则能将信息作为一个整体对待,他们倾向于把握"高层次的关系"。

采取整体型策略的学生在从事学习任务时,视野比较开阔,对整个问题所涉及的各个子问题的层次结构,以及将来所采取的方式进行预测,能把一系列子问题加以组合。采取序列型策略的学生则把重点放在解决一系列子问题上,十分重视子问题的逻辑顺序,通常按顺序一步步进行,往往到学习过程快结束时,才对所学内容形成较为完整的看法。

2. 学习风格

学习风格(learning style)与认知风格密切相关。一般来讲,学习风格是指学习者在完成学习任务时,表现出来的一贯的、典型的、独具个人特色的学习策略和学习倾向。其中,学习策略是指学习者在完成学习任务或实现学习目标中所采取的一系列步骤和方法;学习倾向是指学习者的学习情绪、态度、动机、坚持性及对学习环境、学习内容等方面的偏爱。这些稳定、持久、一致而独特的学习策略和学习倾向共同构成了学习风格。

关于学习风格的分类,不同研究者的观点各异。例如,美国圣约翰大学的邓恩夫妇(R. Runn & K. Dunn)将学习风格分为四大类24个要素,这四大类分别是环境类要素、情绪类要素、社会性要素、生理性要素。国内学者(谭顶良,1995)在综合前人研究的基础上,提出学习风格可以分为生理因素、心理因素和社会因素三个层面。其中,心理因素又可分为认知、情感和意动三个方面。凯夫则对学习风格做了三类划分,分别为认知风格、情感风格、生理风格。其中,认知风格是影响中学生学习的一个极为重要的因素。

3. 不同认知风格、学习风格影响学习的方法

学生在认知风格与学习风格上存在的差异影响着学生学习的特点和方式方法。教师可从以下几点,充分利用认知风格与学习风格的不同,有效地促进学生的学习。

(1)了解学生学习风格的差异。教师应认识到学生在学习风格上的差异,通过观察、谈话、作业分析等多种方法了解学生学习的一般特点,从不同角度掌握学生学习风格的类型与特征,正视不同学习风格的并存。

(2)根据学生的学习风格因材施教。教师要依据不同学生的学习风格制订适当的教学策略。每一种学习风格都有长处与不足,教师要在了解各种不同学习风格优势、劣势的基础上,根据其特征制订扬长避短的教学策略。如听觉型学生擅长通过听觉信息进行学习,但可能对视觉信息不够敏感,那么,教师就应该注意如何发挥其在听觉上的优势,弥补视觉加工的不足。另外,基于对学生不同生物节律的了解,可指导学生适当调整作息时间,充分利用一天的高效期进行学习,达到事半功倍的效果。

此外,教师在对学生进行教学和指导时,也需了解自身的学习风格和教学风格。有研究表明,当学生偏好的学习风格与教师偏好的教学风格一致时,学习效果最好。例如,如果你是一位场独立型教师,并且使用场独立型的教学策略,那么,场独立型的学生往往获益最大。但不幸的是,教师常常忽略教学风格的变化,用同样的方式来对待每位学生。事实上,邓恩夫妇的研究表明,大多数学生都是场依存型的,但大多数教师都采用了场独立型的教学策略。

(3)两种教学指导模式,即同时匹(失)配模式和继时匹(失)配模式。从认知风格的角度来看,教学策略可以分为两类:一种是与学生的认知风格中的长处相一致的匹配策略,其功能是发挥学生学习风格的长处;另一种是针对认知风格中的短处采取失配策略,其功能是弥补学生学习风格的劣势。在集体教学中,教师可以设计两种课堂教学模式:同时匹(失)配模式和继时匹(失)配模式。

同时匹(失)配模式是指在同一时间内匹配(或失配)不同类型的学习者,其程序为:先大班教学,教师向全班学生提出学习目标和学校要求,讲授最基本的知识;接着进行分类匹配教学,以各类学生偏爱的方式进行自学,教师巡视指导,待各组基本完成学习任务后,教师集中全体学生进行归纳小结,并请各组介绍自己的学习方法,从中相互启发;并布置下一阶段的学习任务;然后再分类失配,令各组以非偏爱的方式学习新任务;最后集中大班归纳总结,指出运用各种学习方式进行学习时必须注意的问题。在这种模式中,不管学生的学习风格属于何种类型,他们均能在同一时间得到匹配和失配。继时匹(失)配模式是指在不同时间内交替匹配(或失配)不同类型的学习者,并保证不同风格类型的学生,在这种教学模式中得到匹配和失配的机会是均等的。在这两种模式的运用中,将使不同学生的学习风格得以改进与完善,学生的学习机能也将得到更全面的锻炼和发展。

专栏1-6 拓展阅读

不同认知风格初中生外显与内隐学习的差异

研究者以初中生为研究对象,采用认知风格镶嵌图分离出场独立与场依存两种认知风格的个体,运用人工语法的研究范式设定两种难易情境,考察了场独立、场依存的认知风格对外显、内隐学习的影响。

该研究分为限定状态语法和双条件语法两个实验:实验一考察了在高难度限定状态语法情境下两种场认知方式内隐与外显学习的特点;实验二考察了在低难度双语法条件下被试内隐与外显学习的特点。为探索内隐学习时间效应是否存在,每个实验均进行两个单元的学习与测试。实验结束后,对被试进行个别访谈,了解测试过程中被试所采用的应对策略。

第一章 认知与学习概述

结果发现,不同认知风格的初中生均存在内隐学习效应,限定语法实验中,场独立型的初中生内隐学习成绩高于场依存型初中生的内隐学习成绩;双语法实验中,场独立型初中生外显学习的成绩高于场依存型初中生的外显学习成绩,且场依存型与场独立型初中生的内隐、外显学习的测试成绩随年级增长而提高,并不具有性别差异。就学习本身而言,学习存在时间效应,随着学习时间的进展,两种认知风格初中生的内隐、外显学习的测试成绩均会越来越好。

(资料来源:张静.不同认知风格初中生外显与内隐学习的差异[D].河南大学,2008.)

三、学习的目的是促进认知发展

个体的认知发展,不仅是学生学习的起点和依据,更是其学习的目的与结果。个体认知功能的提高和完善,是在不断地学习和与周围环境的交互作用中实现的。

从本质上看,个体的学习活动是一种综合的认知活动。任何学习活动都离不开感觉、知觉、记忆、思维等认知活动,在不断学习过程中,个体的认知功能得到训练和提升。另一方面,认知发展以个体所掌握的知识技能为中介,离开了必要的知识和技能,个体就不能进行认知活动,更谈不上发展其认知功能。个人建构主义取向强调,学习是学习者通过同化、顺应而形成、丰富和调整自己的认知图式的过程,即学习是一个形成个体认知结构的过程。所以,个体的认知发展是其学习活动的目的和结果,学习过程对个体的认知发展具有重要意义。

综上所述,个体的认知发展阶段影响学习的方式、内容和品质,认知风格和学习风格则影响个体学习的方法;另一方面,学习的最终目的便是促进个体的认知发展。可见,个体的认知与其学习活动密切联系,相互影响、相互促进。

专栏1-7 拓展阅读
专家型教师与优秀学生的特征

作为未来的教师,如何通过不断的学习与实践,成长为优秀的专家型教师,是每个师范生应该努力和奋斗的方向。那么,专家型教师有哪些特征呢?

(1)专家型教师拥有专业的知识:包括专业知识、专业知识的组织、有关教学的背景知识;

(2)专家型教师的工作是高效的:需要熟练掌握技能使其达到自动化,对任务进行计划、监督和评价,以及前面两者之间的关系;

(3)专家型教师具有创造性的洞察力:善于重新定义问题,善于思考问题。专家型教师思考问题有三个重要的特点:将与问题解决有关的信息和与问题无关的信息区分开,按照有利于问题解决的方式对信息进行结合,将其他情境中获得的知识应用在教学领域。

另外,师范生应该树立怎样的学生观呢?心理学家指出,优秀的学生应具有以下特点:

(1)能够运用有效的学习策略;

(2)具有较高的成就动机;

(3)具有较高的自我效能感;

(4)能够坚持完成任务;

(5)能对自己的行为负责;

(6)有较强的延迟满足能力。

以上述特征或特点作为学习和成长的目标来要求自己,不断完善已有的认知结构,就能更快地成长为优秀的学生和未来专家型的教师。

■ 内容要点

1. 认知是人脑对客观事物属性及规律的主观能动反映,包括感觉、知觉、记忆、思维、想象等基本过程。认知发展是儿童青少年在与环境相互作用过程,中感知觉、注意、观察、记忆、想象、思维等方面的逐渐成长,即个体认知功能不断完善的过程,是个体心理发展的重要方面。认知发展是连续性与阶段性的统一、普遍性与差异性的统一。其发展过程不仅包括被动接受,更包含儿童个体的主动建构,个体在与环境交互作用中,逐渐发展其认知能力。

2. 对于认知发展的影响因素,遗传论者片面强调遗传和成熟等生理因素的作用,环境论者则片面强调环境和教育等后天因素的影响。现在,关于这一问题已有了一个普遍接受的观点——遗传与成熟、环境与教育的交互

第一章 认知与学习概述

作用理论。该理论认为,人类大多数复杂的属性都是天性(遗传和成熟)与教养(环境与教育)长期交互作用的结果,认知发展也是如此。

3. 学习是有机体与环境间维持平衡的途径,能促进生理成熟、心理发展及人类的进化。

广义的学习包含动物和人类的学习,是有机体在后天生活过程中,由于练习或经验而产生的行为或行为潜能的持久变化。

狭义的学习则是指人类的学习,是个体在教育环境中有目的、有计划、系统地掌握知识技能和行为规范,并最终引起行为或行为潜能发生持久变化的过程。

4. 学生学习的特点:首先,主要以接受学习为主,直接掌握现有的间接经验;其次,知识系统,在学校情境中有组织、有计划地进行。综合来看,学生的学习不仅需要学生自己主动去获取和掌握知识,同时也需要教师的讲授和指导,师生之间的互动与交流至关重要,只有学生和教师共同努力,才能更好地促进学生的学习,这也是学生学习的重要特点之一。

5. 认知发展与学习的关系十分密切,一定的认知发展水平是进行学习活动的必要前提,学习也会促进个体的认知发展。不同的认知发展阶段决定学习的方式,制约学习的内容,影响学习的品质,不同认知风格、学习风格会影响学习的方法。学习的目的是促进认知发展,个体认知功能的提高和完善,是在学习活动中实现的。

■ 复习与思考

1. 什么是认知发展?认知发展和学习的关系怎样?
2. 遗传与成熟,环境与教育在认知发展中分别具有怎样的作用?
3. 个体认知发展的实质是什么?
4. 下列学习行为用哪种理论解释更合理?
   (1)吃过芥末被呛得流泪,下次再也不敢吃。
   (2)理解牛顿三定律并运用它们解答物理问题。
   (3)对于万物的起源,有人认为,是神造了世界,有人认为,是通过宇宙大爆炸创立了世界,不同的人有不同的信念。
   (4)吃饱穿暖之后,学生就能够自主地思考和探索数学问题。
5. 学习的意义和作用是什么?

6. 认知风格是什么？如何对待不同认知风格的学生？

■ **推荐阅读材料**

1. 林崇德. 发展心理学[M]. 北京：人民教育出版社, 2009.
2. 邱莉. 中学生认知与学习[M]. 北京：北京师范大学出版社, 2013.
3. 张文新. 青少年发展心理学[M]. 济南：山东人民出版社, 2002.

■ **索引**

❖ 术语索引
- 认知（cognition） 1.1
- 认知发展（cognitive development） 1.1
- 遗传素质（heredodiathesis） 1.1
- 生理成熟（physioloy maturity） 1.1
- 最近过程（proximal process） 1.1
- 学习（learning） 1.2
- 认知风格（cognitive style） 1.3
- 场依存型（field dependence） 1.3
- 场独立型（field independence） 1.3
- 学习风格（learning style） 1.3

❖ 人名索引
- 瓦丁顿（C. Waddington） 1.1
- 高兹曼（I. Gottesman） 1.1
- 布朗芬布伦纳（U. Brofenbrenner） 1.1
- 奥苏贝尔（D. P. Ausubel） 1.2

第二章 行为主义学习理论

■ **教学目标**
- ❖ 了解经典性条件反射理论的基本观点,掌握经典性条件反射的学习律。
- ❖ 了解桑代克对学习实质的看法及主要的学习律。
- ❖ 掌握操作性条件反射的基本原理,能够利用操作性条件反射的原理组织教学。
- ❖ 比较经典性条件反射与操作性条件反射的区别。
- ❖ 熟悉观察学习的基本过程及影响因素。

■ **学习重点**
- ❖ 行为主义学习理论的优点与不足。
- ❖ 行为主义学习理论在教学中的应用。

■ **课前思考**
- ❖ "望梅止渴"这种现象体现了什么心理学原理?与我们的日常学习有什么关系?
- ❖ "杀一儆百"的方法有效吗?它又遵循了哪种学习原理?

第一节 经典性条件反射理论

20世纪初,俄国生理学家巴甫洛夫在研究动物消化腺的过程中,偶然发现了条件反射作用,随后开始了一系列有关条件反射形成过程的研究,后人称之为"经典性条件作用"。后来,美国心理学家华生将巴甫洛夫对动物条件反射的研究结果应用到人类身上,认为学习的实质就是建立经典性条件作用,最终形成刺激与反应间联结的过程。

一、巴甫洛夫的经典性条件反射理论

巴甫洛夫(I. Pavlov,1849—1936)(图2-1),俄国著名生理学家,1904年因对消化生理学的杰出贡献获得诺贝尔生理学奖。巴甫洛夫在对消化系统的研究过程中发现:实验之初,狗总是在食物进入嘴里时,才开始分泌唾液,但随着实验的进行,狗在听到实验者的脚步时就开始分泌唾液,狗的这种提前分泌唾液的现象引起了巴甫洛夫极大的兴趣,并由此展开了一系列关于条件反射形成过程的研究。尽管巴甫洛夫不愿承认自己是一位心理学家,其研究成果却深深地影响了心理学的发展。

图2-1 巴甫洛夫

(一)巴甫洛夫的经典性条件反射实验

巴甫洛夫的研究包括四个阶段。实验准备阶段:在狗的嘴边开一个洞,将狗嘴里的唾液腺与导管相连,导管的另一端与可以测量唾液分泌量的计量装置相连。随后的正式实验在严格控制下的隔音实验室进行。第一阶段:研究人员给狗喂食,测量狗的唾液分泌量。第二阶段:研究人员先给狗呈现铃声刺激,然后给狗喂食,测量狗的唾液分泌量。这样的匹配刺激呈现若干次。第三阶段:研究人员仅向狗呈现铃声刺激,观察狗的分泌反应,测量唾液分泌量。实验结果表明:在第三阶段,仅呈现铃声刺激时,狗也会分泌唾液。实验装置如图2-2所示。

图 2-2 经典性条件反射实验装置

实验中,食物引发狗分泌唾液的反应是本能固有的,巴甫洛夫把这种先天的反应称为无条件反应(Unconditioned Response,简称 UCR);把能自然引发无条件反应的刺激物(如食物)称为无条件刺激物(Unconditioned Stimulus,简称 UCS);铃声不能诱发狗分泌唾液,被称为中性刺激(Neutral Stimulus,简称 NS)。当铃声(NS)与食物(UCS)多次结合呈现后,单独呈现铃声而不呈现食物时,狗也会出现分泌唾液的反应。这种单独呈现中性刺激便能引起唾液分泌的反应被称为条件反应(Conditioned Response,简称 CR)。也就是说,经典性条件作用的形成过程,即将中性刺激(铃声)与一个原来就能引起反应的无条件刺激(食物)多次结合,动物最终学会对中性刺激做出反应(分泌唾液)的过程。在此过程中,中性刺激铃声与唾液反应间形成了条件性联系。因此,巴甫洛夫经典性条件反射的实质,是一个刺激,替代的过程,即由一个新的、中性刺激替代原先的、能自然引发某种反应的无条件刺激,最终产生中性刺激引发无条件反应的过程。

尽管巴甫洛夫的实验对象是狗,但条件反射作用同样也存在于人类身上。例如,一些人对并无伤害性的中性刺激的惧怕,可能就是通过条件反射作用建立起来的,所谓的"一朝遭蛇咬,十年怕井绳"就是这个道理。学校情境中的厌学、考试焦虑等情绪的产生,也与经典性条件反应的建立存在密切的关系。

(二)经典性条件作用的学习律

后人将巴甫洛夫的经典性条件作用的实验结果应用于对人类学习的解释,并据此总结出了以下学习律。

1. 消退(extinction)

消退是在没有无条件刺激伴随下,多次单独呈现条件刺激,使得条件反射逐渐减弱甚至消失的过程。然而,消退的条件反射在一段时间后也会自然恢复,但这种恢复是不完全的,即达不到原来的强度。巴甫洛夫认为:条件反射的消退是一种主动抑制,自发恢复则是抑制的解除。实验中,如果铃声与狗分泌唾液间已经形成联结,之后若反复呈现铃声不再呈现食物,狗听到铃声后不再分泌唾液就是消退;若之后再次在铃声之后呈现食物,狗会再次分泌唾液,就称之为自然恢复。在巴甫洛夫的动物实验中,条件反射的消退比较容易出现;但对于人类建立起来的条件反射,尤其是一些情感性条件反射,其消退要比建立条件反射难得多。

专栏 2-1　原理应用

利用消退律改善行为

消退的开始阶段,会出现行为水平的暂时性的提高,被称为消退爆发。

教师在利用消退律帮助学生减少不良行为时要注意这一点。如教师对那些上课吵闹的学生不予理会时,刚开始时可能会出现更多的吵闹行为,此时不能认为消退的方法无效而轻易放弃。

此时,消退率应该与其他的学习率相结合,才会有更好的效果。例如,教师在对说话的同学的忽视,应该同对积极行为的关注与奖励相结合,通过关注纪律良好的同学,表扬他们遵守纪律的行为,来减少说话的现象。

---

2. 泛化(generalization)

条件反射建立后,条件刺激和类似刺激均会引发条件反应,这种现象称为泛化。如巴甫洛夫用铃声作为条件刺激形成条件反射后,类似铃声的电蜂鸣声也能引发条件反应。具体而言,泛化的程度与两个刺激的相似程度有关,刺激越相似,泛化就越强。泛化是人类将学习成果应用到不同情境的有效途径,但泛化既包括积极条件反射的泛化,也包括不良条件反射的泛化。因此,我们应注意在生活中多建立有益的条件反射,避免或减少不良的条件反射。

> **专栏2-2　举例思考**
>
> 　　小明的厌学情绪越来越严重了,从最初的讨厌英语老师无休止的批评,到后来讨厌上英语课,现在则是一提到上学就觉得心烦、情绪低落。中小学中,像小明这样的学生并不少,他们中的一些人只是轻度厌学,另一些则一提到学校,就会出现剧烈的生理反应(头疼、呕吐、浑身不舒服等),成为"学校恐惧症"患者。台湾心理学家张春兴教授指出,学校恐惧症(school phobia)与教室恐惧症(classroom phobia)等,大都因为在校学习失败或惩罚不当引起恐惧情绪后,对整个学校情境产生了恐惧,即出现了经典条件反射中恐惧情绪的泛化。

3. 分化(discrimination)

条件反射建立后,为避免有机体对所形成的条件反射产生泛化,需要通过辨别学习使其对某些刺激做出反应,而对其他刺激不做反应,这一过程就是分化。分化过程中,分别向有机体呈现条件刺激和与条件刺激相似的刺激,对条件刺激给予强化,对无关刺激则不予强化,使有机体能够分辨两种刺激的不同效应。如在巴甫洛夫的实验中,狗已经建立了对铃声的条件反应,并产生了对电蜂鸣器的泛化反应。此时,如果对铃声反应反复进行强化(给予食物),对电蜂鸣器声的反应不予强化(不给食物),则狗会最终学会仅对铃声做出反应(分泌唾液)。

4. 高级条件作用(higher-order conditioning)

经典性条件反射中,一旦中性刺激替代条件刺激与反应形成联结,则中性刺激就可作为条件刺激与另一个新的中性刺激反复结合形成新的条件反射,这一过程即高级条件作用。以此类推,在一级条件作用基础上可以建立二级条件作用,在二级条件作用基础上可建立三级条件作用。如在巴甫洛夫实验中,狗在铃声和唾液反应间建立起联结后,再把铃声和灯光配合,狗就学会了对灯光做出分泌唾液的反应。

现实生活中,考试失败引起学生产生条件性的紧张或焦虑等情绪反应的过程,就经历了一个高级条件作用的形成过程。考试失败一开始只是一个中性事件,但当考试失败与家长和老师的批评或同学的嘲笑产生了联系之后,后者直接妨碍了学生的进展或导致焦虑情绪的产生。批评或嘲笑本身是引起学生焦虑的条件刺激,久而久之,考试失败会引起焦虑。再进一步,与测验情境相关的线索也可能成为条件刺激。例如,当学生走进考场时就会感觉到焦虑。

二、华生的行为主义学习观

华生(J. B. Watson,1878—1958)(图2-3),美国行为主义心理学的创始人。于1913年发表《行为主义目中的心理学》,宣告行为主义心理学的诞生,1915年当选为美国心理学会主席。他所倡导的行为主义心理学风靡美国心理学界近半个世纪,其理论和方法在心理学的客观化方面发挥了巨大作用。

图2-3 华生

(一)华生的行为主义学习观

作为行为主义心理学流派的创始人,华生认为"心理学是自然科学的一个纯客观实验分支,其理论目标在于预见和控制行为。"(华生,1913)因此,心理学的研究对象是客观的、可观察的、可测量的外显行为而非心理或意识,应该采用客观而非内省的方法对其进行研究。心理和意识是个黑箱,无法了解,因此可以用"刺激—反应"间联结的形成解释所有的行为,亦即"知道行为反应可以推测刺激,知道刺激可以预测行为反应"。

华生将经典性条件作用应用于学习领域,以探讨有机体学习的实质与规律,并在实验室研究的基础上指出,有机体学习的实质是通过经典性条件反射的建立形成刺激—反应联结的过程。通过条件刺激与无条件刺激在时空上的结合,用条件刺激与反应的联结替代无条件刺激与反应的联结。因此,行为主义学习理论也被称为"替代—联结"学说。

(二)经典实验

依据经典性条件作用的原理,华生曾与助手一起做过一个著名的恐惧形成实验(图2-4)。实验中的被试是一位叫阿尔伯特的11个月大的婴儿。实验过程中,每当阿尔伯特去触摸或者与小白鼠玩耍时,实验人员就在他身后制造出尖锐的、令他害怕的声响。这种声响导致小阿尔伯特表现出了强烈的恐惧情绪,不敢去触摸小白鼠。实验后,当小阿尔伯特再次看见小白鼠时,立刻开始哭叫并迅速躲避。再后来,小阿尔伯特对小白鼠的恐惧泛化到了小白兔、有毛的玩具甚至

图2-4 恐惧形成实验

第二章 行为主义学习理论

圣诞老人的胡须等所有带毛的物体上。这就是恐惧性条件作用。

根据实验结果,华生认为,人类只有少数的几个反射(如打喷嚏、膝跳反射)和情绪反应(如惧、爱、怒等)是与生俱来的,所有其他行为的习得都是通过条件反射在刺激与无条件反应间建立了刺激—反应(S—R)间的联结形成的。在教育实践中,学生大量的情感、态度和行为也都是通过经典性条件作用过程习得的。如,学生厌学情绪的产生很可能与上学被老师批评、成绩不好被父母惩罚等不愉快的学校生活体验相联系起来的;不喜欢外语,则是因为将外语与在课堂上翻译句子被老师批评的不愉快体验联系了起来。

专栏2-3　原理应用

用积极情感体验作为强化物促进学习

◇ 营造一个良好的课堂环境,保持轻松、支持性的班级氛围。好的课堂环境能使学生将积极的情感体验与课程学习相联系。

温暖环境,教师关爱(UCS)→学习者舒适的感觉(积极的情感)(UCR)

课程的学习(NCS)→学习者舒适的感觉(积极的情感)(CR)

◇ 将积极、成功的情感体验与课程学习联系。教学中,教师要善于赞美和鼓励学生,在成功、愉快的体验与课程学习间建立条件性联系,促进学生学习。

◇ 教师在教学活动中要注意识别,哪些刺激可以引发学生的高兴和放松反应,哪些刺激可以引发学生的恐惧和紧张反应,正确选择可以引发学生积极情绪体验的刺激,并将此类刺激与学生的学校学习活动相联系,从而最终让学生在学校的学习活动与积极情绪体验间建立起联系。

(资料来源:奥姆罗德.教育心理学[M].彭运石,彭舜,谢立平,等译.西安:陕西师范大学出版社,2006:335.)

(三)学习律

在对学习现象进行思考的基础上,华生指出:"为什么一个运动永久保存,其他运动则消灭了呢?对于这个问题,我倒想把它放在多次(频因)和近时(近因)的基础上,以求解决。"基于此,华生提出了有关学习的频因律和近因律。

1. 频因律(law of frequency)

华生认为,在其他条件相等的情况下,某种行为练习的次数越多,习惯形成得就会越快、越牢固。也就是说,练习在习惯的形成过程中有重要作用。

2. 近因律(law of recency)

当伴随一个刺激出现多种反应时,最近发生的反应更容易得到强化被保留。华生曾用儿童开箱取糖来说明频因律和近因律。假设开箱取糖有五十个动作,但只有一个动作能取到糖。那么,儿童每次都会以能取到糖的那个动作结束。这样练习多次,儿童就学会了如何开箱取糖。那个能成功取到糖的动作之所以保留,一是因为那个动作在每次顺利取到糖时都得到了练习(频因律),二是那个成功取到糖的动作是最近的反应,得到了强化(近因律)。

三、经典性条件作用的贡献与局限

作为对学习过程的最初探索,经典性条件作用理论对学习理论的发展具有重要的贡献。首先,巴甫洛夫的经典性条件反射实验解释了有机体是如何与外部世界相互作用的,揭示了信号学习的内在机制,对于认识和促进人类的学习具有重要意义。其次,经典性条件作用的学习律有助于认识有机体经验与习惯获得的规律,对促进良好习惯的形成有一定的实践价值。最后,行为主义深刻影响了心理学的发展,推动了后来学者对学习理论的研究。

尽管经典性条件反射可以解释一部分学习现象,但也有其局限性。首先,经典性条件作用理论只能解释比较简单的、低级的学习现象,不能很好地解释复杂的人类学习过程。其次,华生将人的学习等同于动物的学习,忽视了人学习的主观能动性,不利于学生积极主动学习态度的培养。最后,华生所倡导的学习理论,仅强调了对学生外显行为的预测和控制,没有深入探讨学习的内部条件和机制,因而不利于在教学中激发学生的内部学习动机。

第二节 桑代克的试误—联结学习理论

桑代克(E. L. Thorndike, 1874—1949)(图2-5),美国心理学家,动物心理学开创者,心理学联结主义的建立者和教育心理学的创始人。他是第一

第二章 行为主义学习理论

个采用实证主义取向系统论述教育心理学的心理学家,提出了一系列的学习定律,被誉为"现代教育心理学之父"。主要著作有《教育心理学大纲》(三卷本,1903/1913~1914)、《人类的学习》(1931)、《需要、兴趣和态度的心理学》(1935)等。

桑代克首先用实验法研究动物的学习心理,指出学习的实质就是通过不断尝试错误,最终在刺激情境与行为反应间建立联结的过程。桑代克的实证主义研究倾向和尝试错误学习观的提出,对行为主义学习理论的发展和完善做出了不可磨灭的贡献。

图2-5 桑代克

一、经典实验——迷笼实验

19世纪末,桑代克进行了大量的动物学习实验研究,其中最著名的实验是饿猫学习如何逃出迷笼获得食物的实验,他设计了一个带机关的迷笼来训练猫学会如何开启开关出笼取食的行为(图2-6)。具体的实验过程如下:当一只饥饿的猫第一次被放入迷笼时,为获得笼外的食物拼命挣扎,或咬或抓或到处碰撞,试图逃出迷笼。经过一段时间的尝试,它偶然间碰到踏板,笼门开启,逃出笼外吃到食物。当把这只猫再次放入迷笼时,起初它依然乱咬乱抓,但经过一番挣扎后,它又逃出迷笼。经过多次尝试后,猫胡乱抓咬的错误行为逐渐减少,能够打开笼门的正确行为得到保留,逃出迷笼所用的时间也越来越少。最后,猫一进入迷笼就能立刻开启笼门获得食物。图2-7是桑代克实验中五只猫的学习曲线,在每个学习曲线中,猫从放入迷笼到成功开笼之间尝试错误的次数都逐渐减少,直至接近零次。

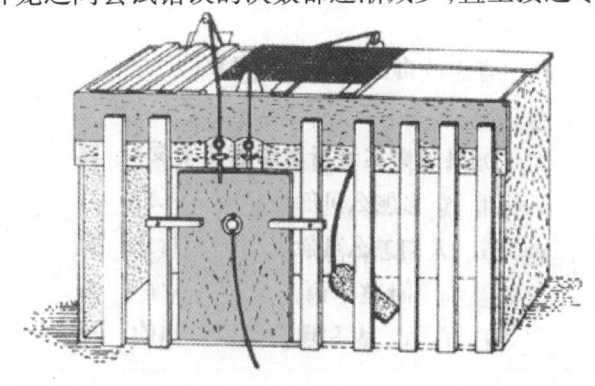

图2-6 桑代克迷笼

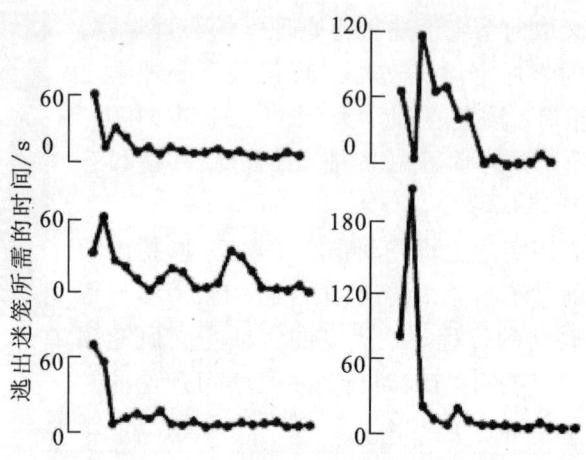

图2-7 猫尝试错误的次数变化图

二、关于学习的主要观点——试误说

通过对猫、狗、小鸡、白鼠等动物的系列实验研究,桑代克发现,这些动物在迷笼中的行为表现很相似,都是通过不断尝试错误,逐渐在情境(迷笼)与反应(开启开关出笼取食的行为)间建立联结,最终学会开启开关行为的过程。如在猫的迷笼试验中,受困的环境和饥饿的状态激发了猫的抓、咬等行为,这些行为大多是无效、错误的,但如果某个动作能使猫从迷笼中逃脱,这种动作就得以保留。尝试错误是个渐进的过程,最初放入迷笼时,猫的错误反应多于正确反应,通过反复尝试,正确反应逐渐多于错误反应,最终达到全部正确。

桑代克认为,学习的实质就是有机体通过尝试错误(trial-and-error)在刺激情境(S)与反应(R)间建立联结的过程。

迷笼实验中,猫不断尝试错误在饥饿受困的情境与按压开关的行为间最终形成了该情境与行为正确按压开关之间的联结,形成联结,学会了开笼取食。据此,他明确指出,"学习即联结""善于学习的人,就是掌握更多联结的人。"(桑代克,1931)后人将他有关学习的论述称为"试误说"。

桑代克还将动物实验的结论推广到人的身上,认为人类学习是通过尝试错误最终形成刺激—反应间联结的过程,人类的学习虽然较动物的学习过程更为复杂,但本质相同。

第二章 行为主义学习理论

> **专栏2-4 原理应用**
>
> **学习中的尝试错误**
>
> ◇ 教学过程中应该允许学生犯错误、走弯路,经历"尝试—错误—从教训中学习"的过程,避免剥夺学生尝试错误和从失败中寻找原因的机会,保证其经历完整的实践过程。鼓励学生自主探索,在此过程中,教师仅做适当指导即可。
>
> ◇ 当学生感到困难时,教师应给予适度引导和点拨,帮助学生分析失败原因以避免再犯类似的错误,引导学生及时修订实施方案,同时对学生做出的正确反应和获得的成绩进行鼓励和奖励,帮助其进一步提高学习的积极性。

三、学习律

在大量实验室实验的基础上,桑代克总结了学习的准备律、效果律和练习律。

(一)准备律(law of readiness)

桑代克指出,猫被放入迷笼时处于一种饥饿的状态,能够闻到、看到笼子外的食物,这是开笼取食行为的准备状态,只有具备这种状态,才会表现出开笼行为;如果猫吃得很饱,没有对食物的需求,就不可能表现出任何想要逃出迷笼的行为。

准备律指的是学习者进入学习前的一种内部心理状态。所有行为反应均由个人的内部状况和外部情境共同引发。也就是说,学习并非消极地接受知识,而是必须具备某种需要,对知识表现出一定的兴趣和欲望。此外,良好的心理准备状态还应包括对该情境产生反应的知识素养和能力上的准备。桑代克学习理论中的准备律,实际上体现了学习中的动机原则,个体的准备状态作为学习的先行条件,是十分重要的。

(二)效果律(law of effect)

桑代克注意到,为确保学习的发生,除了猫必须处于饥饿状态,食物是必需的。亦即,猫逃出迷笼后获得食物这个良好的结果,会促进其对于逃出迷笼相关动作的学习,这就是桑代克三大学习律中最重要的效果律。"凡是在一定情境内引起满意感的动作,均会与该情境发生联系,其结果是,当这种情境再现时,此动作会比之前更易于再现。反之,凡是在一定情境内引起不适感的动作,就会与该情境发生分离,其结果是当这种情境再现时,动作会比之前更难再现。"相反,如果猫逃出迷笼后得到的是惩罚而非奖励,它就不会再试图跑出迷笼了。

简言之,效果律强调个体对反应结果的感受决定学习是否成功。如果个体认识到对某种情境的反应形成后会伴随一种令人满足的状况,这种联结就会增强;反之,如果伴随的是一种使人感到厌烦的状况,这种联结就会减弱。桑代克进一步指出,感到满足比感到厌烦能产生更强的学习动机,因此,他修正了效果律,更加强调奖赏而非惩罚的作用。这一定律后来被斯金纳沿袭并发展为著名的强化原理,对教育心理学产生了深远的影响。

(三)练习律(law of exercise)

桑代克认为,猫通过尝试错误学会逃离迷笼的行为反应是需要多次练习才能最终形成的。亦即,练习在学习行为的习得过程中有重要作用。对于已形成的联结,经常练习会增强联结(使用律),不用则会使联结减弱甚至消失(失用律)。不用的时间越长,联结的力量减弱越甚;练习时间越多,联结的保持时间就越长。

桑代克在随后的实验中发现,并非所有的练习都能加强联结。如让被试反复练习蒙着眼睛画一条三英寸长的线,但并不给予其有效的反馈,结果,无论练习多久,被试画线的准确度没有任何提高。据此,桑代克指出:"一种情境的重复本身并没有选择的力量。"亦即,练习律从属于效果律,只有得到满意结果的行为,才会被保留,得不到满意结果的行为即使进行了练习,也不会被保留。猫的那些不能打开迷笼开关的胡乱抓咬的行为,由于缺乏满意的结果都没有保留。

桑代克指出,这三条学习律不仅是动物学习的基础,也是人类学习的必然规律。除上述三条主要定律外,桑代克还提出五条学习的原则,以进一步说明学习的过程与规律,主要包括多重反应原则,情境的个别要素(或显著特征)具有决定反应的原则,同化或类化的原则,联结转移原则,定势、态度或顺应的原则。

专栏2-5 原理应用

遵循学习律

◇ 准备律。促进学生学习最重要的就是要激发其学习动机,使其处于获得知识的准备状态。教师可以在学习前调动学生的好奇心,提出明确的学习目标与任务,通过开展竞赛、活动、参观等形式,激发学生的学习动机与兴趣。

◇ 练习律。知识的巩固依赖于必要的充分练习。教师应当在学习中和学习结束后的一段时间内,组织学生循序渐进地对需要掌握的新知识、新技能进行一定次数及强度的练习,同时,对练习的效果给予积极反馈,以促进联结的形成。

◇ 效果律。教师应关注学生学习的积极结果,对希望其获得的行为给予积极奖励,以促进联结的形成。奖励可以是物质的,也可以是赞许的目光、关注、鼓励的话语等精神层面的肯定。奖励实施需遵循以下原则:首先,奖励要明确且系统,确保奖励与正确的行为直接相连,并及时持续进行。其次,明确何种行为可以得到奖励。应当奖励具体的成绩,而不仅仅是参与其中。最后,依学生的能力水平和不足之处确定给予奖励的标准,奖励标准因人而异,最好的奖励标准应是依据学生的努力程度或进步行为而定。

作为最早使用动物实验进行学习研究的先驱,桑代克提出教育心理学史上第一个较为完整的学习理论,为后来得到广泛应用的操作性条件作用理论的提出奠定了坚实的基础,其学习理论及相关定律的提出,对教育心理学产生了深远的影响。在学习过程中,尝试错误学习至今仍是学习的一种重要形式,特别是对运动技能和社会行为的学习有重要的指导意义。

但是,简单的动物反应不能与复杂的人类学习等同,试误说以尝试错误概括所有的学习过程,以情境与反应的联结解释学习的实质,忽视了认知等心理因素在学习过程中的作用,具有一定的机械性和片面性。

第三节 斯金纳的操作性条件作用

斯金纳(B. F. Skinner, 1904—1990)(图2-8),美国心理学家,新行为主义学习理论的创始人。他遵循科学、客观的研究精神,通过动物实验研究学习的规律,提出了独具特点的操作性条件学习理论,在教育实践领域倡导了行为塑造技术和程序教学理论,对学校教育产生了巨大的影响。

图2-8 斯金纳

中学生认知与学习

1958年,美国心理学会授予斯金纳杰出科学贡献奖,将其誉为"对心理学的发展和年轻一代心理学家产生深刻影响的极少数心理学家之一"。在"对人类有重要影响的100位心理学家"评选中,斯金纳排名第一。

斯金纳认为,学习是反应与情境间建立联系的过程,有机体的某种自发行为由于得到强化而提高了在此情境中发生的概率。操作学习的过程,就是人为地选择有机体的某些行为进行强化,使得行为朝向期望的方向发展的过程。与桑代克相同,斯金纳也选择动物实验研究学习规律,并设计出斯金纳箱(图2-9)作为控制环境,进行了一系列的实验。

一、经典实验——斯金纳箱

斯金纳箱是斯金纳为了验证操作性条件作用而设计的动物实验仪器,由桑代克的迷笼改装而来。最初,斯金纳用白鼠做实验时,在早期的斯金纳箱内设置一个操纵杆作为开关,开关与提供食丸的装置相连接。实验时,将饥饿的白鼠置于箱内,白鼠活动时偶尔碰到操纵杆,得到一粒食丸,在接下来的随机活动中,白鼠再次偶然碰到操纵杆得到食物,之后白鼠按压操纵杆的频率迅速增加,不停地按压操纵杆直到吃饱为止。

后期用鸽子做实验时,他对斯金纳箱的记录系统进行改进,箱门开关变成了一个鸽子可以啄到的按键,按键连接箱外的记录系统,可随时记录啄食行为的频率。这种改进使得斯金纳可以准确记录动物啄开关的次数和时间。斯金纳箱的使用为操作性条件作用研究提供了可控的环境,增强了实验的科学性。

二、操作性条件作用的基本观点

(一)操作性条件反射观

通过一系列实验,斯金纳发现:与经典性条件作用的产生不同,大多数行为的形成与行为的结果间存在密切相关。斯金纳将动物的行为分为应答性行为和操作性行为两类,与之对应的也存在两类条件反射,即应答性条件反射和操作性条件反射。

应答性行为就是经典条件反射所研究的行为,是由已知刺激引发的有机体被动的反应行为。应答性行为强调刺激的重要性,亦即有机体的行为反应是由刺激所引发的被动反应。与之相应的应答性条件反射(S型条件反射)即经典条件反射,是刺激(S)—反应(R)的联结,刺激的出现引发了个体的某种行为,行为的出现是被动的。

第二章 行为主义学习理论

图 2-9 斯金纳箱

操作性行为则是有机体自发的某种行为受到结果的强化后,成为特定情境中随意的或有目的的操作。操作性行为是主动性的、发展的、能够适应环境变化的。与操作性行为相应的是操作性条件反射(R 型条件反射)。操作性条件反射的特点是,强化刺激是伴随行为反应发生的。有机体必须先做出所希望的反应,然后才能得到"报酬"(即强化刺激)。在有机体某种自发的行为反应得到强化后,这种行为反应再次出现的概率才会增加。

(二)学习的实质

与其他联结派学习理论的心理学家一致,斯金纳也认为,学习是形成刺激和反应间的联结性过程。不同的是,斯金纳认为,人类绝大部分的行为都属于操作性行为,学习的过程就是操作性条件反射的形成过程。也就是说,学习是指有机体的某种自发行为得到强化而提高了该行为在这种情境发生的概率,即形成了反应与情境的联系,从而获得了用这种反应应付该情境以寻求强化的行为经验。

桑代克认为,学习遵循效果律,即情境与反应的联结是否能建立,依反应之后是否能获得满足的效果而定。可见,桑代克也看到了结果的强化作用,但并没有过多地强调其作用。斯金纳则将强化作为自变量,使强化成为操作行为的关键。

三、强化原理

强化原理是斯金纳操作性条件反射理论的重要内容,扩展了桑代克的效果律,提出伴随满意结果的行为会被增强或加强。如果个体表现出某一特定行为时得到愉悦的结果,则该行为在以后出现的频率就会增加,即行为的变化由强化导致,强化使得行为产生的频率增加。

> **专栏 2-6 举例思考**
>
> 　　假设有一个学生,你希望能够使用操作性条件反射原理增加其积极的行为或减弱其消极行为,为此你应该在她表现出行为之后对其行为立即给予回馈。虽然这看起来很容易,但是,在使用时需要考虑很多细微的差别。
>
> 　　王老师是一位中学教师。她对班里的学生小刘感到十分头痛。小刘经常在课堂上吵闹,王老师和他多番谈话都没有用,有时,王老师还会在课堂上点名批评、指责甚至严惩他,但其在课堂上的吵闹行为不但没有减少,反而表现得越来越频繁。也就是说,小刘的吵闹行为实际上被王老师的指责行为强化了。
>
> 　　在此情境中,每次小刘一吵闹,王老师就批评、指责他,王老师的批评实质上是对小刘行为的一种关注和强化。亦即,强化物是由其效果决定的,而不是根据它看起来像什么而决定的。如果某种事物增加某行为出现的频率,它就是一种强化物。
>
> 　　想一想:如果你是王老师,会采取什么方式减少小刘的吵闹行为?

(一) 正强化和负强化

　　强化有正强化和负强化之分。正强化指的是在环境中呈现引起满意结果的刺激,使得之前行为的频率增加。例如,小明有一天作业完成得又快又好,母亲对他进行了表扬,并让小明去玩自己喜欢的玩具。母亲的表扬和玩具使得小明第二天认真做作业的行为再次出现,这就是正强化。负强化指的是移除环境中令人厌恶的刺激,以使行为的频率获得增加。如老师说,如果同学们认真听讲,课堂上表现好,就少留课后作业,结果学生上课听讲非常认真。老师通过减少课后作业的办法增加了学生在课堂学习中的认真听讲行为,这就是负强化。相对应的,起正强化作用的刺激被称为正强化物,起负强化作用的刺激则被称为负强化物。

　　普雷马克原理(Premack Principle),也叫祖母原则,指用高频活动作为低频活动的强化物。正在做针线活的祖母让孙子帮她拿老花镜时说,"给我拿眼镜过来,就给你好吃的糖果"。通过孩子喜欢的糖果让他去做不太喜欢的拿眼镜的活动。每个人都有一个强化等级,在强化等级中,处于较高一级

第二章 行为主义学习理论

的强化物比处于较低一级的强化物更容易引发操作行为。因此,处于较高一级的活动可以作为强化物增加处于较低一级的活动。如教师在课堂上经常说的"只要写完作业,就可以出去玩""学完这个难点就休息一下"等,如果有一件愉快的事等着去做,他们会很快完成另一件不喜欢的工作。普雷马克原理在应用时应注意:用学生喜欢的行为去强化不喜欢的行为;行为和强化的关系不能颠倒,必须先有行为,再有强化;要让学生明确感觉到该行为和强化的依随关系;不能过度使用强化物,否则,可能使强化物失去原有效力。

(二)惩罚

惩罚也是一种改变行为的方式。与强化对反应频率的增加相反,惩罚是减少不期待行为发生频率的过程。依据刺激是呈现还是移除,惩罚分为呈现性惩罚和移除性惩罚。其中,呈现性惩罚是在行为后施加厌恶刺激,以抑制或减少该行为的发生频率。如孩子做错事时被打屁股,以打屁股这个厌恶刺激的呈现减少做错事行为的发生,就是呈现性惩罚。移除性惩罚则是在行为后移去令人满意的刺激以减少该行为发生的可能性。如老师要求学生"不写完作业就不能出去玩",用"出去玩"这个满意刺激的移除减少"不写作业行为"就是移除性惩罚。

惩罚与负强化经常被混淆,其实,二者有本质的区别。从定义上看,强化是增加行为发生频率的过程,惩罚则是减少行为发生频率的过程;从实施过程看,负强化给学生创造了一个练习自我控制的机会,惩罚则往往在不当行为之后发生,不仅不能让学生学会控制,还有可能导致不良影响的出现。如用打屁股的方式减少孩子的打架行为这种呈现性惩罚方式,也会产生观察学习的不良效果,使得孩子学会通过暴力处理问题的错误应对方式。从实施结果看,强化的重点在于加强和增加良好行为的出现,惩罚则主要被用于对不良行为的抑制。

专栏 2-7 原理应用

强化和惩罚

正强化(增加满意刺激)

"小刘,你今天上课表现很好,可以得到一颗五角星。"

负强化(撤销抑制或厌恶刺激)

"小刘,如果你能安静十分钟,我就不让你再站到教室后面了。"

> 呈现性惩罚(增加厌恶刺激)
> "小刘,抄写'我决不能在班级里大喊大叫'100遍,并让家长签名。"
> 移除性惩罚(撤销满意刺激)
> "小刘,由于你上课时吵闹,因此老师要把你和好朋友的座位分开。"
> 需要注意的是,正强化和负强化都能通过使个体得到满意结果增加行为出现的概率。对于实施强化的人,正强化和负强化的最终目标都是增加所期望的行为,因此,两者之间没有好坏之分,在教育过程中,两者常同时存在,如学生取得好成绩可以得到老师和家长的表扬,是正强化,同时,也避免了同学的嘲笑,这是负强化。正负强化结合对学生行为的促进作用更大。惩罚虽然有时能收到较好的效果,但与负强化相比仍有很多缺陷,如经常受惩罚的人更爱寻衅挑事和充满敌意,因此,教育者应尽量避免使用惩罚,一旦目标行为稳定在所需要的水平就要取消惩罚。

(三)强化程式

教学过程中,必须在行为实施后即刻给予强化,才能收到较好的效果。如教师向学生提问,这个学生说出了正确答案,但教师没有给予任何反馈,继续上课,这个学生不知道自己的答案是否正确,也会感到被忽视,过了很久,教师才突然想到应该给这个学生正强化,于是回到学生面前说:"你做得很好。"啊?学生一定特别迷茫,他做了什么?哪个行为被强化了?

除了这个基本点,教学过程中还要考虑强化的程式,以使强化得到更好的效果。强化程式是对行为接受强化的频率和时间特征的描述,即通过在强化物的频率和时间上做不同的安排,影响行为的建立和维持。根据强化实施的频率和时间两方面的因素,可将强化程式分为连续强化与间歇式强化两大类,其中连续强化即即时强化,是对每一次期望反应的出现都给予强化;间歇式强化即延缓强化,是对多次期待的反应给予选择性强化。间歇式强化又包含四种类型:

1. 固定时距强化(FI)

固定时距强化以强化物间经历的时间为基础,固定一定的时间间隔后给予一次强化。这种强化是可预测的,强化终止后行为的持续性较短,往往随着强化时间的临近,反应数量迅速增加,强化后反应的数量则骤减。

例如,学校用期中和期末考试的方式强化学生的学习行为,但学生只在考前加紧复习,在学期初或考试后就会变得比较放松,其学习行为反而减少。因此,在学期初、考试后应再结合使用其他强化程式来督促学生的学习。

2. 变化时距强化(VI)

变化时距强化也以强化物间经历的时间为基础,但不设定间隔时间,而是随机给予强化,即强化的呈现不可预测。与固定时距强化相比,这种强化程式建立的反应较稳定,所强化行为具有更好的持续性。如教师想要学生每天按时完成作业,采用随机抽查的方式就是变化时距强化。学生不知道何时检查作业,因此,持续保持认真完成作业的行为。

3. 固定比率强化(FR)

固定比率强化以强化物之间学习者需要做出的行为数为基础,一定数量的期望行为出现后,才会给予一次强化,因此强化是可以预测的。这种强化程式的优点在于反应迅速建立,并在建立后有一定的持续性。但如果在预期的数次行为出现后强化物没有出现,行为便开始消退。

例如,老师要求学生"做完十道题可以休息五分钟"。学生会迅速地做完题目以获得休息,但如果学生完成题目后,老师并未履行承诺,学生做题的行为就会迅速消退。

如果固定比率强化的强化物间需要做出的反应数量为1,就是连续强化,即学习者每次出现期待的行为后均给予强化。在行为形成初期进行连续强化,有助于期待反应的迅速形成。

4. 变化比率强化(VR)

变化比率强化同样以强化物间学习者需做出的行为数为基础,不定数量的期望行为出现后给予一次强化,强化也是不可预测的。这种强化程式的优点在于反应建立迅速,所强化的行为具有最长的持续性,很难消退。如买彩票的人不知道何时会中奖,一段时间后偶然中奖一次,买彩票的行为便持续下来。教师如果想让学生的特定行为持续发生,就应在行为基本建立后使用此种强化程式,促进行为的长期有效保持。

(四)利用强化原理激励学生

1. 选择有效的强化物

利用不同的强化物达到激励学生行为的效果。

(1)物质性强化:如儿童的玩具、食品、物品或钱币。

(2)社会性强化:如赞扬或鼓励。

(3)活动性强化:孩子喜欢的活动,如看电视、郊游等。

(4)操作性强化:如涂色、跳绳、游戏等。

(5)代币性强化:指在一段时间内拥有的可换取更高级强化物的物品,如小红花等。

在进行正强化时,教师应选择学生更喜欢或者需要的物品作为强化物,所提供的奖励物应该在做出正确的行为后立即兑现,并要说明是因为表现出哪种"行为"所得到的奖励。强化物的数量不宜多。当达到期望的行为时,应逐步取消物质奖励,以赞扬、微笑代替。

2. 选择不同的强化程式

(1)反应后的暂停现象是由固定的强化程式设计导致的,其中,变化的强化程式设计反应率较稳定,但固定比率强化,比固定时间强化恢复更快(多劳多得),反应率则相对平稳。

(2)按比率强化比按时间强化有更高的反应率,因为多劳多得;变化的程式设计,比固定的程式设计造成更高的反应率,因为其具有不可预期的特点。

(3)学习新的行为时要用固定的强化程式设计,因为此时强化与行为间还没有建立联结;其中,固定比率强化优于固定时距强化,因前者有更高的反应率。

(4)与固定的强化程式设计相比,变化的强化程式设计引发的反应更难消退;与变化比率的强化程序设计相比,变化时距的强化程序设计引发的反应更难消退。

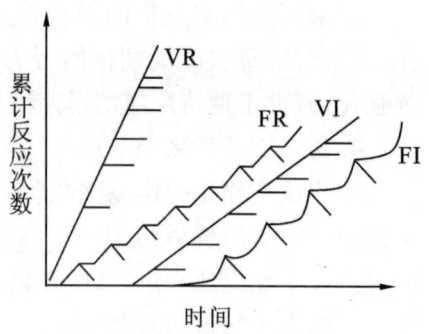

图 2-10 强化程式图

(5) 与间歇强化相比,连续强化(每次反应后都给予强化)学习新的行为最快,但也最易消退。

总之,就激励的效果而言,变化比率强化＞固定比率强化＞变化时距强化＞固定时距强化。

专栏2-8 原理应用

利用强化原理塑造学生的良好行为

◇ 强化或惩罚均要聚焦于学生的具体行为,与个人品质无关。教师应当更多地关注那些需要培养的良好行为,忽视行为问题,因为教师的关注本身就是强化。在实施惩罚时,教师应直接指出学生应改正的地方,而不是表达和发泄对学生的不满;同样,表扬和鼓励也应具体、清晰,奖励学生的具体行为,如不能只说,"你很有爱心",而应该说,"你帮助同学的做法很好"。

◇ 正强化能够呈现学生需要的满意刺激,使学生产生愉悦和满足感,能更好地促进积极行为的出现。负强化的使用则可锻炼学生的自我控制能力。但由于负强化实施时,要求学生要先处于一种适度的不愉快状态,因此使用时要谨慎。

◇ 纠正不良行为时,尽量使用负强化而非惩罚。惩罚虽然时程短、见效快,但若长期使用,则可能使学生产生焦虑、抑郁等不良情绪,导致学生出现心理问题或因习以为常而使惩罚失败,因此并不提倡使用。

◇ 不同年龄阶段的个体,其行为的强化物是不同的。教师在选择强化物时,要考虑学生的年龄与个体特征,选择对其行为真正有效的强化物。

◇ 太多物质奖励容易使学习动机由内部转移到外部,所以,教师应尽量使用精神鼓励,以让学生最终达到自我强化。

◇ 在新任务学习的初始阶段,要对学生的每一个相关行为进行强化,使反应迅速建立。由于持续强化的消退速度快,在反应初步建立后应将连续强化逐渐变更为间隔式强化,不定期给予强化。意外惊喜往往能够使行为更持久。

◇ 变化比率强化是四类强化程式中能最长时间维持行为的方式,教师可以在行为基本建立后,使用变化比率强化,使行为最终形成。

四、应用行为分析

应用行为分析(Applied Behavior Analysis,ABA)指运用操作性条件作用的原理改变个体的行为。具体而言,教育领域中的应用行为分析,主要是运用线索或提示增加期望的行为或改变不良行为。具体步骤通常是先观察、了解所要改变的行为及其前提条件,然后明确行为的目标与测量方法,接着选择强化物,最后实施行为管理计划并对行为改变效果进行评估。

(一)线索和提示

斯金纳在后期研究中发现,行为的形成不仅受行为结果的影响,行为之前的刺激或事件也有重要作用。这种行为之前的事件即线索,能够告诉我们什么样的行为将被强化或什么行为将被惩罚。提示则是在线索呈现后的提醒,确保个体意识到线索并做出正确反应。如在吵闹不休的课堂上,许多教师会使用一个轻弹手指的信号,或举起一只手来引起学生们的注意,一旦学生安静下来就给予正强化。如果教师在使用信号刺激时,还伴随口头提醒("这个信号表示什么意思?""我正等着你们做什么?"),那么,这种口头提醒就是提示。伴随线索的提示,其作用在于确保个体对线索做出恰当的反应。

(二)塑造

如果想要期望的行为持续发生,就要以一定的强化程式进行强化。但如果期望的行为过于复杂,仅依靠简单的强化很难完成,此时可以采用塑造技术。塑造是通过逐步反馈的方式,对个体的行为反应进行强化,最终促使其形成期望的行为。斯金纳指出,可使用连续接近技术对趋向期望方向的反应不断给予强化,直到引出所需要的新行为。具体而言,就是将目标行为分解成一个个小步子,每完成一小步就给予强化,直到获得最终的目标行为。

行为塑造需要遵循以下步骤:

(1)确定目标行为。(终点行为)

(2)了解学生目前能做什么或知道什么,作为目标行为的基线。(起点行为)

(3)找出学生所在环境中的潜在强化物。(强化物)

(4)将目标行为分解成有序的步骤,步骤大小因学生能力而异。(步调划分)

(5)即时反馈学生的每步行为,使学生由起点行为逐渐向终点行为接近。(即时反馈)

如,明明是一个非常害羞、胆小、性格内向的小学三年级学生,每次与老师和同学交流时,都会感到非常焦虑,不敢说话,老师想帮明明提高社交能力。采用塑造技术改变该行为的具体步骤为:首先,确定目标行为是明明在课余时间加入同学的谈话。起点行为是明明与班内同学几乎没有任何交谈。老师将情境按照最不会引发焦虑到最容易引发焦虑进行排序,并采用明明喜欢的贴纸作为强化物。最初,只要明明能跟同学点头打招呼便给贴纸一张;接着第二步,明明走进教室能够向任意一个同学问好;第三步,明明课间与大家坐在一起,听大家聊天;第四步,明明参与大家的谈话,只偶尔说几句便可;第五步,明明在与大家的谈话中,能够清晰地表达自己的观点。通过以上强化过程,明明的问题解决了。

需要注意的是,塑造是较为耗费时间的行为改变过程,多用于需要提高精准度、速度、耐力等技能形成的过程。一些简单的目标,则可以通过线索等其他方法完成。

(三)消退

强化过程中,撤掉强化物后所导致的行为减弱及消失过程被称为消退。消退往往用于矫正不良行为,通过忽视等技术,使已经建立的不良强化慢慢消退。

例如,一些父母通常会由于孩子哭闹就满足孩子的要求,不经意间对孩子哭闹的行为进行了强化,如果想要使哭闹行为减少,可以通过忽视技术对哭闹的行为置之不理,使之自行消退。

消退是一个曲折的过程。当强化物消失后,个体行为在一段时间内会增加,然后迅速变弱直到消失,但一段时间后行为可能再次出现。因此,在消退实施过程中,一旦开始就要持续下去。

此外,还需要注意,对不良行为的忽视要以不伤害学生及他人为前提,尽量与正强化相结合,在忽视不良行为的同时,对期望的行为予以强化。

例如,某学生上课喜欢说话,其目的是想引起大家的注意,教师想要矫正其乱说话的行为,可以对其说话行为视而不见,表扬其他同学认真听讲的行为,并在他不说话时,表扬其认真听讲的行为。这样重复多次后,该学生认真听课的行为增加,随意说话的行为得到消退。

五、操作性条件作用理论在教学中的应用

（一）在课堂教学中的应用

操作性条件作用在课堂中的应用广泛，有两个经典的方法：代币法和行为契约法。

1. 代币法

代币法是用真正奖励物的暂时替代物来强化行为的一种方式，在低年级学生的行为塑造中效果显著。代币一般是小红花、计分、筹码等可以充当财产的东西，当学生表现出良好行为时，给予代币，代币的积累可以最终换成真正奖励。代币法的优点在于，当做出正确行为时，学生获得的是代币而不是真正的奖励物，达到延迟满足的效果，学生需要保持行为的持续才能最终获得真正奖励，能够有效提高良好行为的出现频率。

为使代币法更有效，发挥其预期的功能，需要注意以下几点：

（1）与孩子共同协商，制定代币系统。在制定代币系统之前，应明确所希望产生的目标行为（即靶行为），然后将靶行为细化为具体可操作的行为指标，而不能笼统地说坏习惯改掉了或每天学英语就可以得到相应的物质奖励。

此外，所制定的交换系统应该是能反映学生日常生活中不可缺少的事物，或学生希望得以实现的事情。亦即，所规定的代币系统必须对学生充满吸引力，使其能够为实现愿望而不断努力。随着代币值的升高，所交换的物品在学生心目中的地位也应逐渐升高，学生可以自己选择用少的代币获取小诱惑力的物品，也可以将其积累，以获取自己很想得到的物品。但要避免交换的物品诱惑力过大，以免为后期将行为过渡到自然情境增加难度。

（2）与学生达成契约，督促其行为。在实施代币制的过程中，学生往往会缺乏毅力，或认为这只是人为的游戏而不认真对待。因此，要让学生明确代币的意义，要得到代币必须要有付出。寻找学生身边可以代为监督的对象，以增加学生实现目标行为的概率，在日常生活中对其进行监督，并记录学生所取得的代币与交换后所剩余的代币。必要时，可以在代币交换系统下签上学生与监督对象或代币系统履行对象的名字，让其认为这对大家都具有约束力，并有效鞭策学生的内在动力。此外，共同签订协议也能为在何时何地交换代币提供保障。在目标行为出现之后，要确保奖赏物应能及时出现，延迟奖赏会使奖赏失效。但也不能在目标行为出现之前就给予奖赏。具体实施时，要注意减少干扰性的盲目奖励，保证日常监督。同时，要阶段

性的调整代币系统,经常鼓励学生,使外部动机逐渐转化为内部动机。

2. 行为契约法

行为契约法是教师和学生间形成的一种约定,内容包括学生应做的具体行为及做到后可以获得的奖励。契约的执行过程,可以让学生制定合理目标并遵守双方协定。契约进行过程中,教师一定要遵守约定的行为,才可以作为学生改变的强化物,使契约法成功完成。

为了使行为契约能够达到预期效果,在使用过程中应注意以下几点:

(1)选定的目标行为最好是对学生真正重要的,并愿意花费精力制定、监督与执行的。在列这些重要的目标行为清单时,必须要以具体且量化的词来描述。如"常做运动"不如用"每周散步或慢跑3次,每次2000米"更有执行标准依据。

(2)行为契约每次最好选定1~3个目标行为或几个与目标行为非常相近的行为。

(3)列出一些有意义且公平的增强物,期望行为出现时立即给予增强。

(4)行为契约必须具体,同时包括描述及结果两项。

(5)最好有明确的开始及终止时间。

(6)当对方实行行为契约有进展时,应予以关注并称赞。

(7)行为契约必须是双方协商的结果,对双方都要公平。

(8)行为契约必须保存目标行为的执行结果,即要有监督考核评价。

(9)在新行为习惯形成后,行为契约应慢慢消失。如有新的需要,双方商量后另行再订。

(二)程序教学

1. 程序教学的基本原理

斯金纳将操作性条件作用原理应用到教学活动上,提出了程序教学论及其教学模式。程序教学的基本原理是采用连续接近法,通过设计好的程序不断强化,使学生形成教育者希望的行为模式。在教学中,首先,应该将各学科知识分解为有内在逻辑联系的小的知识项目;其次,应该使知识项目排列为前后衔接、逐渐加深的序列;最后,让学生按顺序进行学习,学习过程中,及时给予反馈和强化,最终使学生掌握知识。

2. 程序教学的原则

(1)小步子原则。学生所用的教材或程序教学机器要将学习的内容分为许多小单元,不同的小单元之间相互联系,层层深入,相邻小单元之间的难度差距小,学习者容易成功。

小步子原则实际上就是我们常说的循序渐进,每个学习单位的内容都是孩子能够轻松掌握的,并且每个单元孩子都能获得被表扬的机会,孩子的积极性就会增高很多。

(2)积极反应原则。保证学生在学习过程中一直处于积极状态,学生一旦表现出学习行为,就要及时给予强化,以保证学习活动的持续进行。教学过程中,学生是否做出积极的反应十分重要,听课低效的一个重要因素就是,老师为了课程进度忽视与学生的互动,往往自顾自地讲授,许多问题都是老师自问自答的假提问,学生很少有回答问题的机会。这会让孩子们的学习积极性很受伤,同时,对于重点知识没有一个深刻的印象。而积极反应原则则要求教师在学生的学习行为后就要及时的强化,保证学习活动的持续进行。

(3)自定步调原则。学生可以按照自己的接受程度选择最适宜的学习进度,这样学生容易成功,学习动机强。这就是平时所说的量体裁衣,程序教学允许学习者按各人自己的情况来确定掌握材料的速度。这与传统教学在课堂传授中一般以"中等"水平的学习者为参照点的教学法不同,传统教学法使掌握快的学生被拖住,而学习慢的学生又跟不上,致使班级学生之间学习水平差距越来越大。程序教学法相对显得比较"合理",每个学生可以按自己最适宜的速度进行学习。由于有自己的思考时机,学习较容易成功。程序教学的设计当然要按照教材内部的逻辑程序,既要保证学习者在学习中把错误率减少到最低限度,又要合理地设计教材,使每一个问题(每一小步)都能体现教材的逻辑价值。

(4)及时反馈原则。及时反馈,也就是说,让学生立刻知道自己的答案是否正确,正确的回答可以让学生树立信心,保持学习行为,进行下一阶段的学习。

电子游戏在这方面做得很到位。孩子完成一个任务,立刻就会有相应的奖励,或者是一句赞美的话,或者是一个虚拟奖品,让孩子们欲罢不能。

如果在学习的过程中不断得到食物,不仅当时学习的兴致高,久而久之,孩子会慢慢上瘾,爱上这项学习,就像老鼠对触碰横杆上瘾,人们对玩游戏上瘾一样。

按照脑科学家的研究,奖励和肯定能够激活大脑中的奖赏中心,分泌出多巴胺物质,这会让人感到兴奋,也是人们对某一事物上瘾的根源所在。

(5)低错误率原则。保证学习者在学习中将错误率减小到最低,以达到强化效果。

斯金纳认为,错误的行为往往导致惩罚,而惩罚对于学习新知识,新技能帮助不大。老师对孩子的批评太多,会挫伤孩子的学习积极性,实际上,也没法让孩子学到正确的东西。让孩子记住对的,比指出孩子哪里错了更重要。孩子既学到了正确的东西,又维持了学习的兴趣,一举两得。

怎样避免错误连连?实际上,还是要把握好最近发展区的理论,不要超越孩子的能力,如果超越孩子能力太多,多半会错误连连。学习效果会大打折扣。

六、对斯金纳操作性条件作用学习理论的评价

斯金纳的操作性条件作用理论克服了桑代克、华生等联结派学说解释学习现象的局限,并对强化进行了严格的实验和理论研究,扩展了联结派的眼界,加深了人们对行为习得机制的理解,使人们能成功地预测、控制、塑造和矫正行为,程序教学理论对于今天的 CAI 教学产生了深远的影响。但操作性条件作用理论也存在与传统行为主义相似的不足之处,缺乏对人类学习的内部机制和过程的关注,将人等同于学习机器,将所有学习行为简单地归结为操作性条件反射,过于褊狭。

第四节 班杜拉的社会学习理论

班杜拉(A. Bandura, 1925—)(图2-11),美国当代心理学家,认知—行为主义学习理论的主要代表人物。他在已有的行为主义理论的基础上,将认知因素纳入到学习过程中,形成了认知—行为主义理论的学习框架。同时,他重视对社会行为的研究,指出观察行为是人类最重要的学习行为,强调个体认知与行为间的相互作用,发展出独具特色的社会学习理论(Social Learning Theory)。1972年,美国心理学会授予班杜拉"杰出科学贡献奖";1974年当选为美国心理学会主席。主要著作

图2-11 班杜拉

有《青少年的攻击》《社会学习理论》《思想与行为的社会基础：一种社会的认知理论》等。

一、社会学习理论的学习观

(一) 学习的实质

班杜拉指出，人类主要通过两种不同的过程习得行为：一种是通过"行为反应及其结果"进行的直接经验学习，即传统的行为主义理论所关注的学习。在此模式下，个体对环境刺激做出反应，或根据对自身行为结果的反馈获得知识与技能，巴甫洛夫的条件反射学习、桑代克的尝试错误学习和传统行为主义的刺激—反应的联结学习，均属此类。另一种则是通过观察示范者的行为获得行为的过程，是"通过示范进行的间接经验的学习"。班杜拉认为，第一种学习理论只适用于解释人类部分行为和知识的获得，难以解释复杂的社会行为学习，如对道德规范和社会风俗习惯的学习。人类大量的社会行为是通过间接经验获得的，即通过观察他人的行为及其行为的强化结果形成新的行为模式，这就是观察学习(observational learning)。

观察学习(又称替代学习或模仿学习)是通过榜样的示范作用，把完成某一活动所需的各种反应技能整合成完整的行为模式传递给观察者，使其获得新行为模式的过程。观察学习中，学习者注意到榜样的示范行为后，会对其进行保持和储存，并最终在合适的情境中表现出该行为。在观察学习过程中，班杜拉强调个体的内部状态对学习的影响，将认知过程引入解释刺激输入与反应输出间的关系，指出个体内部的认知过程在个体与环境间的重要作用。

1965年，班杜拉在斯坦福大学进行了一系列攻击行为的观察学习实验。其中一个实验是，实验者首先让两组不同的儿童观看两种类型的影片，一种是成人榜样对充气娃娃进行拳打脚踢的攻击行为的影片，另一种是成人榜样对充气娃娃表现出友好行为的影片，然后将两组儿童带到另一个放有充气娃娃的游戏室自由活动，通过隐蔽的摄像机观察他们的行为表现。结果发现，几乎所有观看攻击影片的儿童，会对充气娃娃做出诸多拳打脚踢的行为，观看友好榜样影片的儿童，则对充气娃娃做出更多友好的行为。实验结果说明，榜样的行为对儿童的行为表现有明显影响，儿童可以通过观察榜样的行为而习得新行为，即发生了观察学习。

> **专栏2—9　举例思考**
>
> 1. 小雷在操场上一遍又一遍地试着投篮,他脑子里浮现出昨晚NBA比赛中那些专业选手的投篮方式,他想尝试着去做,但似乎现在还做不到。(这里并没有人直接强化小雷的投篮行为,他却做出了所观察到的行为,但因为在储存或提取榜样行为时出了问题,因此,他还不能完全准确地再现榜样行为。)
>
> 2. 王老师发现,最近班上学生的着装和发型都很相似,他觉得很奇怪,学生们一向喜欢个性,怎么突然又一致起来了?后来才知道,这些衣服和发型是一部热播的韩国电视剧中主人公的造型。
>
> 3. 儿童在玩"过家家"的游戏时,经常扮演的角色是爸爸妈妈,说出的语言也常常是他们父母经常对他们说的话。这是因为日常生活中,儿童在与父母的接触中有意或无意地观察父母的言语、动作,因而在玩耍中会自然而然地表现出来。
>
> 想一想:在你的教学实践中,还有哪些观察学习的例子?

(二)观察学习的过程

班杜拉认为,观察学习主要经历以下四个过程:

(1)注意过程:即观察者对榜样进行感知与观察的过程。在注意阶段,榜样和榜样行为的特点,观察者的特点及观察者与榜样的关系,都会对注意过程产生影响。一般而言,观察者更容易关注那些具有趣味性、新异性的刺激,或与自身更为相似的或者更优秀的、有影响力的、时尚的榜样;此外,不成熟、有依赖性或不自信的观察者也更容易模仿他人的行为。

(2)保持过程:即观察者对榜样示范信息进行储存的过程。此阶段观察者对所观察到的行为以言语或图像等形式进行储存,因而选择怎样的编码与符号系统,就显得尤为重要。不同个体对信息储存的方式不同,有人习惯于对文字进行加工,有人则习惯于对图像进行加工,通过不同类型的编码方式,观察者将榜样示范的行为信息进行存储,并在必要时进行提取。

(3)动作再现过程:即观察者根据储存的信息亲身再现榜样行为的过程。在信息的保持阶段,观察者对榜样信息的储存和提取情况会影响此过程的顺利进行。个体在对所关注榜样的行为信息进行储存后,会在适当情境里尝试再现这些榜样行为,并且其所再现的行为可能与之前的榜样行为

中学生认知与学习

存在差异。如果在编码储存阶段遗失了部分信息或对榜样行为的了解不够,导致不能顺利提取,就会导致此阶段不能表现出榜样行为。

(4)动机过程:上述三个过程后,学习者可能会将所观察到的行为表现出来。要想让对榜样行为表现出兴趣的个体能够在注意、保持和动作再现过程之后,顺利再现出习得的榜样行为,还有一个必不可少的过程,即学习者必须有表现出该行为的动机和意愿。动机是个体通过观察从榜样身上学到了行为后在适当时机表现出该行为的意愿程度,个体是否会表现出其所观察到的行为,依赖于动机过程的强弱。班杜拉对此过程做了详细的实验研究与阐释。

> **专栏2-10 举例思考**
>
> 班杜拉进行了观察学习的后续实验。一组实验中,他把参加实验的四至六岁儿童分为三组,都观看一段成人做出攻击行为的影片,三组儿童观看的影片结尾部分不同,第一组儿童看到做出攻击行为的成人得到奖励;第二组儿童看到做出攻击行为的成人受到惩罚;第三组儿童看到做出攻击行为的成人既未受到奖励,也未受到惩罚。伴随着成人攻击行为的结束,影片也就结束。随后,将这些儿童带到一间游戏室,游戏室里有木偶玩具,以及先前影片中成人所使用过的攻击工具。实验结果发现:第一组儿童比第二组和第三组儿童表现出更多的攻击木偶玩具的行为。在实验中,实验者并没有教给儿童攻击行为,也没有直接强化其攻击行为,儿童却在后来的类似情境中表现出之前观察到的他人受到奖励的行为,这说明个体学习行为的习得直接受榜样的行为过程与行为结果的影响。
>
> 另一组实验中,实验者在儿童观看完成人攻击行为的影片后,鼓励三组儿童学影片里成人的样子打木偶玩具,谁学得像就奖励谁。与之前实验的结果不同,后续实验中三组儿童都表现出了攻击行为。
>
> 想一想:实验中三组儿童都习得了新行为吗?为何他们在当时没有表现出这种新行为,在后续实验中却表现出来了呢?

为解答这个问题,班杜拉对行为的习得与表现做了区分,指出习得的行为不一定都能表现出来。如刚满一岁的小朋友通过对妈妈的观察,可能已经学会了玩拍手游戏,但不一定能在妈妈要求拍手后立刻表现出拍手动作。

第二章 行为主义学习理论

在此过程中,动机过程起了重要作用。班杜拉的实验中,三组儿童在观看成人的攻击行为后,均习得了攻击行为,但只在榜样行为得到强化时,才将习得的行为表现出来,在榜样行为受到惩罚时,则抑制了习得行为的表现。后续实验中,三组儿童的攻击行为都受到直接强化,因而更愿意将学到的攻击行为表现出来。

通常情况下,动机过程是否产生,会受到自身及他人在类似行为上所受强化的影响。这些强化包括替代性强化、直接强化与自我强化。其中,替代性强化(vicarious reinforcement)指观察者看到榜样行为受到强化后自身行为也受到强化。如,学生看到别人的某种行为得到表扬,自身做出同样行为的倾向得到增强;反之,看到别人的某种行为受到处罚,自己就会避免那样做。直接强化(direct reinforcement)是学习者自身行为受到的强化,如学生因学习成绩优秀受到表扬后,其继续好好学习的动机就会更强。自我强化(self-reinforcement)指个体依靠信息反馈,对自身已经做出的行为及其效果进行的自我评价和调节,当个体的行为表现符合某一标准时,其就会对自己的行为进行自我奖励,从而使得未来做出该行为的倾向增强。随着青少年阶段个体自我意识的发展和自主性的增强,自我强化对其行为的影响将越来越重要。

观察学习的四个过程紧密联系、不可分割。任何情况下,如果观察者不能重复榜样行为,可能是观察学习的这四个过程出现了问题,如没有注意到有关活动,记忆中无动作观念,没有能力付诸实施,或缺乏足够的动机等。

专栏 2-11　原理应用

通过榜样来学习

◇ 教师、同伴、教材或影视作品中的人物,均会成为学生观察学习的榜样。因此,教师应给学生提供多种榜样行为的来源。如教师自身的示范作用,引导学生阅读名人传记、探讨影视作品中人物的行为特征等。重视同伴的影响,可采用鼓励特定的榜样行为、开展小组合作等形式,促进学生彼此间的观察学习。同时,不同发展阶段个体适合的榜样行为不同,教师在教学过程中,应根据学生的年龄特征提供合适的榜样。

◇ 提供榜样之后,教师希望学生学会怎样的行为,要预先建立该行为的机能价值,引导学生进行价值判断,对榜样具有的优良行为价值进行肯定,当学生模仿榜样的优良行为时,给予认可与鼓励。值得注意的是,当学生做出不恰当行为时,应尽量避免惩罚,因为惩罚也是一种关注和强化。

◇ 教师可以利用观察学习的四个过程强化学生对榜样的学习:如在注意阶段,选择更符合学生年龄特征的、能引起其兴趣的榜样行为;在保持阶段,可通过引导学生复述榜样内容或利用联想记忆等方法,帮助学生更好地储存榜样信息,同时,提供合适线索以促进其对榜样信息的提取。另外,教师还要通过直接或间接的强化维持学生的动机过程,使其愿意将学到的行为表现出来。

班杜拉指出,对行为的强化不仅包括外部强化(直接强化),也包括内部强化(替代性强化和自我强化),两者共同对个体的行为及下一次强化的期待产生影响。班杜拉特别强调个体的期待(结果期待和效能期待)对行为的影响,其中,结果期待是个体对自己行为结果的估计,如个体在一段时间的认真听讲后,认为自己在接下来的考试中会取得良好的成绩。效能期待则是个体对自己能否在一定水平上完成某种活动的推测与判断(即自我效能感)。班杜拉指出,自我效能感对于调节个体的行为有重要作用,如个体对于自己的歌唱水平能否在比赛中获得奖项的可能性估计,将会影响其是否参加歌唱比赛的行为表现。自我效能感的形成会受到个体以往生活中的成败经验,他人的评价,个体自身的生理、心理状态及情境等因素的影响。当个体在以往生活过程中体会到更多的成功经验,受到任课教师或家长更多的赞扬、鼓励时,之后学习中其对自己的学习能力就会表现出更高的自我效能感。在教学过程中,教师应注意培养学生的自我效能感,注意给学生提供更多的鼓励与支持,同时,对学生进行合理归因训练,以帮助学生积累成功的经验,促进学生形成高度的自我效能感。

二、学习理论的三元取向——交互作用观

在影响学习的相关因素的探讨中,与以往单一的环境决定论或个体决定论不同,班杜拉提出了三元交互作用观,即行为的产生是由环境和个体共同决定的。班杜拉认为,环境、个体和行为是相对独立又相互作用的实体,三者间互为因果,且两两间均具有双向的互动与决定关系。个体的认知因素(思维倾向、信念、期待等)和生理因素(身体状况等)会支配并引导行为,

第二章 行为主义学习理论

行为的结果反馈又会作用于个体,改变其认知内容和情绪体验;环境能影响个体的认知模式和生理极限,但个体也能在一定基础上创造并改变周围的环境;行为是个体适应环境的手段,可以通过行为改变环境使其更有利于生存,但行为也会受到环境中现实条件的制约。即,行为、环境和个体三者交互作用,保证了学习过程的顺利进行。

需要注意的是,环境、个体与行为三者是同时作用的。虽然在有些情境中,三种因素可能会有某一个占主导地位,但绝不能顾此失彼,忽略其他因素。而且,在不同的情境和不同的活动中,三者的交互作用模式也可能不同。

此外,班杜拉还详细阐述了决定行为的先行因素(antecedent determinants)和结果因素(consequent determinants)。其中,先行因素是行为产生前对行为起决定作用的因素,包括个体的遗传机制、对行为的预期等;结果因素则是行为的结果,如成功、失败、奖赏、批评等,可以来自外部环境,也可以来自个体内部。根据行为、环境与个体认知之间的三元交互作用模式,班杜拉指出,个体的学习行为是决定行为的先行因素和后果因素的函数。

> **专栏 2-12　举例思考**
>
> 洛林是布罗德瑞克老师班上的七年级学生,她经常迟到,课前不认真准备,课堂上总是与同学聊天(耳语或递字条),作业和考试成绩都令人很不满意。
>
> 某天,布罗德瑞克先生把洛林叫到一边,告诉她,自己对她的行为表示担忧,只要洛林能在课堂上专心点,她一定能做得更好。他还表示,希望每周课后给洛林补习两次来帮助她赶上学习进度。但洛林对此却没有那么乐观,她认为自己"不够聪明,不能学会所有东西"。
>
> 在与布罗德瑞克先生谈话大约一周后,洛林看起来认真努力多了,但是,在课后她从不接受单独辅导。不久,洛林旧习又犯了。布罗德瑞克先生认为,她无药可救,于是就放弃了帮助她转而帮助其他学生。
>
> 想一想:在此案例中,个体因素、行为因素和环境因素三者之间是如何作用的呢?
>
> (资料来源:奥姆罗德.教育心理学[M].彭运石,彭舜,谢立平,等译.西安:陕西师范大学出版社,2006:391.)

根据交互作用理论对此案例进行分析可以发现:洛林在作业和考试中

的糟糕表现(行为因素)影响了其自我效能(个人因素)和教师对她的帮助(环境因素)。洛林的一些不恰当的行为(行为因素,如上课传字条或与同学耳语)和较低的自我效能感(个人因素),导致她不能很好地学习课堂内容。最后,教师认为洛林无可救药,于是开始忽视洛林(环境因素),导致她进一步的失败(行为因素)和更低的自我效能感(个人因素)。

专栏2-13　原理应用

善于利用交互作用

◇ 教师可通过创设积极向上的学习氛围、合理竞争与合作的学习风气等外在的班级和校园环境,对学生良好学习行为的形成提供良好的外部影响。

◇ 教师根据教学要求制定出相应的行为标准以规范课堂行为,使课堂上出现更多认真听课、勤做笔记、乐于提问等良好的行为,创造良好的行为影响。

◇ 教师在教学中要特别注意学生主体因素的重要地位,可以通过让学生参与课堂设计、问题讨论等方式,充分调动学生的积极性、主动性,发挥出他们的潜能,使行为在环境和认知因素的动态影响下得到改进。

三、社会学习理论在教育中的应用

(一)认知示范

认知示范是社会学习理论在教育实践中得到广泛应用的最常用方法之一,通常包括对榜样行为进行演示及对榜样的想法和行为进行言语描述等多种形式。通过认知示范,观察者不仅能学会榜样的行为,也能从榜样的想法中获益,学习到解决特定问题的策略等。教师使用示范教学时,不仅要准确、清晰地演示将要示范的行为,也应注意让学生理解如何思考类似的问题,鼓励学生从"我会做"向"我知道为什么要这样做"转变。

专栏2-14　举例思考

看到哈恩在努力地调试显微镜,物理老师詹妮斯说道,"让我再演示一遍……现在仔细看我是怎样调试的。这很重要,因为这些载玻片很容易破裂。我首先考虑的是,把镜片放到合适的位置,否则,我不能

第二章 行为主义学习理论

> 看清显微镜下的东西;然后应确保镜头在降低高度时不碰到载玻片,我注视这一边。最后,慢慢升高载玻片直到物体出现在你的视野内。……现在你到前面来试着调整一下。"
>
> 想一想:詹妮斯采用何种教学方法进行教学?对教学实践有什么启示?
>
> (资料来源:埃根,考查克.教育心理学:课堂之窗[M].郑日昌,译.6版.北京:北京大学出版社,2009:243.)

(二)认知行为矫正

社会学习理论在教育领域中的一个新近应用是认知行为矫正,强调运用自我管理帮助学生自主学习。这对于实现新课改所倡导突出学生的主体地位、让学生积极参与到学习过程中来等理念,都有重要意义。所谓认知行为矫正,就是通过作用于内隐的思维过程来矫正外显的行为。由于它假定强化的基本原则仍发挥作用,也强调使用个体的认知操作来获得行为改变,因此,既有行为主义的成分,但又不同于行为主义。认知行为矫正包括以下几个过程:

(1)确定目标。学生根据自己的标准设立合适的目标。此阶段,教师可以在对学生全面了解的基础上给学生提供建议,帮助学生选择对其有一定挑战且需经过努力可以实现的目标。

(2)自我监控和自我评估。设立目标之后,学生开始监控和评估自己完成任务的情况。由于学生往往不能很好地监控自己的行为,教师可以帮助学生设计一些表格,用来记录任务的完成情况。此时,最好能将任务分解成若干个方面,每个方面都有具体的、量化的目标。在任务完成的过程中,学生的表现可以由教师来评估,也可以由学生自己来评估。

(3)自我强化。当学生完成了某个阶段的任务或全部任务时,需要对其进行强化。最初的强化可能来自教师或者父母,随着学生逐渐地学会自我管理,自我强化开始发挥更强的作用。

大量研究表明,认知行为矫正能明显改变学生的行为,促进学生自主学习能力的增强。但在教学实践中,让教师关注每个学生的认知行为矫正过程,并不容易实现。因此,教师可以和家长合作,让家庭也参与到学生自我管理能力的培养中来。

四、对社会学习理论的评价

班杜拉的社会学习理论对教育实践产生了重要影响。

首先,该理论创造性地将强化理论与认知加工观点有机结合,既关注学习者所处的外部环境,同时,也注重学习者的内部因素,更加全面地揭示了学习的本质。其次,社会学习理论提出的观察学习和榜样替代强化作用等观点,对于教育实践中应用榜样进行示范教学具有重要的启示作用。其对个体社会行为获得的研究也为道德教育实践提供了一定的理论依据。

然而,班杜拉的社会学习理论也存在一些局限。第一,虽然榜样的作用不可忽视,但它不能完全取代通过直接经验获得知识和技能的学习。第二,社会学习理论的研究成果与现实教育实践中的具体应用还有一定的距离,对于一些复杂的学习行为并不能给予很好的解释。

■ 内容要点

1. 巴甫洛夫对狗分泌唾液的实验研究提出了经典性条件反射学习理论。后人将经典性条件作用的实验结果应用于对人类学习的解释,提出了一些学习定律可解释人类学习规律。

2. 华生将经典性条件作用应用于学习领域,探讨有机体学习的实质及其规律,指出有机体学习的实质是通过经典性条件反射的建立形成刺激—反应联结的过程。尽管经典性条件作用理论可以解释一部分学习现象,但只能解释比较简单的、低级的学习现象,不能很好地解释复杂的人类学习过程。同时,他倡导的学习理论仅强调了对学生外显行为的预测和控制,却没有深入探讨学习的内部条件和机制,因而不利于在教学中激发学生的内部学习动机。

3. 作为最早使用动物进行学习研究的先驱,桑代克提出了教育心理学史上第一个较为完整的学习理论——试误—联结的学习理论,提出了学习的效果律、练习律等基本规律,为日后广为应用的操作性条件作用的理论奠定了基础,对教育及教育心理学产生了深远影响。尝试错误学习,至今仍是一种重要的学习形式,对运动技能的学习有重要指导意义。

4. 斯金纳遵循科学、客观、控制的研究精神,以动物实验来研究学习规律,在前人基础上建立起独具特点的操作性条件作用理论。他认为,学习是反应与情境间建立联系的过程,有机体的某种自发行为由于得到强化而提

第二章 行为主义学习理论

高了在此情境中发生的概率。操作性条件反射形成的过程，就是人为选择个体自发的某些行为进行强化，使得行为朝着期望方向发展的过程。他所提倡的行为塑造和程序教学思想，对学校教育实践产生了巨大的影响。

5.班杜拉在已有的行为主义理论基础上，重视对人类社会行为的研究，将认知因素纳入到学习过程中，指出观察学习是人类最重要的学习形式，强调个体认知、环境与行为间的相互作用对个体行为的影响，并在此基础上，发展出有关人类社会行为学习的观察学习理论的基本框架。他提出观察学习主要经历以下四个过程：注意过程、保持过程、动作再现过程、动机过程。观察学习的一个主要应用是认知行为矫正技术，对当今教育有很大的启示。

■ 复习与思考

1.经典在条件反射作用学习理论的基本观点是什么？
2.试误—联结学习理论的基本观点是什么？
3.操作性条件作用学习理论的主要观点是什么？
4.什么是负强化？教学中怎样运用负强化的原理促进学生的学习？
5.如何根据强化原理进行行为塑造？
6.观察学习理论的主要观点及其对教学的启示有哪些？
7.班杜拉提出的观察学习的过程主要有哪几个方面？
8.行为主义学习理论的核心观点是什么？对于教育教学有怎样的意义？

■ 推荐阅读材料

1.郭本禹,修巧艳.行为的调控,行为主义心理学[M].济南:山东教育出版社,2009.
2.华生.行为主义[M].李维,译.杭州:浙江教育出版社,1998.
3.班杜拉.思想和行动的社会基础:社会认知论[M].林颖,王小明,胡谊,等译.上海:华东师范大学出版社,2001.

■ 索引

❖ 术语索引

• 无条件反应(Unconditioned Response)　　　　　　　　　　2.1

- 无条件刺激物(Unconditioned Stimulus)   2.1
- 中性刺激(Neutral Stimulus)   2.1
- 条件反应(Conditioned Response)   2.1
- 消退(extinction)   2.1
- 泛化(generalization)   2.1
- 分化(discrimination)   2.1
- 高级条件作用(higher-order conditioning)   2.1
- 频因律(law of frequency)   2.1
- 近因律(law of recency)   2.1
- 尝试错误(trial-and-error)   2.2
- 准备律(law of readiness)   2.2
- 效果律(law of effect)   2.2
- 练习律(law of exercise)   2.2
- 普雷马克原理(Premack Principle)   2.3
- 应用行为分析(Applied Behavior Analysis, ABA)   2.3
- 社会学习理论(Social Learning Theory)   2.4
- 观察学习(observational learning)   2.4
- 替代性强化(vicarious reinforcement)   2.4
- 直接强化(direct reinforcement)   2.4
- 自我强化(self-reinforcement)   2.4
- 结果期待(outcome expectation)   2.4
- 自我效能感(self-efficacy)   2.4
- 先行因素(antecedent determinants)   2.4
- 结果因素(consequent determinants)   2.4

❖ 人名索引

- 巴甫洛夫(I. Pavlov)   2.1
- 华生(J. B. Watson)   2.1
- 桑代克(E. L. Thorndike)   2.2
- 斯金纳(B. F. Skinner)   2.3
- 班杜拉(A. Bandura)   2.4

第三章　认知学习理论

■ **教学目标**
  ❖ 理解格式塔派有关学习的主要观点,掌握托尔曼的符号—目的学习理论。
  ❖ 重点掌握现代认知心理学有关学习的理论,包括布鲁纳的认知—发现学习理论、奥苏贝尔的认知—同化学习理论、加涅的信息加工理论的基本观点与内容。
  ❖ 思考在教学过程中如何依据认知学习理论的主要观点组织教学。

■ **学习重点**
  ❖ 理解认知派学习理论的发展过程。
  ❖ 掌握布鲁纳的认知—发现学习理论、奥苏贝尔的认知—同化学习理论的基本观点及其异同,理解两种理论在不同教学情境下的应用。
  ❖ 掌握加涅的信息加工理论的基本观点,并能够运用该理论解释学习过程。

■ **课前思考**
  ❖ 生活中常说的因材施教、因地适宜是什么意思,它的原理又是什么?
  ❖ 日常生活中出现的"醍醐灌顶"的状态是什么?为什么会有这样的情况出现?
  ❖ 许多老师上课前,都会通过一些例子来诱导学生,这样做的目的是什么,会有什么样的效果?死记硬背的学习方法好吗?还有哪些其他的学习方式?
  ❖ 短时记忆和感觉记忆如何转化为长时记忆?有哪些策略可以促进这一过程?

> **专栏 3-1　举例思考**
>
> 　　当三岁大的杰克被问为什么有时候天会下雨时,他回答道:"这样花儿就可以长大了。"当他十一岁的姐姐莱拉被问到同样的问题时,她答道:"是因为地球表面的蒸发作用。"而轮到他们的表哥阿吉玛,一个学习气象学的研究生时,他的回答又有所扩展,包括对积雨云、科里奥利效应(coriolis effects)和天气图的讨论。
>
> 　　(资料来源:费尔德曼,R.D.发展心理学:人的毕生发展[M].苏彦捷,等译.北京:世界图书出版公司,2007:24.)

在持有认知观点的心理学家看来,这些回答中完整度和精确度的差异表现出个体头脑中不同程度的认知差异。学习理论的认知观点(cognitive perspective)关注人们在学习中的认识、理解和思考的过程,强调个体头脑中对世界进行的内部思考和表征。通过应用这种观点,认知取向的学习理论家希望了解个体加工、思考和理解信息的方式,关心诸如认知结构、编码体系等问题,认为刺激与反应间以观念、意识为中介,重视对学习内部过程的关注。认知学习理论认为,学习是个体面对问题情境时通过认识、辨别、理解等内部活动获得新知识,形成和发展认知结构的历程。因而,学习是一种自发的、主动的行为,外在环境只提供潜在刺激,学习是否发生取决于个体内部的心理结构。在教学过程中,认知学习理论提醒教师关注学习的内部过程和条件,重视学生原有认知结构的扩展,促进学习时的主动性和积极性。

第一节　早期的认知学习理论

　　一般而言,早期的认知学习理论多以动物作为研究对象,研究结论往往来自研究者对外界事物的观察;后期的认知学习理论,则直接研究人类的教学过程,采用较严谨的实验设计。早期的认知学习理论主要包括格式塔学派的顿悟学习理论和托尔曼的符号—目的学习理论。

一、格式塔学派的学习理论

　　格式塔是德语 gestalt 的译音,可翻译成"形式"(form)、"型式"(pattern)、"形态"(configuration),指"动态的整体"(dynamic wholes)。格式塔心

理学由德国心理学家韦特海默(M. Wertheimer)创立,代表人物有柯勒(W. Kohler)和考夫卡(K. Koffka)等。

格式塔心理学反对行为主义将心理还原为基本元素或刺激—反应联结的观点,认为思维是整体的、有意义的,而不是知觉表象的简单集合。学习是一种知觉重组的顿悟学习(insight learning),即个体通过知觉的组织作用形成与情境一致的新完形或将一个完形改变为另一完形的过程。

(一)经典实验

1913 到 1917 的四年间,柯勒在南非的坦那瑞菲岛上以大猩猩为被试做了大量的学习实验。通过给大猩猩设置各种各样的问题并观察其在解决问题时的表现,柯勒提出了顿悟学习理论。下面是他做过的两个经典实验。

1. "接竿问题"实验

柯勒将饥饿的黑猩猩关在笼子里,笼子外放有香蕉,笼子里面放有几根长短不同的竹棒,用其中的任何一根都够不着笼子外面的香蕉。他发现,当黑猩猩拿棒子取香蕉却够不着时,并没有表现出明显的尝试错误行为,在几次尝试用单个竹竿取香蕉失败后,一个名叫苏丹的黑猩猩,突然显露出领悟的样子,将两根竹竿接在一起取到了香蕉。

2. "叠箱问题"实验

香蕉挂在笼子的顶棚上,笼内有几个木箱,黑猩猩站在任何一个木箱上都够不着香蕉。解决这个问题时,大猩猩表现出一定的困难,起初站在一只木箱上却够不到香蕉。这时,大猩猩跳下木箱停在那里,出现一段时间的停顿,没有表现出任何明显的外部行为,然后突然迅速地站起来把两个木箱叠在一起,站在木箱顶上取下香蕉。

图 3-1 "叠箱问题"实验

柯勒发现,黑猩猩在目的受阻的情境中解决问题时,并不像桑代克指出的要经过盲目尝试和重复错误的练习过程,而是通过对环境中的事物及其相互关系进行重新组织后出现的顿悟。即学习是一种积极主动的顿悟过程,其关键是个体对整个情境中各刺激间关系的理解。在遇到问题时,个体通过审视相关条件,理解了整个情境中各刺激物间的关系,顿悟就会自然发生。而且这种"顿悟"得到的经验一经发现和掌握,以后在类似情境出现时仍会被运用。

(二)学习的实质

1. 学习是一种知觉(认知)的重组

在格式塔心理学的概念体系中,学习意味着觉察特定情境中的关键性要素,同时,识别要素间的联系及其内在结构。格式塔理论强调学习的整体观,认为学习是在认清事物的内在结构与性质的基础上,将一种完形改变成另一种完形或塑造新完形的过程。因此,学习通常表现为从一种混沌的模糊状态转变成一种有意义、有结构的状态,这就是知觉重组的过程。格式塔理论关注的正是发生这种知觉重组的方式。因此,知觉重组是学习的核心。

2. 顿悟学习可以避免多余的试误,同时有助于迁移

格式塔心理学家指出,这种知觉重组的学习不是渐进的过程,而是一种对情境的突然顿悟。所谓顿悟,指的是学习者突然觉察到了问题解决的办法,领会到自己的动作应当如何进行,领会到动作、情境与目的间的关系,表现为个体自身积极主动的组织和建构过程。格式塔理论认为,顿悟是真正的学习,其核心是把握事物的本质,而不是无关的细节。通过对问题情境的内在性质有所顿悟的方式去解决问题,就可以避免与此问题情境不相干的大量随机的、盲目的行动,也有利于把学习所得结果迁移到新的问题情境中去。

3. 顿语学习本身具有奖励的性质

格式塔理论认为,顿悟学习是个体积极主动建构意义的过程,伴随着理解、领会及思维等高级认识活动的参与,是一种真正的学习。顿悟学习本身具有奖励的性质,学习者在了解到有意义的关系、理解了完形的内在结构、弄清了事物的真相后,会产生愉快的体验和兴奋感。格式塔心理学家指出,顿悟是人类具有的最积极的体验之一,会奖励个体再次表现出学习的行为。此外,通过顿悟学习获得的内容,一旦掌握后,永远也不会遗忘,即顿悟的内

容会成为个体知识技能中永久的部分。

> **专栏 3-1　原理应用**
>
> 在教学中,教师应注意哪些?
>
> ◇课堂教学中,教师要注意知识的整体性和结构性,通过对知识产生的相关背景及不同单元知识间的内在联系进行介绍,促进学生形成完整的知识体系。
>
> ◇教学设计中,应注意将知识与现实生活环境相结合,调动学生对知识本身的兴趣,引导其在现实生活中发现和运用学会的知识。
>
> ◇教师应尽量减少使用外部奖励物,多关注学生在学习过程中的积极探索行为,弱化学习分数,强调在对错误原因进行分析的基础上,促进学生对知识的掌握。

(三) 学习律

格式塔理论中,知觉与学习几乎是同义词,其有关学习的规律即知觉的规律。知觉最基本的规律是包含律(law of pragnanz,又译蕴含律),指个体具有一种尽可能地把被知觉到的东西整合为完形的倾向。若知觉场被打乱,则会重新形成另一个知觉场,以便对被知觉的东西形成一种"完整性"的形式,这就是知觉重组的过程。此过程通常伴随着五条知觉规律:接近律(law of proximity)、相似律(law of similarity)、闭合律(law of closure)、连续律(law of continuity)和成员特性律(law of membership character)。在课堂情境下,格式塔学派的知觉规律也得到了普遍应用。

(四) 对格式塔学习理论的评价

作为早期的认知学习理论之一,格式塔学习理论,无论是在理论创建还是在教育实践中,都有其独到的价值和意义。

一方面,格式塔学派学习理论针对行为主义的局限性,在一定程度上纠正了行为主义学习理论的简单化、机械化错误,对灵长类动物的研究结论更接近于人类学习的实质。其有关学习的顿悟说及对迁移、创造性思维的研究,对知觉经验、组织作用、情境过程的强调,体现了学习的整体观,不仅使认知派与联结派的区别明确化,也促进认知派学习理论的发展。

然而,格式塔学习理论将顿悟学习与试误学习完全对立,过分强调顿悟而全面否定尝试错误的方式,不符合人类学习的特点。实际上,在许多复杂问题的解决过程中,顿悟和尝试错误这两种过程往往是交替表现的:尝试错误常表现于外,体现为行为特征和操作方式的变化;顿悟则表现在内,较多地表现为心理和认知活动的变化。解决问题的过程一般以尝试错误为开始,而以顿悟为终结,因此,可以通过尝试错误来实现顿悟学习。同时,格式塔理论将学习完全归于有机体自身的组织活动和脑的先验本能,否认客观现实的反应过程,带有浓重的唯心主义和神秘主义色彩。此外,格式塔学派将顿悟看作是一个神秘的概念,没有对其心理活动机制进行全面揭示与描述,同时,也缺乏对其他与学习有关问题的研究,如学习动机、学习方法、学习类型的划分等,因而还不能被称作一个系统的学习理论。

二、托尔曼的符号学习理论

托尔曼(E. C. Tolman,1886—1959)是美国新行为主义的代表人物之一,认知主义的先驱。托尔曼于1915年获得哈佛大学哲学博士学位,1937年当选为美国心理学会主席,1957年获美国心理学会颁发的杰出科学贡献奖。

在行为主义框架下,托尔曼运用认知主义术语,提出了学习的认知—目的说,认为学习不是简单地在刺激和反应间建立直接的联结,而是存在一种中介变量。学习的结果也不是对一种刺激的反应,而是形成认知地图,获得达到目的的符号及其所代表的意义。由此,形成了符号学习理论(sign-learning theory)或符号完形论(sign-Gestalt theory)。由于他强调认知在学习中的作用,其理论又被称为认知行为主义(cognitive behaviorism)。

(一)经典实验

托尔曼学习理论是在一系列设计严密的动物实验基础上建立的。其经典实验主要包括位置学习实验、潜伏学习实验和奖励预期实验。

1. 位置学习实验

为说明动物在学习过程中习得的不是一系列连贯的动作反应,而是习得了学习目标位置的知识,托尔曼进行了大量有关动物位置学习特征的实验研究。其中,广为人知的是,他在1930年与杭齐克(C. H. Honzik)合作进行的小白鼠迂回路径实验,实验设计如图3-2所示。

实验中,从起点到食物箱共三条通道,且各自距离的长短不同,通道1最短,通道2次之,通道3最长;此外,通道1和通道2还有一个共同的部分。实验分预备实验和正式实验两部分。预备实验中,首先,让白鼠从起点出发后,自由探索所有到达食物箱的三条通道;其次,堵塞A点,白鼠在通道2和通道3间练习；最后，堵塞A点并关闭通道2，白鼠只能走通道3。预备实验结束后，白鼠熟悉所有的三条通道，并能按1、2、3的顺序选择通道。

正式实验阶段，实验人员首先堵塞A点，白鼠从起点出发到达A处受阻后会返回D点，此时距离较短的通道2和较长的通道3都可以选择，但白鼠直接选择了较短的通道2到达食物箱。接着，实验人员堵塞B点，白鼠从起点出发沿着通道1到达B处受阻后又返回D点，接下来白鼠并没有按照预备实验中学会的通道选择顺序选择通道2，而是直接选择了唯一能够到达食物箱的通道

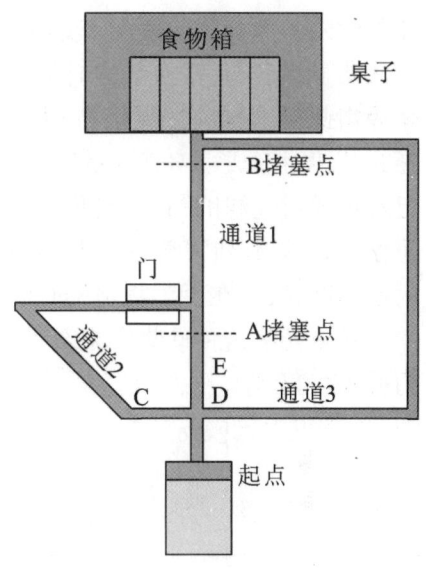

图3-2 迂回路径实验

3。设置堵塞点后，白鼠对通道的选择与训练强化中形成的偏好不符，说明白鼠存在着某种"认知地图"，即有关周围环境、目标位置及到达目标的途径的知识，白鼠选择走不同通道的主要理由是，哪条通道能够到达食物箱。学习的结果是形成"目标—对象—手段"三者联系在一起的认知地图。与通过迷宫的具体动作相比，最终到达食物箱获得食物的目标更重要，白鼠的学习就是根据所处环境（迷宫）与目标（获得食物）间的关系，建立了某种"认知地图"，并依据对象的特征选择能到达该目标的相应路径（手段）。

2. 潜伏学习实验

1930年，托尔曼和杭齐克设计了一个白鼠走迷津的实验，考察食物（强化物）对学习的影响作用。此迷津由14个单元的复合T形通道构成，每一单元都有可通过的门和锁着不能通过的门。白鼠进入迷津后，若选择锁着的门，算作犯错误一次；若选择通过的门，则可进入下一个单元。如此直至通过14个单元，到达终点。参加实验的白鼠分为三组，A组是每天都受到奖励的"经常得奖组"，B组是"无食物奖励组"，C组是前10天一直没有食物奖励，从第11天才开始得到食物奖励的实验组。实验结果表明，A组（经常得奖组）犯错误的次数和通过迷津的时间均显著低于B组（无食物奖励），说明奖励促进了学习的效果。实验组C前10天的犯错次数和通过迷

津的时间与无食物奖励的 B 组相似,而在第 11 天开始接受食物奖励后学习效果明显提升,犯错次数和时间均急剧下降,甚至超过 A 组(图 3-3)。托尔曼由此指出,食物(强化物)并非学习的必要条件,实验中,三组白鼠都在通过迷津时形成了对迷津的"认知地图"。C 组在前 10 天没有食物奖励时,已经形成对迷津的"认知地图",只不过没有表现出来。奖励或强化并非促进学习,只是促进了学习效果的显现,白鼠迷津学习的效果,在有食物奖励时表现明显,而在无食物奖励时没有表现出来。

托尔曼将这种动物在未获得强化之前就已经出现但没有表现出来的学习称为"潜伏学习"。

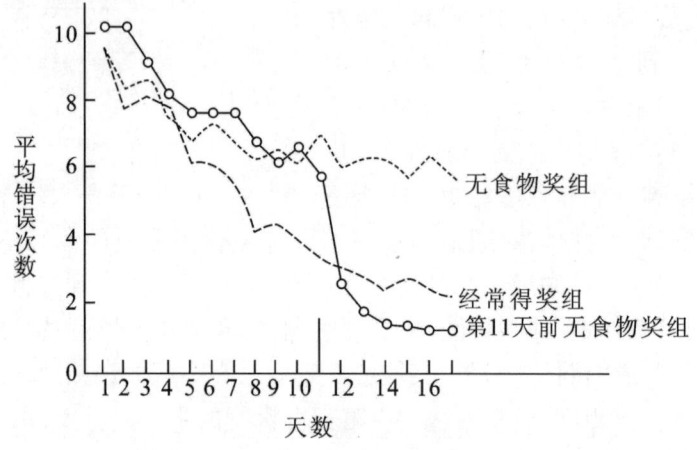

图 3-3 潜伏学习实验

潜伏学习的实验结果说明,外在刺激和强化物不是学习的必要条件,没有强化也会出现学习,只是学习的效果没有表现出来。这也暗示着,学习并非 S—R 间的直接联结,刺激与反应间存在一个内部的认知过程 O,即 S—O—R,潜伏学习过程中个体的认知结构也发生了变化。

3. 奖励预期实验

托尔曼把个体的欲望或预期作为一个重要的中介变量,强调它们在学习中所起的作用。这一观点得到了廷克尔波(O. L. Tinklepaugh, 1928)奖励预期(reward expectation)实验的支持。他们训练猴子从事一项辨别任务。开始时先在猴子面前用两个容器中的一个盖住它们喜欢吃的香蕉,让猴子走近容器并选择打开其中的一个。如此训练几次,猴子逐渐学会在容器里找香蕉。此后,实验者当着猴子的面放好香蕉,然后在猴子不知道的情况下把香蕉换成猴子不喜欢的生菜叶。结果发现,当猴子打开容器发现里面不是香蕉而是生菜叶时,会拒绝吃它,并四处搜寻预期中的香蕉。托尔曼对该结果的解释是,猴子在选择容器时已经有一种心理预期,而且预期的是某一特定的食物,尽管香蕉和生菜叶都是食物,但实验中的猴子预期容器里是香蕉而非生菜叶,所以当出现生菜叶时拒绝吃它,并表现出失望和沮丧的情绪。实验结果同时说明,有机体的行为并非由行为的直接结果决定,而是取决于对可能出现结果的预期。

有机体对特定食物的预期在学习中的重要性,在托尔曼的实验室里也得到了证实。爱略特(M. H. Elliot,1928)训练两组白鼠走迷津。甲组白鼠到达目的箱后得到的是葵花籽,乙组白鼠得到的是麦芽糖。实验结果显示,麦芽糖比葵花籽更受欢迎,因为乙组白鼠跑得比甲组更快些。但训练10天后,实验者把两组白鼠的食物对换了一下,即现在甲组获得的是麦芽糖,而乙组获得的是葵花籽。结果显示出一种明显的对比效应(contrast effect),即原来吃得好、现在吃得差的乙组比原来跑得慢了;而原来吃得差、现在吃得好的甲组比原来跑得更快了。这表明,在有机体的预期没有实现的情况下,即奖励物不如预期时,不仅不能保持原有的操作水平,而且还会降低操作水平。在托尔曼看来,有机体对特定目标具有某种预期,预期会对其随后的学习行为产生影响。

(二)符号学习理论的主要观点

1. 中介变量

行为主义心理学家认为,学习的实质是刺激与反应的直接联结,即S—R。托尔曼认为,这种定义过于机械,不适用于具有生理调节作用的复杂动物和人类,更无法解释具体情境中动物和人类行为的习得。他指出,刺激与反应间应该还存在一种中介变量,它不能被直接观察到,但可以根据引起行为的先行条件和最终结果推导出来。学习是有一种目的的行为,刺激与反应间存在一种机体内部变量,即S—O—R,其中,O是代表了有机体内部状态的中介变量,是行为的最终决定因素。

托尔曼认为,存在三种主要的中介变量:需要系统、行为空间和信念—价值的符号排列矩阵图。需要系统指生理上的需要和内驱力等;行为空间是对客体的地点、距离和方向的感知;而信念—价值的符号排列矩阵图,则是个体按照学习的结果对环境中的客体归类和分化后排列出的等级顺序。

2. 认知地图

早期的行为主义者认为,学习是有机体不断接受环境刺激,并对其做出反应,最终在强化基础上形成刺激—反应联结的过程。但这种理论并不能解释位置学习实验中小白鼠选择更有利的行为方式以获得食物的现象。托尔曼认为,动物和人类的学习是有目的的行为,学习的过程是有机体在达到目的的过程中,根据头脑中的预期不断进行尝试,形成对周围环境的认知,最终建立"目标—对象—手段"三者相联系的认知地图的过程。因此,学习的最终结果是在对环境综合认知的基础上形成认知地图。

3. 内在强化理论

在白鼠走迷宫的位置学习实验、猴子找香蕉的潜伏学习实验等基础上,托尔曼提出,外在强化并非学习产生的必要条件,没有外在的刺激物和强化物,学习也会出现。动物的学习是有目的的,在学习活动产生前,有机体会通过对周围环境、学习目标的位置及达到目标的途径和手段的认知,对行为形成一种内在的"认知上的期待"。这种认知期待是学习出现的决定因素。在多次尝试中,只有学习结果符合其认知期待时,有机体才会表现出学习到的行为,说明期待实质上是一种内在强化,即由学习活动本身所产生的强化。

托尔曼根据形成期待的不同认知水平,对期待进行了分类,认为期待的主要形式有四种,即感知性期待、记忆性期待、推理性期待和假设性期待。

专栏3-2 原理应用

教师应怎样激励学生?

◇ 布置学习任务时,教师应明确学习的目的和具体要求,使学生对学习结果产生积极的期待,明确学习的目标是什么,达到目标需要做些什么和通过怎样的努力达到目标,亦即在头脑中形成有关该任务的"认知地图"。

◇ 教师要意识到学生学习过程中潜伏学习阶段的存在,在学生没有完全表现出所学行为时,应给予其鼓励和指导,促发学习行为的出现。

◇ 学习者自身的特性在学习过程中有重要的作用,因此,教师要注意学生自身的因素,因材施教,努力激发学生学习的内部动机,促进学习的有效进行。

第三章 认知学习理论

(三) 对托尔曼理论的评价

托尔曼在行为主义框架下,第一次将认知因素作为中介变量纳入到对行为的研究中,打破了古典行为主义中刺激—反应简单联结的局限,促进了行为主义的发展。他采用严密的实验设计的思路,对认知因素在学习中的作用进行了大量的实验研究,丰富了学习理论的研究方法和手段,其关于行为的认知观点被后续研究者大量吸收,开创了认知心理学研究的先河。他所提出的一系列新概念,如期待、潜伏学习、认知地图等,尤其是对动机和认知作用的强调,为人们认识和理解学习的过程提供了新的视角,充实了学习理论的内容,也为后来认知心理学的发展奠定了基础。

托尔曼的研究促进了行为主义的发展,开创了认知主义的先河,推动了学习理论的继续发展,但也存在一些不足。首先,托尔曼虽然提出了期待、认知地图等全新的概念,但并没有对这些概念进行明确定义,使理论显得凌乱琐碎,缺乏完整的体系;其次,托尔曼提出在行为的产生过程中存在有机体的内部认知过程作为中介变量,但他并没有将行为与有机体的内在机能恰当地联系起来,对行为的解释略显单薄。再次,与大多数以动物为被试的行为主义心理学家所面临的问题一样,托尔曼直接将动物学习研究中得出的结论用于解释人类行为,也不甚妥当。最后,相对于其他行为主义理论家,托尔曼的符号学习理论只对动物的学习提出了一种解释的途径,对学习行为的预测和控制则缺乏探索,也不符合行为主义的初衷。

第二节 布鲁纳的认知—发现学习理论

布鲁纳(J. S. Bruner, 1915—)(图 3-4),美国著名认知心理学家和教育家。布鲁纳反对将人等同于动物的行为主义思想,主张研究人的知觉、动机和学习等内容,在此基础上,形成了独特的学习理论和教学理念,掀起美国 20 世纪七八十年代教育改革运动的高潮。1962 年,布鲁纳获得美国心理学会颁发的杰出科学贡献奖,并被美国教育界推崇为继杜威(J. Dewey)之后最具有影响力的人物。

图 3-4 布鲁纳

中学生认知与学习

布鲁纳的认知—发现学习理论认为,人类的学习就是学习者通过类目化的加工活动,自主地发现知识、主动形成认知结构的过程;学生的活动是教学过程的核心,教师应创造条件激发学生发现知识的行为以促进学习。同时,布鲁纳提出结构式教学观和发现教学法,认为学习的目的是掌握学科的基本知识结构,对中小学教育实践产生了重要影响。

一、布鲁纳的学习理论

布鲁纳主要从学习的实质,知识在头脑中的表征形式,新知识学习的三个环节及发现学习四个方面,论述了其认知发现学习理论的基本观点。以下将分别加以介绍。

(一)学习即形成认知结构

布鲁纳认为,客观世界由大量纷繁复杂的物体、事件和人组成。在认识客观世界时,人们为简化认识过程,适应复杂的环境,就要对所有的事物创立分类方式,因此,学习的实质就是认知结构的形成或改变过程。这里的认知结构(cognitive structure)指的是个体关于现实世界的一种内在的类目编码系统(coding - system),表现为一系列相互关联的、非具体性的类目,并以此作为加工新信息和进行推理活动时决策的参照框架。在认识世界的过程中,个体借助已有的类别或分类系统,感知和处理外来的信息,并在此基础上形成新的类别。编码系统的一个重要特征,是对相关的类别做出有层次结构的安排,概括性水平较高的类别处于高层,而比较具体的类别处于低层。因此,学习就是类别及其编码系统形成的过程,在此过程中,学习者把同类的事物相联系,赋予它们意义并将其联结成一定的认知结构。

认知结构不是先天就有的,而是个体在先前的学习活动中逐步形成的,是理解和学习新知识的基础。如果将知识的学习过程比作建造房屋的话,认知结构就是房屋的基本结构,看似简单,却是房屋最重要的部分。

(二)知识的表征

布鲁纳认为,个体不是直接对刺激进行反应,而是首先将环境中的事物转换为内在的心理事件,这就是认知表征(cognitive representation)或知识表征的过程。他指出,人类学习知识的过程就是形成表征系统并最终增长智慧的过程。个体的表征能力随着年龄的发展而发展,表现为三种不同的认知表征形式,即动作表征、形象表征和符号表征。

1. 动作表征

动作表征指个体通过直接作用于周围的环境来认识和再现世界的方式。布鲁纳认为,三岁以前的儿童处于一种依赖自身的动作去认识和把握事物、再现事物表象的时期。这一时期,个体认知发展的主要形式是动作表征,儿童通过摸、抓、舔和咬等方式,学会认识周围的事物及其特性,最终形成一种与刺激反应建立联结的认知结构,即从动作中认知。对人类而言,动作表征具有高度的操作性,是个体获得知识的基础。虽然动作表征出现在幼年时期,但一生都可以沿用。如上体育课时,教师总让学生按照示范通过亲身体验的方式进行学习,此时,动作表征就是个体获得认知的主要方式。班杜拉在其观察学习理论中,也强调了对榜样行为的模仿,这些都足以表明动作表征的重要性。

2. 形象表征

随着年龄的不断增长,个体认知发展的形式更为复杂,六七岁到十岁的儿童对事物的认识开始由动作表征发展为形象表征,即通过物体留在记忆中的心理表象或依靠图片、照片等获取知识。此时期的儿童不再依赖直接的动作去获得知识,而是通过翻看图画、在头脑中想象事物或动作的表现状态来认识事物。这样,当新事物真正出现时,儿童便能够迅速反应出它的名称和特征。需要注意的是,形象表征建立在内部表象基础之上,以此方式获得的知识也是用映像的形式进行储存的。形象表征的出现,意味着个体的求知方式已开始进入抽象水平。

3. 符号表征

青少年期个体的认知表征方式逐渐走向成熟,语言符号日益成为思维的重要工具。符号表征以抽象、主观和更为复杂的思维系统为基础展开,是个体通过语言等符号来表征事物并获取知识的方式。此时,个体通过使用一定的逻辑规则将复杂的图像转化成简洁的语言符号,并据此去推理和解释周围的事物,最终发现解决问题的原理和原则。如对宇宙起源的探索及人类发展问题的思考等哲学问题,都必须通过抽象的符号表征来进行,不能通过客观的动作或形象获得。因此,符号表征是认知的最高形式,个体借此获得对事物本质及事物间逻辑关系的认知。表3-1是三种不同表征方式的异同比较。

布鲁纳指出,认知成长的过程就是个体在成长的过程中,通过动作、形象和符号等形式对事物进行的表征不断内化的过程。即使在个体能够运用抽象的符号对事物进行表征后,动作、形象表征方式仍会在认识新事物的过程中发挥作用。因此,教师在实际教学中,必须了解个体不同发展阶段的认知表征方式和特点,教学内容的表征方式应最大限度地符合学生认知表征的发展水平,并结合不同类型知识表征的具体特点,使用不同的教学策略帮助学生学会采用适当的表征方式,完善其认知结构。

表3-1 三种认知表征方式的异同

认知表征方式	个体如何获取知识,形成认知结构	认知表征水平
动作表征	个体主要通过动作和感官从外界获得知识,或通过视觉、听觉、触觉等方式了解事物的特性	操作性的动作思维,获取知识的基础
形象表征	个体通过物体知觉留在记忆中的心理表象或图片等获取知识的方式,不需要实物的比较	具体思维向抽象思维过渡
符号表征	个体通过语言等符号获取知识的方式,个体可依据逻辑思维发现原理、方法或解决问题	认知表征的成熟

专栏3-3 举例思考

刚学算术的孩子,往往是"掰着指头"算加减法。随着熟练程度及认知水平的增长,儿童开始不再"掰指头"做算术题,而是在头脑中想象自己的手指做辅助,不通过直接的动作就能算出结果。等上了小学,学习了"数"的概念之后,儿童逐渐开始学会在头脑中进行抽象的思考和计算。

请结合上述布鲁纳的分类,思考以上三种分别属于哪种认知表征的方式?

(三)新知识的学习环节

布鲁纳认为,知识的学习包含几乎同时发生的三个过程:新知识的获得、知识的转化和对知识的评价。如果这三个过程合理地进行,学习者就能够顺利地将新知识内化到自己的知识结构中,并进一步修改和完善已有的认知结构。

1. 新知识的获得

指个体运用已有的认知经验,在新知识与原有的认知结构间建立联系或进行区分,以理解新知识所描绘的事物及其意义的过程。由于新旧知识间发生了必要的联系,对新知识的理解使旧知识获得扩充,知识的结构最终得到完善。

2. 知识的转化

知识的转化指对新知识做进一步的分析、概括,用新知识重新建构原有认知结构的过程。知识的转化过程意味着个体可以超越新知识的形式,通过多种方式获得更多的信息,以适应新任务和新环境。知识转化的实质是对新知识所描述的现象或事物从不同的角度进行归类,拓展已有的信息,并将其纳入到已有的认知结构中去。在此过程中,新知识成为个体认知结构的一部分,原有的认知结构也得到了拓展。

3. 对知识的评价

对知识的评价是新知识学习的重要环节。通过此过程,个体可检查出对新知识的分类是否适当,问题解决是否正确,新的认知结构是否合理等,并在以后的学习中做出进一步调整。

布鲁纳指出,在新知识学习的过程中,教师要注意对学生学习过程的评估与指导。由于个体已有的认知结构、理解能力及学习动机间存在差异,对知识的掌握情况也不尽相同。如果不进行评估,教师就会忽略学生学习知识的动机和结果,使其得不到及时的反馈,影响新知识的学习与掌握;同时,评估也能帮助教师随时调整教学方法,更好地对学生进行指导。

(四)发现学习

布鲁纳认为,知识学习的最佳方式是发现学习(discovery learning),即学生利用教材或教师提供的条件,自己独立思考,自行发现知识,最终掌握原理和规律的学习。(莫雷,2005)在他看来,"发现"不仅指人类对未知世界的探索,也指学生依靠自己的努力总结出原理和规律,获得新知识并丰富自身的认知结构的过程。

传统学习理论将学习看作是个体被动地接受知识的过程,忽视了学习主体的自主性。布鲁纳的发现学习观则强调了学生的发现活动在课堂教学中的重要作用,认为个体可以通过自主地发现知识之间的内部结构获得新知识。与传统学习相比,发现学习具有以下优势:首先,发现学习有效地培养了学生的抽象概括与综合分析能力。发现的实质就是重新整理或改造证据,以使个体超越旧知识,并且形成良好洞察力的过程。发现学习中,学生需要根据材料自主地提出解决问题的方法,同时,学习如何对信息进行转换和组织,并提出解决问题的探索模型。在此过程中,个体解决问题的能力就得到了提升。其次,发现学习有利于对知识的保持与提取。在发现和解决问题的过程中,个体对问题进行了深层次的思考,使新知识与原有的认知结构间建立了复杂的联系,加强了知识的组织性和结构化,促进了对知识的学习与应用。再次,发现学习强调对直觉思维的培养。发现学习鼓励学生创造性地提出自己的猜想,并经过一系列严密的逻辑推理过程,来验证猜想正确与否,使学生的直觉思维能力得到锻炼与提高。最后,发现学习还有助于培养学生的内在动机。学生通过自己不断地探索,历经艰苦的学习过程后最终获得知识,能产生强烈的成就感,促进了学习内部动机的形成与转化,有助于培养学生的自主性,进而形成独立学习的良好习惯。

专栏3-4　原理应用

在课堂教学中激发学生动机

◇ 课堂教学中,教师应注意将学生的思维水平与知识的特点相结合,选择适当的表征方式呈现知识。

◇ 教师应通过创设问题情境等方式,引发适度的信息不确定性,激发学生对学习内容本身的兴趣,形成内部动机。

◇ 课堂中,教师可以鼓励学生在信息并不完全的条件下进行大胆猜测,对有创意的猜测给予奖励,以鼓励学生的直觉思维。同时,要指导学生用具体的发现行动验证其猜测的正确性。

(资料来源:WOOLFOLK A. Educational Psychology [M]. 8th ed. 北京:高等教育出版社(影印本),2003:285.)

二、布鲁纳的教学理论

在教学中,布鲁纳进一步提出了结构教学观及发现法教学模式,在课程的编排、教师的授课方式等方面提出了新的方法和理念,并倡导了一系列的教育改革运动。他摒除了以教师为中心的传统教学观念,认为教师应在教学活动中最大限度地促进学生主动地形成认知结构,强调以学生的自主发现活动为主的学习方式应成为教学的重点。

(一)结构教学观

布鲁纳认为,学生的学习目标是形成认知结构。与此相对应,学科的教学目标就是促进学生对学科基本结构的理解。所谓学科的基本结构包括基本概念、基本原理及其基本态度和方法（冯忠良，伍新春，2000），是编写教材和设计课程的核心。对基本结构的理解加强了学生对学科知识整体性的认识，促进对知识的掌握、记忆与迁移，同时，知识本身的结构性也提高了学习兴趣，激发了学习的内部动机，从而促进学生智力和创造力的发展。

在教材编排方式上，布鲁纳认为，任何科目都能按照某种正确的方式教给任何年龄阶段的儿童，主张以"螺旋式上升"的形式呈现学科的基本结构，以使学生认知结构的形成具有连续性和渐进性。他指出，教师应打破传统生理年龄划分的小、中、大学，让知识内容从直观性逐步过渡到抽象性，让学生先学会低层次的知识，为学习更高层次的知识做好准备，从而逐步形成一般的编码系统，最终形成并完善自己的认知结构。如果教材缺乏结构性，或学生本身的认知结构缺乏知识基础，学习是无法进行的。

布鲁纳提出，学习情境和材料的结构性，在实现学生的发现学习中具有重要意义：如能促进学生对知识内容的理解、记忆与迁移；便于学生的自主学习等。因此，教师在设计课程时，应使学习情境及材料的结构性符合学生已有的认知结构，以促进理解、记忆及日后的运用。

（二）发现教学法

布鲁纳认为，真正的教学过程不是教师向学生"传递"已有的固定知识，而是教师引导学生主动发现知识。因此，课堂教学的目标应该是让学生学会如何思维，如何组织自己的认知结构。布鲁纳坚持用发现教学的方式来教授知识，并发起了影响甚广的教学改革运动。在发现教学模式中，教学是围绕一个问题情境而不是某个知识项目展开。教师是学生的辅助者和引导者，要在课堂上为学生创设恰当的问题情境，提供一定的材料，引导学生的发现活动。学生是教学活动的中心，通过积极主动地发现解决问题的方法，获得知识并完善自身的认知结构。因此，发现式教学的灵活性较大，具体实施的方法和形式要根据学科特征及学生特点展开，才能最大限度地发挥学生在学习中的主体性和创造性。

三、对布鲁纳学习理论的评价

布鲁纳对学习理论的发展做出了卓越的贡献，其认知—发现学习理论注重实际应用，强调从心理学角度对教育实践进行指导，为教育改革提供了有力的理论依据。布鲁纳将学生放在教学活动的核心，主张学生学习的能动性,注重认知结构、学习动机和直觉思维的重要作用,强调学科的基本概念、原理和技能的教学,其发现教学法和结构教学观具有重要地位。

但是,布鲁纳的理论也存在许多不足:首先,他提倡用发现教学法来代替知识的系统讲授,夸大了学生的学习能力,忽视了教师的主导作用。其次,发现法在实际教学中的运用范围非常有限,仅适用于部分科目和小学及中学低年级学生,因为中高年级学生获得概念的主要方式是概念的同化,更适宜使用接受学习的方式对知识进行系统的教学;另外,数学与物理、化学等理工类学科的原理和规律较为固定,容易形成一定的框架,适宜使用结构教学法;相反,历史、政治等人文学科中的许多问题很难形成统一的知识结构,不适合运用发现教学。再次,发现教学法耗时多,不易在短时间内向学生传授较难的知识。最后,在论述儿童的认知发展时,布鲁纳也忽视了社会因素对个体认知发展的作用。但任何一个理论都是时代的产物,要全面理解布鲁纳的理论及其局限性,应将其放在当时的历史条件下考察和评价。

尽管布鲁纳的发现学习理论具有一些局限,但是,并不妨碍将其精华运用于实际的教学工作中。多年来,大量理论与实践研究的结论都已经证实,布鲁纳的认知—发现学习理论对全世界的教育教学实践,均产生了极为深远的影响。

第三节 奥苏贝尔的认知—同化学习理论

奥苏贝尔(D. P. Ausubel,1918—2008)(图3-5),美国当代著名教育心理学家,认知学习理论的主要代表人物。奥苏贝尔在医学、精神病理学和发展心理学等领域都取得了一定的成就,但其最大的贡献主要集中于对学习理论的研究。由于对教育心理学的重大贡献,1976年奥苏贝尔获得美国心理学会颁发的桑代克教育心理学奖。

图3-5 奥苏贝尔

奥苏贝尔吸收了同时代著名心理学家皮亚杰、布鲁纳等人的认知理论和结构论思想,提出了认知—同化学习理论,系统阐述了有意义接受学习、先行组织者策略等内容及其在学校教学中的重要应用,使学习论与教学论得到有机的结合与统一。

第三章 认知学习理论

一、有意义接受学习

奥苏贝尔反对行为主义学者将实验室研究的结果直接应用于实际教学,也反对将人类学习与动物学习等同。在真实的学校教学情境中,他对人类学习的实质进行了深入的分析与阐述,系统地区分了有意义学习与机械学习、接受学习与发现学习,并提出有意义的接受学习是学生在课堂中最佳的学习方式。

(一)有意义学习

1. 有意义学习的实质

奥苏贝尔认为,机械学习,即不加理解,反复背诵的学习。与此相反,有意义学习则是在学习过程中,符号所代表的新知识与学习者认知结构中已有的适当观念间建立起实质性的、非人为联系的过程。有意义学习的实质是学习者将新知识纳入已有的认知结构,并经过分析、比较,最终整合成新的认知结构的过程。

在有意义学习的定义中有两个关键点,即实质性联系和非人为的联系。

所谓实质性联系,指新知识与学习者认知结构中已有的表象或符号间存在本质的、内在的联系。非人为的联系则指新知识与认知结构中相关观念间的联系,是在某种合理的或逻辑基础上的联系,不是任意附加的。

2. 有意义学习的条件

奥苏贝尔进一步指出,有意义学习的发生需要一定条件的支持,包括客观条件和主观条件。其中,客观条件是指学习材料本身必须有逻辑意义,能够使学习者进行实质性的和非人为的联系。如九九乘法表和无意义音节都没有逻辑意义,不能与个体已有的知识经验建立实质性联系,因而都属于机械学习的材料。主观条件则是指学习者自身的条件,包括三个方面:第一,学习者要有从事有意义学习的倾向(心向),即有较高的学习兴趣和学习动机。第二,学习者必须能够积极主动地去实现新旧知识之间的联系。第三,学习者还应具备学习新知识所需的适当的旧知识,以便形成联系。奥苏贝尔指出,只有主客观条件都具备,有意义学习才能进行。如学习人物传记时,应该以这一人物所处的时代背景等作为已有的知识结构,同时,学习者还要对该人物感兴趣,并且积极地把他与时代背景、与个体已知的其他历史人物做比较,以形成非人为的实质性联系,才能发生有意义学习。

> **专栏3-5 举例思考**
>
> 下列学习行为分别属于有意义学习还是机械学习?
>
> 1. 数学老师为了让学生掌握正负数乘除后所得结果的正负号,编了"正正得正,正负得负,负负得正"的口诀。记住口诀后,学生都能做对正负数的乘除法了。
>
> 2. 在讲解完氧族元素之后,学生能够自己说出碳族元素与氧族元素之间的区别。
>
> 3. 白鼠跑迷宫实验中,训练过几次之后,白鼠学会通过正确的路径找到食物。

3. 有意义学习的类型

根据学习材料的特征,奥苏贝尔将有意义学习分为表征学习、概念学习和命题学习。

(1)表征学习(representational learning)。表征学习是一种最低层次的学习方式,指学习一个符号或一组符号所代表的事物和意义的过程。简言之,就是学习单词或者词语所代表的意思。初学英语的人经常通过背诵来学习单词,这就是一个将符号(单词)与学习者认知结构中的事物或观念建立等值关系的过程。例如,学习单词 cat 时,学习者首先要将字母符号代表的汉语意思和字母联系起来,然后再与猫的视觉印象联系起来,最终 cat 引发的认知结构内容跟实际猫引发的认知结构内容趋于一致,从而使得 cat 这个单词具有了意义。

(2)概念学习(concept learning)。在奥苏贝尔的理论中,概念是同类事物的共同关键特征或本质特征,是区分事物的关键。例如,"人"的本质是"能够制造和使用劳动工具",这就是人类共有的,与其他动物之间相区别的关键性特征。概念学习的实质就是掌握同类事物的共同关键特征。

一般来说,概念的属性可以通过两个途径获得:概念形成与概念同化。其中,概念形成指的是,从大量同类事物的不同例证中,发现关键特征并最终形成概念的过程。这一过程具有很强的直观性和具体性,如幼儿阶段的概念教学主要以概念形成为主,教师可以通过列举不同事物的直观特征,让小朋友在脑海中形成特定事物的概念。另外一个途径就是概念同化,指用定义的形式直接向学习者呈现概念的关键特征,学习者只需将所呈现的概念的关键属性与自身认知结构中原有的概念相互耦合,就可以理解新的概念。这一途径适用于已具有基本概念的学习者。

奥苏贝尔根据新旧知识在抽象和概括程度上的不同关系,将概念同化分为三种形式。第一种是下位学习,指新学习的概念较原有概念更具体,这时,新旧概念的关系就属于下位—上位关系。第二种是上位学习,指已有的若干概念较为具体,而新的概念是更为一般和抽象的概念,这时,新旧概念的关系属于上位—下位关系。第三种是并列组合学习,指通过并列组合关系,将新旧概念做比较,找出其中的异同,从而获得新概念的意义。

(3)命题学习(proposition learning)。命题学习是指学习以命题形式表达的观念的新意义。(莫雷,2005)命题由句子构成,组成句子的关键词代表了概念。也就是说,命题学习是学习句子中由若干概念所构成的复合意义的过程。因此,学习命题必须先理解组成命题的有关概念。

例如,如果没有对物体运动的直观感受,对加速度、合力、质量等概念一窍不通,就不能准确地理解牛顿第二定律这个命题。可见,命题学习要以概念学习为前提,以表征学习为基础。因此,学习者合理地利用认知结构中已有的知识概念,在命题学习中将会起到重要作用。

(二)接受学习

奥苏贝尔指出,认知结构的排列是自上而下,从包容性较高的知识分化到包容性较低的层次,因而从一般到具体的下位学习是最容易进行的一类有意义学习,这与布鲁纳所提倡的自下而上的发现学习相反。奥苏贝尔指出,在实际的学校教学过程中运用发现学习有许多不便之处:首先,发现学习耗时较多,效率低,不符合学校教育的实际;其次,发现学习不适于以言语信息为主的学习内容,如概念、命题等知识的学习,更适合通过讲授形式进行的接受学习。只要满足一定的主客观条件,在进行有意义学习时使用接受的方式,能够更加轻松快速地获取更多的知识,符合实际教学的需求。

在奥苏贝尔的理论体系中,接受学习并不等同于机械学习,发现学习也不等于有意义学习。奥苏贝尔指出,接受学习是指学生将学习材料作为现成的定论性知识来接受和内化,使之与个体原有的认知结构形成联系,最终达到灵活运用的目的;发现学习则是学习内容不以定论方式直接呈现给学生,而是通过学生主动地参与探索过程,自己得出知识结论的学习方式。发现学习中,学生是先经过一个发现和探索活动的阶段,对知识进行重新组织和转换,然后再将学习内容同化入已有的认知结构的。发现学习可以是机械的(如白鼠跑迷宫的学习,虽然有发现的活动,但仍然是机械的),也可以是有意义的(独立从事科学研究就是一种有意义的发现学习)。因此,布鲁纳的发现学习与奥苏贝尔的接受学习,在本质和结果上都是相同的,只是发现学习多了一个"自主发现"的阶段。

二、认知—同化理论在课堂中的应用

(一)讲授式教学(expository teaching)

奥苏贝尔大力提倡讲授式教学,认为学习主要通过接受发生,而不是通过发现。在实际教学中,教师应当通过一种有组织、有意义的方式,将经过仔细考虑的最有用的知识讲授给学生,即通过讲授式教学促进学生的学习。与布鲁纳所倡导的从特殊到一般的归纳式学习不同,奥苏贝尔认为,学习应通过演绎的方式进行,即从一般推广到特殊或从规则定律推广到具体例子。因此,在讲授式教学中,教师通过演绎的方式将知识以有组织、有序列的完整形式呈现给学生,从包容性或概括性程度较高的学习材料到特殊的概念、例证等,让学生直接接受最有用的材料,同时,通过师生间大量的相互作用吸引学生的注意,促进对知识的学习。

奥苏贝尔认为,为促进新旧知识间的联系,教师在课堂教学中应遵循"逐渐分化"和"整合协调"的原则。逐渐分化原则是指教学应当从对一般概念的说明逐步进入详细内容的讲解,先讲授一般性的、包容性较广的概念,再学习较特殊、较具体的知识。整合协调原则要求个体将新、旧知识的内容加以分析、比较,明确相同水平的观点、原理之间的异同,指出其区别与联系,并对已有认知结构中的要素进行重新组合。简言之,就是将之前分化开的要素再一次组合形成一个新的具有整合性与协调性的知识整体。根据这两条教学原则,教师在教材内容的安排上应当遵循逻辑性和概括性程度由高到低逐渐分化的顺序,对知识的讲授也应按照包容性由高到低的顺序,先讲解一般性的概念和原理,再涉及较具体的知识。这样,就可以为后面的知识内容建立固着点,更好地进行有意义学习。

讲授式教学需要学习者有较为丰富的知识经验,将教师教授的新知识和认知结构中的已有知识融会贯通、求同存异,以此将新的知识内化到原有的知识系统中来。因此,学生头脑中能够与新知识形成联系的原有知识结构,就显得十分重要。如果学生已有的认知结构中缺乏可供固着的知识点,

教师就应该采取先行组织策略,为学生提供必要的固着点。

(二)先行组织者(advanced organizer)

先行组织策略是奥苏贝尔学习理论中另一个重要的内容。先行组织者是先于学习任务本身呈现的引导性材料,教师通过使用适当的引导性材料对学生当前所学的新内容加以定向与引导。这类引导性材料与当前所学内容(新概念、新命题、新知识)在包容性、概括性和抽象性等方面应符合认知—同化理论的要求,便于建立新旧知识间的联系,从而能对新学习内容起固定、吸收作用,一般可用语言文字形式加以表述或用适当的媒体形式呈现出来。先行组织者充当了新知识的固着点,能促进学生更好地接受和理解新知识。本书中每一章之前的引导性问题就可以看作一种先行组织者,帮助学习者更好地学习各章的内容。

奥苏贝尔认为,先行组织者不仅能够帮助学习者学习新知识,而且可以帮助知识的保持。具体表现在几个方面:首先,能够将学生的注意力集中在将要学习的新知识中的重点部分;其次,突出强调新知识与已有知识的关系,为新知识提供一种框架;最后,能够帮助学生回忆起与新知识相关的已有知识,以便更好地建立联系。由于在之前已经为学习者提供了相关知识,因而有清晰和稳定的组织,避免发生机械学习。

教学中教师可能会发现,有时学生头脑中的旧知识比较简单,而且大多数并不全面。因此,在正式讲授之前,教师可以尝试运用各种形式的"先行组织者",在引发学生兴趣的同时,将新旧知识加以融合,帮助学生更好地接受和掌握。

专栏3-6 举例思考

张老师最近感觉很困惑。他在每节课之前,都会给学生讲一个和课程有关的故事,吸引学生注意力。他认为,这样能够将学生的注意力集中在他身上,学生的学习效果能得到提高。但结果却不尽如人意,学生的兴趣虽然被调动了起来,但对教学内容的掌握程度并不好。张老师不懂:为什么我的先行组织者不管用?难道课前小故事不是先行组织者吗?

先行组织者和引课一样吗?

如果你对本节内容进行了有意义的学习,就会理解,张老师为什么不能收到效果了。张老师的引课小故事并不是先行组织者。先行组织者的作用要远远大于传统意义上的引课,它不仅要考虑到如何增强学生的学习兴趣,而且要重点分析学生已有的知识结构,在学生的新旧知识间建立起一座桥梁。在张老师的这个案例中,只有当故事中蕴含了所学新知识的原理,或涉及与之相关的旧知识时,它才能起到组织者的作用。

总的来看,可以用图3-6表示讲授式教学程序的主要步骤。

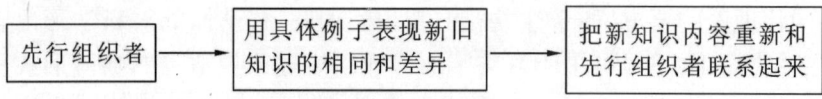

图3-6 讲授式教学阶段

> **专栏3-7　原理应用**
>
> **运用先行组织者实施讲解式教学**
>
> ◇ 学习者必须具备一定的知识基础后,才能与新知识建立联系,因此,讲授式教学更适合于具有一定知识经验的年龄较大的学生。
>
> ◇ 当以下两个条件同时具备时,先行组织者才能发挥效用:第一,先行组织者必须能被学生理解,不能被理解的先行组织者本身就不是学生认知结构的一部分,不能对新知识起到引导和固定作用;第二,所讲内容必须是真正的组织者,必须涉及基本概念和术语间的关系,而不仅仅是历史由来或背景知识。上例中,张老师的引课小故事不属先行组织者,自然也就没有起到很好的作用。
>
> (资料来源:WOOLFOLK A. Educational Psychology[M].8th ed. 北京:高等教育出版社(影印本),2003:288.)

三、对认知—同化学习理论的评价

奥苏贝尔的认知—同化理论强调同化在意义学习中的作用,阐明了有意义接受学习的过程及实质,消除了长期以来对传统教学方式和接受学习的偏见,为学校教育做出了巨大的贡献。有意义接受学习不仅避免了机械学习所造成的"惰性知识",而且减少了学生盲目的发现行为,更加节省时间。此外,奥苏贝尔的理论也为课程的编排提供了一定依据,讲授式教学仍是当前学校教学的主要方式。

尽管认知—同化理论对学习、教学和课程编排具有一定的启示作用,但也存在一些弊端：首先，讲授式教学过分强调教师的主导作用，却忽视了学生的自主探究，可能会影响到学生的学习积极性和动机；其次，认知—同化理论强调了学生知识学习的过程，忽视了对学生的能力尤其是创造力的培养。科学的发展和人类的进步都需要创新精神，不能仅仅局限于掌握前人的已有知识。再次，他注重对学生逻辑思维的培养，却忽视了直觉思维在学习和生活中的重要地位。最后，接受学习主要适用于言语信息知识的学习，而对于许多偏重于实验的自然学科并不适用。因此，在实际教学中应将接受学习与发现学习相结合，根据不同学科内容及课程安排，运用不同的学习和教学方法，以更好地促进学生知识的掌握及运用。

第四节　加涅的认知—指导学习理论

加涅（R. M. Gagné, 1916—2002）（图 3 – 7），美国著名教育心理学家，曾担任美国教育心理学会和教育研究会主席，并先后荣获美国心理学会颁发的桑代克教育心理学奖和杰出科学贡献奖等。纵观加涅的一生，他创造性地提出了关于学习的信息加工过程、学习阶段和学习条件等重要观点，有力地推动了现代科学心理学与学校教育实践的结合，也为未来的学校教育做出了杰出的贡献。加涅的主要代表作有《学习的条件》和《教学设计原理》，这两本书被认为是关于学与教的最重要的著作，代表

图 3 – 7　加涅

了 20 世纪末科学心理学与学校教育相结合的最高成就。

随着信息加工思想的盛行，认知学习理论将人类的心理加工过程与计算机进行类比，提出了学习的信息加工模型。受此影响，加涅提出了认知—指导学习理论，其有关学习实质和学习过程的认识集中了不同派别学习理论的观点，被作为行为—折中主义的代表。

一、学习的信息加工过程

加涅指出，学习的实质是由后天经验而发生的认识上的稳定变化，并在此基础上结合信息加工心理学的观点，提出了学习的信息加工过程的观点，用信息加工的模式说明学习的具体过程，其观点对于教师深入理解教学过

程、进行合理的教学设计具有重要意义。

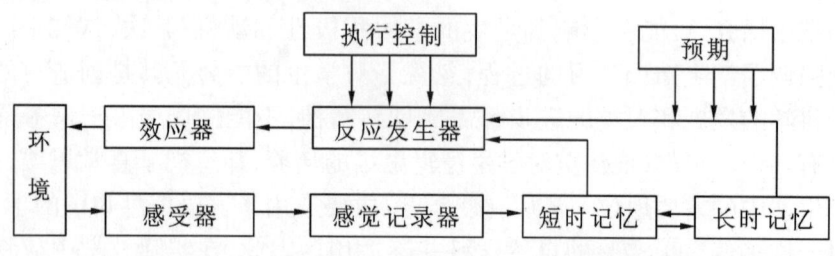

图 3-8 基于信息加工理论的学习与记忆基本模型

(一) 信息的三级加工

学习的信息加工模式指出了人脑对外界信息进行加工的全部流程,亦即信息从一个结构流到另一个结构的过程。从图 3-8 可以看到,人脑首先接受来自外界的各种环境刺激,然后通过各种感受器将注意到的刺激转化为神经信息,从而开始了信息的三级加工。

1. 感觉记忆(sensory memory)

感觉记忆是短暂地存储环境刺激的信息,直到它们被进一步加工的容器贮存。来自学习环境的刺激作用于感受器,随后在感觉记录器中进行编码并以映像的形式得到保存。研究发现,感觉记忆能够保持刺激原有的物理特征并将其转化为人脑可辨认的模式,如视觉呈现的刺激是两条相交的线,经过感觉记忆的加工便成为一个"角"进入短时记忆。信息在感觉记忆中保持的时间非常短,大约只有 0.25~2 秒,如日常生活中个体在读完一段陌生的语句时,通常会忘记开头的第一个字是什么,就是由于感觉记忆保持时间短的缘故。感觉记忆的存储容量远大于个体能够处理的信息量。但并非所有这些信息都能进行下一步加工,只有那些被个体注意到的信息,才能通过感觉记忆进行深度加工,其他信息则会全部消退。

2. 短时记忆(short-term memory)

短时记忆又称工作记忆,是人脑对感觉信息进行认知加工和操作的容器。短时记忆在信息加工系统中属于有意识的加工过程,只有当感觉记忆的信息被注意到或者长时记忆的信息被提取时,个体才能意识到这些信息的存在,进而对信息做进一步的加工。短时记忆的最大特点是保持时间短和容量有限,一般情况下,成人的保持时间是 10~20 秒,容量是 7±2 个组块。为改善短时记忆加工的有限性,个体一般通过形成组块的方式加工信息。组块是把小的独立条目合并为大的有意义的单元的心智加工过程。例如，要记忆和复述这样一组数字"3,1,34,1,5,8,21,2,13,55"是非常难的，因为所给数字的数量太多，超过了短时记忆的容量，但如果将例子中的数字重新排列成"1,1,2,3,5,8,13,21,34,55"，发现前两个数字之和是第三个数，这九个数字成为组块，就很容易记忆了。

3. 长时记忆(long-term memory)

长时记忆是人脑在经过感觉登记和认知加工之后，对信息长久存储的容器，它的容量巨大而且保持时间较长，有的信息甚至可以保存一生。将短时记忆中的信息转化为长时记忆一般有两种方法——复述和精加工。其中，复述是通过重复来进行记忆的方式，精加工则指对信息进行更加深入的分析和加工，是强调新信息和原有信息之间建立联系的一种记忆方法。例如，已经学过单词 class 和 room 后，再学习 classroom 时，就可以把这个单词和之前学过的两个单词联系起来理解，就自然知道它指的是"教室"了。

(二)信息加工的控制

人类的学习过程与计算机的信息加工过程的不同之处在于，人类的学习除了信息的加工流程之外，还包含"期望事项"与"执行控制"这两个内容。它们是人类学习过程中两个重要的系统，对学习的过程和结果起到了控制和影响的作用。期望事项是指学习者在学习时期望达到的目标，即学习的动机。而执行控制则等同于加涅学习分类中的认知策略，执行控制过程决定哪些信息从感觉记忆进入短时记忆，对新信息如何编码，以及采用何种提取策略等。

专栏3-8　原理应用

信息加工阶段与教学

◇ 感觉记忆信息通过注意才能转入短时记忆。教师应该充分利用信息的强度、新颖性等特征，促进学生对新知识的注意，也可通过编制口诀等形式促进学习。

◇ 短时记忆的信息是通过双加工的形式进行加工的，即通过视觉和听觉通道同时进行加工存储。因此，教师可以通过视觉、听觉等多通道形式呈现信息，充分利用多媒体资料的特性，借助幻灯、影片、图片或音频资料等形式进行教学。

> ◇ 长时记忆信息主要通过语义形式进行存储。因此,教师可以引导学生对知识进行深层次的加工和理解,鼓励并帮助学生主动寻找新旧知识间的联系,同时采用小结、提问或练习等形式,对知识进行及时的回顾与复习,以加强其长时记忆。

二、学习的分类

1970年,加涅在对之前的学习理论进行总结分析的基础上,对学习的类别进行了划分。

首先,依据学习内容繁简水平的不同,加涅提出存在如下八种不同类型的学习,①信号学习:即经典性条件作用的学习,学习对某种信号做出某种反应。其过程是,刺激—强化—反应;②刺激—反应学习,即操作性条件作用,与经典条件作用不同,其过程是,情境—反应—强化,即先有情境,做出反应动作,然后得到强化;③连锁学习,是一系列刺激—反应的联合;④言语联想学习,也是一系列刺激—反应的联合,是由言语单位所联结的连锁化;⑤辨别学习,即学会识别多种刺激的异同并对之做出不同的反应;⑥概念学习,对刺激进行分类时,学会对一类刺激做出同样的反应,亦即对事物抽象特征的反应;⑦规则学习,规则指两个或两个以上概念的联合。规则学习即了解两个或两个以上概念间的关系;⑧解决问题的学习,即在各种情况下,使用所学规则去解决问题。1971年,加涅对这种分类做出修正,把前四类学习合并为连锁学习,把概念学习区分为具体概念和定义概念的学习,由此包含六类学习。

此外,依据学习结果的不同,加涅又把学习分为五类:言语信息的学习、智慧技能的学习、认知策略的学习、态度的学习和运动技能的学习,具体内容可参考第一章。

三、学习的八个阶段

加涅指出,学习是个体与环境相互作用的内部信息加工过程,由一系列的事件构成,并在此基础上提出了学习过程的八阶段模式。如图3-9所示,左侧代表了学习的八个不同阶段,方框里面是该阶段的主要内部学习过程;右边则是教学事件。学习的内部过程环环相扣,不同的学习阶段将个体学习的内部过程与构成教学的外部事件相联系。

(1)动机阶段。动机是指学习者趋向某个目标的动力,有效的学习首先

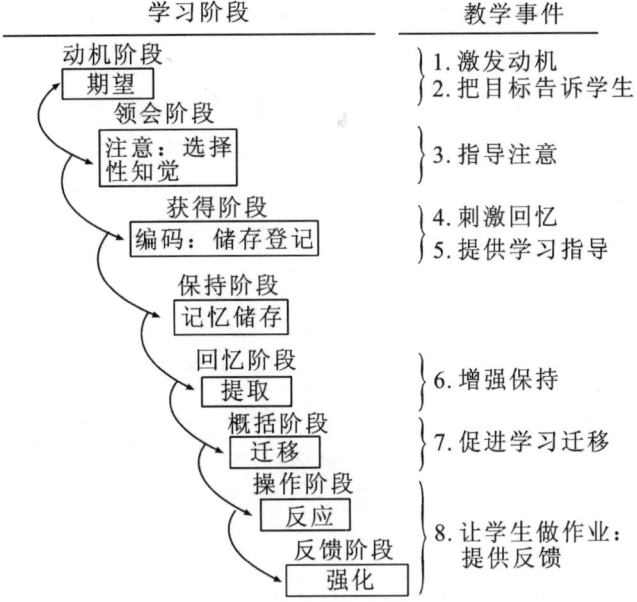

图 3-9 加涅的学习阶段与教学事件

要激发强烈的学习动机。加涅认为,要激发个体的学习动机,指导者需要在学习的开始阶段创设一定的学习情境,使其成为激发学习者学习动机的诱因。例如,以各种方式引起学生注意、明确学习目标等,以此引起学习者对达到学习目标的心理预期,促进学习活动的顺利展开。

(2)领会阶段。学习者在该阶段的主要心理活动是对刺激的注意和选择性知觉。加涅认为,注意的活动可以被看作是个体把引起注意的刺激从其他刺激中分化出来的过程。之后,个体需要对刺激的特征进行知觉编码,继而贮存在短时记忆中,这就是选择性知觉过程。

(3)获得阶段。当学习者对外部信息开始注意时,学习就进入获得阶段。获得阶段是指学习者对新获得的刺激进行知觉编码后储存在短时记忆中,再对其进一步编码加工后转入长时记忆的过程。与领会阶段仅对信息进行知觉不同,此阶段中的信息通过编码转化为最易被存储的形式,并通过进一步编码进入长时记忆。编码是为了便于信息的保持,如个体将刺激以自己熟悉的方式进行归类,并与类似刺激进行对比区别的过程会促进信息的保持。

(4)保持阶段。学习者已经习得的信息在经过复述和强化后,以语义编码的形式进入长时记忆储存阶段。习得的内容储存到长时记忆中,会受到外部事件的影响,如其他学习内容或提取线索。一些证据表明,长时记忆可保持一生,尽管个体感到有些事情已被遗忘,但记忆痕迹可能仍储存在大脑中,遗忘可能是由于受到干扰或者缺乏线索导致的提取障碍。

(5)回忆阶段。即信息的检索阶段,这时所学的东西能作为记忆活动表现出来。相对其他阶段,这个阶段最容易受外部信息的影响,因此,提取的线索格外重要。提供回忆的线索,不仅能帮助学习者回忆起那些难以回忆起来的信息,还可以提高学习者回忆信息的清晰性。

(6)概括阶段。概括阶段通常被认为是学习迁移的过程,包括已经学到的知识和技能的恢复及其在与最初的学习环境不同的情境和不同范围里的应用。学习的概括形式分为横向迁移和纵向迁移两种。其中,横向迁移指的是一种扩大到大致相同情境下的概括,纵向迁移则指在某种水平上学到的能力对学习另外更高水平能力所具有的影响作用。

(7)操作阶段。即作业阶段,是一个完整学习过程的必要组成部分,作业可以帮助教师判断学生对所学习的内容是否掌握,学习者也可通过作业检测自己学习的结果,从中得到反馈以获得满足感,并增强学习的动机。

(8)反馈阶段。反馈是学习的最后阶段,是通过强化过程发生的。加涅认为,学习活动的完成需要一种自动的或人为设计的反馈。在反馈阶段,强化过程对个体学习的影响十分重要,它不仅证实了预期的事项,也使学习者已经获得的学习行为得到强化。

专栏3-8　原理应用

学习的八个阶段与教学

◇ 激发学生的兴趣:教师应主动创设课堂教学情境,以新颖形式呈现学习内容,促进学生的好奇心和求知欲。同时,积极引导学生参与教学活动,让其在学习中体验成功的愉悦,激发其学习动机。

◇ 促进学生集中注意力:不同年龄的个体,注意力持续的时间不同,5~7岁的儿童是15分钟,7~10岁是20~25分钟,11~14岁则是30分钟左右,教师应根据学生的年龄特征合理安排教学重点,争取在学生注意力集中的时间段内进行讲解。可以通过提问、讨论等教学活动的多样性进行调节;此外,还可以通过改变讲话的声调、手势动作等方式引起学生注意。

◇ 引导学生进行总结:教会学生对已经学习的知识及时进行总结,并与原有知识体系相结合。具体可以让学生自己先解决问题,之后通过总结、比较异同等方式,使其学会概括的原理和方法。

◇ 进行合理的反馈:教师要对学生完成任务的情况进行及时评价与反馈,最好在任务完成的当天。反馈时要针对具体的可以改变的特征而非学生人格。不同学生适用的反馈方式各异,后进生应以鼓励为主,优等生则以指导为主。

四、学习的条件

1977 年,加涅提出五种不同类型的学习目标,即言语信息、智力技能、认知策略、动作技能和态度,其所需的内部和外部条件也不尽相同。

(一)内部条件

加涅认为,学习的内部条件一般存在于学习者自身,是学习者本身在学习前就具有的能力、经验或知识,也就是学习者先前习得的技能。在《教学设计的原理》一书中,加涅对达成上述五种学习目标所需的必要条件和辅助条件做了具体说明,见表3-2。

表3-2 学习的内部条件

学习类型	必要条件	辅助条件
言语信息	按意义组织的一组语言信息	言语技能、认知策略、态度
智力技能	较简单的智力技能(规则、概念、辨别)	态度、认知策略、言语信息
认知策略	特殊的智力技能	智力技能、言语信息、态度
动作技能	部分技能(有时),操作程序规则(有时)	态度
态度	智力技能(有时),言语信息(有时)	其他态度、言语信息

(资料来源:加涅,布里格斯等著教学设计的原理[M].皮连生,庞维国,等译.上海:华东师范大学出版社,1999:182.)

(二)外部条件

学习除了会受到内部条件的影响之外,还会受外部条件的影响。与内部条件相比,外部条件独立于学习者之外存在,一般指的是由于学习内容的不同而构成的不同条件,如教学环境、教师在教学时提供的信息、教学媒体及其他诸多因素。如学生学习英语作文的条件包括学生本身对英语的学习兴趣,一定的英语词汇、语法和造句等基本英语能力,教师良好的指导和写作技巧的讲解等。这样,才能保证学生学习的有效进行。其中,感兴趣和有一定的英语能力,是学习的内部条件,而指导和技巧讲解,则是学习的外部条件,两者缺一不可。表3-3列举出了针对不同类型学习目标所需要的学习的外部条件。

表3-3 学习的外部条件

学习类型	外在学习条件
言语信息	①变化语调或字体,注意突出的特征;②分块呈现信息;③提供有意义的背景,促进信息有效编码;④提供线索,促进有限检索和迁移
智力技能	①突出特征吸引注意;②将内容控制在短时记忆限度之内;③促进回忆已学的从属技能;④为从属技能的组合排序提供言语指导;⑤经常练习,定期复习;⑥创设多种情境促进迁移
认知策略	①示范说明策略;②提供运用策略的多种机会;③对策略的效果进行反馈
动作技能	①提供动作程序的指导;②重复训练;③及时反馈动作的准确性;④鼓励运用脑力训练
态度	①建立期望成功的态度;②使学生认同榜样人物;③安排个人行为选择;④提供成功的反馈,或显示榜样的反馈

(资料来源:盛群力,李志强.现代教学设计论[M].杭州:浙江教育出版社,1998:203.)

专栏3-8 原理应用

根据不同的内外部条件促进学习

◇学习的类型不同,促进学习的外部条件也各异,在实际教学过程中,教师应根据不同的教学内容采取恰当的教学方式,切勿千篇一律。

◇学生学习的目的是获得知识和掌握解决问题的方法与技能,教师应主动教授学生有效的学习策略与学习方法,并鼓励学生进行多样化的尝试和练习。

◇ 学习的内容,不仅包括课本上的知识,还包括态度、认知策略和运动技能等,因而对学生的教育不应局限于教授现成的课本知识。同时,对态度、策略等知识的学习不仅依赖于学校教育,更依赖于家庭和社会,教师应多与家长沟通,共同促进学生的全面发展。

五、加涅的学习理论在教学中的应用

（一）"九五矩阵"教学法

加涅认为,学校教学中,包括言语信息、智慧技能、认知策略、动作技能和态度在内的五种目标是跨学科的,即每门学科均可按照这五种学习结果制定具体的教学目标。在学习的信息加工理论的基础上,他又提出有关如何安排教学流程等有关教学策略的理论,认为个体的学习过程包含多个内部心理加工环节,不同的心理加工过程需要不同的教学事件来支持。因此,加涅将教学过程分为九个教学事件:引起注意、告诉学习者目标、刺激对先前学习的回忆、呈现刺激材料、提供学习指导、诱导学习表现(行为)、提供反馈、评价表现、促进记忆和迁移。但是,这九个教学事件的展开并非一成不变,需要根据具体的教学目标和内容安排,对教学事件进行取舍,并非在每一堂课中,都要按顺序提供全部的教学事件。

学校学习的五个类型与九个教学事件就构成了加涅的"九五矩阵"教学法,这种教学法是20世纪中期影响较大的教学设计之一。

（二）课堂教学阶段的划分

加涅认为,一个完整的学习过程包括动机、领会、获得、保持、回忆、概括、操作和反馈八个不同的阶段,每个阶段学习者头脑中都存在不同的信息加工活动,使信息由一种形态转变为另一种形态,直到学习者做出反应为止。教师是教学活动的设计者和管理者,也是学生学习效果的评定者。有效的教学要求教师根据学生学习的内部条件,创设或安排适当的外部条件,以促进学生的有效学习,最终实现预期的教学目标。加涅指出教学程序必须根据学习的基本原理进行,将教学过程也分为相应的八个阶段,强调了每个阶段教师应做的工作,为教师的教学提供了切实可行、操作性极强的指导,推动了心理学与学校教育实践的结合。

六、对加涅的认知—指导学习理论的评价

加涅的学习理论对西方各个不同学派学习理论的基本思想观点进行了融合,并在认知心理学的信息加工过程的框架下,对学习的实质、类别、过程和结果进行了较为全面的分析,反映了西方学习理论发展的整合性趋势,被称为折中主义的学习理论。

加涅学习理论中有关学习的过程、不同学习阶段与学习的条件的观点不仅注意到学习的阶段性特征,提出了影响学习过程的内部和外部条件,还

中学生认知与学习

提倡根据学习的不同阶段进行循序渐进的教学指导,为心理学服务于教学提供了一定的理论依据,对实际教学具有重要的启示意义和参考价值。他还强调已有认知结构在学习中的作用,对教学内容必须与学生的能力相适应提出了要求。然而,加涅的学习理论较少考虑情绪、意志等因素对学习过程的影响,将能力仅仅归结于大量有组织的知识,忽视了思维和智力技能的作用,具有一定的片面性。

■ 内容要点

1. 早期的认知学习理论

格式塔学习理论:学习是一种知觉重组的顿悟学习,个体在认知活动中将已经感知到的信息组成有机整体,这一过程不是尝试错误,而是顿悟。其中,以柯勒的顿悟实验最为有名。

托尔曼的符号学习理论:托尔曼认为,学习是有目的的,是学习"达到目的的符号"及其所代表的意义的过程,在刺激与反应间存在内部的中介过程 $O(S-O-R)$。符号学习理论首次提出了内部认知过程的重要性,为认知学习理论的提出奠定了基础。

2. 布鲁纳的认知—发现学习理论

布鲁纳的认知—发现学习理论指出,学习的目的在于通过发现学习方式,将学科的基本结构转变为个体头脑中的认知结构,主要包含认知学习观、结构教学观和发现学习三方面。

首先,认知学习观指出,学生学习的实质是主动形成认知结构,而非被动地接受知识的过程,具体包括知识的获得、转化与评价三个过程;第二,结构教学观认为,课堂教学的目的在于帮助学生理解学科的基本知识结构,应遵循的教学原则包括动机原则(内部动机是维持学习的基本动力)和结构原则(教师必须采取最佳的知识结构进行教授,任何知识结构都可以用动作、图形和符号三种形式进行呈现);第三,发现学习即个体通过自身的探索发现获得直接获得知识的形式。学生是积极的探究者,教师应帮助学生创建一种能够促进其独立探究行为的教学情境(而非提供现成知识),促进学生主动地思考和获得知识。

3. 奥苏贝尔的认知—同化学习理论

奥苏贝尔从不同维度将学习分为接受学习与发现学习,机械学习与有意义学习,指出学生的学习主要是有意义的接受学习,包括表征学习、概念学习和命题学习三种不同类型。有意义学习的条件:学习者应有主动将符号所代表的新知识与已有认知结构中的知识建立联系的倾向;学习者已有认知结构中必须有相应的旧知识以与新知识间建立实质的非人为的联系。

在教学方式上,奥苏贝尔强调认知—同化教学,即把教学内容整合进学生已有的认知结构中,能否习得新知识,取决于认知结构中已有的观念,同化方式有下位学习、上位学习、组合学习三种。他大力提倡讲授式教学,认为学生在学校情境中的学习应该主要是接受学习,并提出了先行组织者的教学策略,即在学习任务之前呈现在抽象、概括和综合水平上高于学习任务引导性材料,并与个体认知结构中原有的观念和新的学习任务间存在关联,从而为新的学习任务提供观念上的固着点,增加新旧知识间的联系性与可变性,以促进对新知识的学习。

4.加涅的信息加工学习理论

学习可以类比为信息加工过程,来自环境的刺激作用于感受器,并通过感觉登记、暂时保存,编码进入短时记忆,然后经过复述和精细加工进入长时记忆。最后将长时记忆的信息提取出来通过反应器转化为动作。其中,执行控制是已有经验对现在学习过程的影响,期望是动机系统对学习过程的影响。学习的过程包含八个不同的阶段,每个阶段进行的内部加工过程不同,所需要的外部教学条件不同。学习的结果分为言语信息、智力技能、认知策略、动作技能和态度五种,所需的内外部条件也存在差异。

■ 复习与思考

1.顿悟学习的主要内容是什么?

2.布鲁纳认知—发现学习理论的主要观点是什么?

3.什么是发现教学与结构教学?对教学改革的意义是什么?

4.奥苏贝尔的认知—同化学习理论的基本观点是什么?

5.什么是先行组织者教学策略,如何根据先行组织者原理组织教学?

6.加涅信息加工学习理论的主要观点是什么?

7.加涅提出的学习认知加工包括哪八个阶段?对于教学有什么启示意义?

■ 推荐阅读材料

　　1. 斯莱文. 教育心理学：双语教学版[M]. 姚海林, 陈勇杰, 译注. 8版. 北京：人民邮电出版社, 2011.

　　2. 奥姆罗德. 教育心理学[M]. 龚少英, 主译. 6版. 北京：中国人民大学出版社, 2011.

　　3. 王振宏, 李彩娜. 教育心理学[M]. 北京：高等教育出版社, 2011.

　　4. 莫雷. 教育心理学[M]. 北京：教育科学出版社, 2007.

■ 索引

- ❖ 术语索引
  - 顿悟学习（insight learning） 3.1
  - 符号学习理论（sign-learning theory） 3.1
  - 奖励预期（reward expectation） 3.1
  - 对比效应（contrast effect） 3.1
  - 认知结构（cognitive structure） 3.2
  - 认知表征（cognitive representation） 3.2
  - 发现学习（discovery learning） 3.2
  - 表征学习（representational learning） 3.3
  - 概念学习（concept learning） 3.3
  - 命题学习（proposition learning） 3.3
  - 讲授式教学（expository teaching） 3.3
  - 先行组织者（advanced organizer） 3.3
- ❖ 人名索引
  - 托尔曼（E. C. Tolman） 3.1
  - 布鲁纳（J. S. Bruner） 3.2

第四章　建构主义与人本主义学习理论

■ **教学目标**

❖ 掌握建构主义学习理论的主要观点及其相关的教学模式,分析个人。建构主义与社会建构主义对于学习的不同理解及其对于教学改革的启示。

❖ 掌握人本主义学习理论的主要观点及其相关的教学模式,分析人本主义学习理论对于教学改革的意义。

■ **学习重点**

❖ 个人建构主义与社会建构主义的关系及各自的特点。

❖ 建构主义的学习观、教学观与教学模式。

❖ 人本主义的学生观与教师观。

■ **课前思考**

❖ 小学一年级老师给学生提出一个问题:"雪融化了是什么?"王瑞佳说:"雪融化了是春天,因为妈妈经常讲,春天来了,冰雪都融化了。"李思洋回答说:"才不对呢,雪融化了是水。"老师说:"李思洋同学回答得对,雪融化了是水。"王瑞佳的回答就一定不对吗?

❖ 高中二年级的胡泽源与李元在辩论。胡泽源认为,法律上应该废除死刑,李元则认为,不应该废除死刑。两位同学各执一词,辩论激烈,难分伯仲。为什么对于同一问题,两个人有不同的观点呢? 这一问题应该有唯一的正确答案吗?

❖ 刚刚上完选修课影视鉴赏,郭宏宇认为,太没有意思了,简直是无聊透顶。而冯语哲显得非常激动,这节课太有意义了,太棒了,我一定要坚持选修这门课程。为什么同一门课程,不同的学生有截然不同的反应呢?

课堂教学活动中,面对比较复杂的具有挑战性的教学内容,教师如何有效地提高教学效果呢?

行为主义学习理论重视练习与强化的作用;认知派学习理论强调认知结构在学习中的作用;建构主义倡导关注学习者头脑中知识建构过程的独特性;人本主义则提倡关注学生的需要、动机和自我成长在学习中的重要性。一般来讲,对于不同类型的知识内容,适合的学习理论也存在差异,只有掌握多种原理,教师才能取得较好的教育教学效果。

建构主义和人本主义心理学理论的核心认为,学生是学习活动的主体,教师则是学生学习的帮助者和促进者。

第一节 建构主义学习理论

学校教学中经常面临着这样的问题:学生对知识内容的理解没什么问题,但在完成作业题或考试时,则遇到较多的困难。如许多学生可以重复地说出各种各样的在课堂上学过的科学原理,但要求他们独立地解释生活中的科学现象时,常会出现各种困难。在数学问题的解题过程中,有的学生擅长背诵公式原理,对概念的理解却不深刻,一旦遇到变化了的实际问题,就不会解决了。

对此现象,建构主义学习理论认为,问题出现的原因在于学校教学工作没有形成促进知识学习的意义生成环境。知识学习的关键在于主体的内在生成及主动建构活动。

20世纪90年代以来,建构主义(constructivism)在新课程改革、科学教育、教师教育中的影响越来越大,成为当代心理学与教育学的主要理论之一。行为主义和认知派学习理论以客观主义知识论为基础,建构主义学习理论则试图超越客观主义知识观与主观主义知识观的二元对立,强调知识学习的内在生成及主动建构活动,寻求知识学习的新路径。

一、建构主义形成的背景

(一)建构主义产生的哲学根源

建构主义理论是当代西方国家兴起的一种社会科学理论,越来越多的研究者把意大利著名哲学家维柯(1668—1774)和德国著名哲学家康德(1724—1804)作为建构主义的主要代表人物。其中,当代美国建构主义的

第四章 建构主义与人本主义学习理论

主要代表人物冯·格拉塞斯菲尔德把维柯誉为"第一位清楚明确地描述建构主义的人",他认为,维柯1710年的论文《论意大利人的古代智慧》中提出的"真理即创造""人只能认识自己所创造的东西"等理论,第一次清楚地表达和描述了建构主义思想。

较普遍的观点则认为,建构主义思想源于康德对理性主义与经验主义的综合。康德哲学思想的核心围绕人的主体性展开,认为主体不能直接通向外部世界,只能利用内部建构的认知原则去组织经验,从而发展知识;世界的本来面目是人们无法知道的,而且也无须推测它,人们所知道的只是自己的经验。

康德的理性批判哲学分别从认识、实践领域等不同角度建构了个体主体性的思想,达到了西方哲学的巅峰,其本人也被大多数建构主义者奉为鼻祖之一。

受到维柯、康德的哲学观点及后现代主义哲学思想的影响,建构主义反对理性知识的绝对论,主张知识的相对主义,认为一切知识、概念和理论都不是必然的、普遍的,而是特定的和情境性的,是社会文化建构的产物。知识的特殊性、情境性远甚于普遍性;科学知识的研究方法是多元的;知识发展的根本目标不是效率,而是保证人类的公平和正义。

(二)建构主义产生的心理学根源

除了哲学思想的影响外,心理学理论的演进,也是建构主义理论发展的直接原因。在此过程中,瑞士心理学家皮亚杰(J. Piaget,1896—1980)的认知发展理论有重要的推动作用。皮亚杰指出,学习是一种"自我构建",个体思维发展的过程就是儿童在不断成熟的基础上,在主客体相互作用过程中获得经验并使图式不断协调、建构(平衡)的过程。皮亚杰强调主体心理机能的个人建构,其思想是当代建构主义理论的重要基础之一。但这一理论是不全面的,因为个体不可能自发协调心理机能。

20世纪七八十年代,苏联著名心理学家维果斯基(L. Vygotsky,1896—1934)的文化历史发展理论强调了"活动"和"社会交往"在人的高级心理机能发展中的重要作用,指出学习是一种"社会构建"的过程,强调认知过程中学习者所处社会文化历史背景的重要作用,其理论在西方心理学界引起了强烈的反响。

总之,当代的建构主义理论融合了皮亚杰的自我建构理论和维果斯基的社会建构理论,批评了布鲁纳等人的知识结构观,认为其"混淆了不同类型的知识及其教学活动内容",不利于年青一代对新的高级知识的学习和掌握。在此基础上,建构主义者科尼斯·格根(K. J. Gergen)等人形成了"意义建构"的观点,提出知识在被个体接受之前,对其而言"毫无意义",一切外在知识信息的输入,只有经过个体的主动加工、转换与建构,才有意义。

> **专栏4-1 拓展阅读**
>
> ### 学科进展
>
> 建构主义者提出"儿童也是科学家"的著名隐喻。目前,西方国家开展的新课改普遍提出,让学生学会进行科学思考和对科学本质问题的探讨。例如,在美国小学开设的科学教育课程中便反映出了建构主义思想。研究发现,儿童对于一些事物因果关系问题的好奇心和推论方式与科学家有一定的相似性,但儿童常常关注那些偶然事情,而不是普遍性的事件。在做小科学实验时,儿童鉴别实验结论的能力和理论阐述,明显地与科学家有差异。经过教师的帮助,小学儿童也可以逐渐学会科学的思考方式。
>
> (资料来源:Santrock. Educational psychology[M]. NewYork:McGraw Press,2007:39.)

(三)建构主义产生的社会思想与科技根源

除了哲学思潮和心理学自身理论流派的发展,对建构主义产生的推动作用之外,建构主义在世纪之交的诞生也有其深厚的社会思想根源和科学技术背景。

首先,建构主义的提出是在当前自然科学中心主义的背景下,对人性的机械论、还原论和竞争进化论以一种有机整体观、生态科学观和互助论再现"科学的魅力",进而建构起一种具有内生性的后现代世界观与科学观。建构主义者认为,自然科学是发明而非发现的,科学技术也是社会关系建构的产物,反对脱离实际的理科中心教育模式。

其次,建构主义的产生也受到现代信息技术发展的影响。20世纪90年代以来,由于信息技术对教育的挑战,传统学习观和教学理论已无法适应新的要求,教育技术界的学者们基于计算机辅助教学(CAI)技术、多媒体计算机和基于网络的通信技术的成果,试图以建构主义的思想完善和发展现代

第四章　建构主义与人本主义学习理论

学习理论与教学模式。

二、建构主义的不同取向

建构主义自提出以来,形成了许多不同的取向,人们甚至认为,有多少个建构主义者,就有多少个建构主义分支。目前,西方主要盛行的建构主义有六个分支取向:①激进建构主义;②社会性建构主义;③社会文化认知论;④认知信息加工建构主义;⑤社会建构论;⑥控制论建构主义。

在综合各种建构主义观点的基础上,教育心理学更倾向于将建构主义分为个人建构主义和社会建构主义两种。其中,个人建构主义强调学习是学习者通过同化和顺应的方式,形成、丰富和调整自己认知图式的过程;而社会建构主义强调学习是在特定的社会文化下,通过学习共同体的合作互动形成公共文化知识。

(一)个人建构主义

个人建构主义(personal constructivism)主要源于皮亚杰的理论与思想,个人建构主义主要关注的是个人内部知识的建构,认为寻求知识意义的过程,就是个体基于自己的经验与环境或客观刺激相互作用的过程。意义的建构是个人内部的事情,是一种高度自主的活动,有其充分的自主性,即"一百个人就是一百个主体,并会有一百个不同的建构"。个人建构主义的主要代表有格拉赛斯菲尔德的激进建构主义、维特洛克(M. C. Wittrock)的生成学习理论和斯皮罗的认知灵活性理论(cognitive flexible theory)。

其中,格拉赛斯菲尔德的激进建构主义认为,知识不是通过知觉或交流而被个体被动接受的,而是由认知主体主动建构起来的,建构是通过新旧经验相互作用而实现的;认知的机能不是认识现实,而是适应与组织自己的经验世界。

维特洛克的生成学习理论则认为,学习的生成过程是学习者原有的认知结构(已有的知识)与从环境中接受的感觉信息(新知识)相互作用,经过主动选择与注意,从而主动建构信息意义的过程。

斯皮罗的认知灵活性理论则认为,学习应该分为两种:初级学习和高级学习。

初级学习是学习中的低级阶段,涉及的是结构系统、联系紧密的知识领域,称为结构良好领域(well-structured domain)。学生可以只知道重要的概念和知识,并能够原样提取。

高级学习则涉及结构不良领域(ill-structured domain)。这个领域的知识有以下特点:①知识应用的每个实例中都包含着许多广泛的概念及其相互作用,即概念的复杂性;②同类的各个具体实例之间涉及的概念及其相互作用的模式有很大差异,即实例的差异性。

此外,斯皮罗反对传统的教学,认为传统教学不仅机械地对知识做预先限定,让学生被动地接受,还混淆了高级学习与初级学习间的界限,把初级阶段的教学策略(如整体分割为部分,着眼于普遍原则的学习,建立单一的、标准的基本表征等)不合理地推至高级阶段的教学中,使教学过于简单化,学生获得的是一种惰性知识,因此,斯皮罗强调在学习的高级阶段,应让学生理解概念的复杂性并接触结构不良领域的问题,灵活地运用知识解决问题。

(二)社会建构主义

社会建构主义(social constructivism)主要源于维果斯基的社会文化历史理论观点,关注知识建构的社会性质,重视学习者之间及师生间的社会性互动在知识建构中的作用,认为知识的意义是在社会情境中通过自身的认知过程及认识主体间的相互作用建构的,且经由个体的建构活动所产生的"个体意义",事实上包含了对于相应的"社会文化意义"的理解和继承。

此外,社会建构主义强调"知识的社会交流互动功能",学习是一个文化参与过程,是学习者通过参与某种社会文化,内化相关的知识技能并掌握工具的过程,其关键在于建立"学习共同体",即学习活动是由教师和学生组成的共同体完成的,不能被看作是孤立的个人行为。

学习共同体(community of learners)中的共同行为与个人行为间存在着相互依赖、相互促进的辩证关系。一方面,学习共同体的协商、互动和协作对于个体的知识建构有重要意义。另一方面,学习共同体中各成员之间经常进行沟通交流,分享各种学习资源,共同完成一定的学习任务,因而形成了相互影响、相互促进的人际联系,并形成了具备一定规范的学习共同体文化。

学习共同体的理念对于教师专业发展、课堂设计、学生的发展均会产生极大的促进作用。新课改的推进对于教师的创新能力和专业素养提出了更高的要求,教师仅依靠自身学习进行反思和实现专业发展是有局限的。理想的教师专业成长应该是在学校保障、群体合作基础上的发展过程。作为校本培训的一种形式,教师学习共同体能够调动教师的主体意识,促进教师的自我发展,从知识结构、价值观、专业精神等方面推动教师的专业发展。

同时,教师的团队合作学习规划,自主权利空间及学校发展的共同愿景,也会有益于营造创新的良好氛围。

课堂学习共同体是在尊重个体差异的前提下,以完成共同的学习任务为载体,通过交流互动、讨论协商对学习内容进行更深入的整合等方式,将学习共同体理念应用于课堂教学中,从而使学生发展成为一个团队成员的角色,最终形成共同学习的精神支柱,促进共同体成员的全面发展。随着信息技术的发展,网络拓展了学习共同体平台,弥补了传统学习条件的不足,使教师和学生在网络环境下摆脱了时间和空间的限制,进行更广泛、深入的协作和学习。

专栏 4-2　举例思考

从"不及格"到"及格"

2011 年,福建省高考语文阅读题中有一道总分 15 分的题,原作者林天宏试做竟然不及格。

2009 年,福建省高考语文阅读题,选自 2008 年中国青年报的文章《寂静钱钟书》,作为该报前实习生的作者周南自己试做了一遍题,总分 15 分中只拿了 1 分。尤为荒谬的是,一个被作者认为"说出了我内心最真实意图"的选项,参考答案却是错的。

作家韩寒也曾"细心地完成"了针对自己文章《求医》一节的中学语文阅读题,八道题只做对了三道。甚至,他选错了"画线句作者想要表达的意思"。

这三位作者经过认真的反思之后发现,如果把自己当成高考生,自己就能做出正确答案了。

想一想:为何高考阅读题目原作者答题居然"不及格"?

为什么高考阅读题目原作者"把自己当成高考生,就做得出了"?

(资料来源:路海东.学校教育心理学[M].长春:东北师范大学出版社,2010.)

三、建构主义的知识观与学习观

(一)知识观

建构主义认为,知识不是客观的、绝对的真理,而是人对客观世界的主观解释和假设,这种解释和假设不一定是正确的、唯一确定的,而是猜测性的、可证伪的,因此,知识是相对的真理。

具体而言,建构主义的知识观包括以下三层含义:

首先,知识是主观的,是人对事物的主观解释与假设。虽然世界是客观存在的,但是,我们对世界的认识及在认识过程中获得的知识,不能以实体形式存在于主体之外,必须依赖具体的认知个体,即具有主观性。如学生学习的书本知识就是人类对现实世界形成的较可靠的假设。

其次,知识具有情境性,必须依存于具体的情境。知识不是一系列独立于情境的符号,不可能脱离活动情境而抽象地存在,必须存在于具体的、情境的、可感知的活动之中,只有通过实际应用,才能真正被人所理解。

最后,知识是相对的,是发展变化的,而不是固定不变的。由于人的主观认识本身存在的局限性,因而,人类在认识世界的过程中所获得的知识并非一定是对客观世界的真实反映,可能只是对客观世界局部的、粗浅的认识,甚至可能是完全错误的认识。随着人类的进步,已有的知识、理论和假说会不断地被革新,并被新的理论和假说所代替。

例如,曾几何时,人类认为,地球是宇宙的中心,太阳是围绕着地球转的。直到后来,我们才知道,地球是围绕着太阳转的。因此,知识是相对的,是随着人们的认识活动不断深入而发展变化的。

专栏4-3 举例思考

"鱼就是鱼"的故事

鱼想了解陆地上发生的事,却因只能在水中呼吸而无法实现。它与一个小蝌蚪交上了朋友。在小蝌蚪长成青蛙之后便跳上陆地。几周后,青蛙回到池塘,向鱼描述了它在陆地上看到的各种东西:鸟、牛和人。故事书呈现了鱼根据青蛙对每一样东西的描述所做的图画表征:

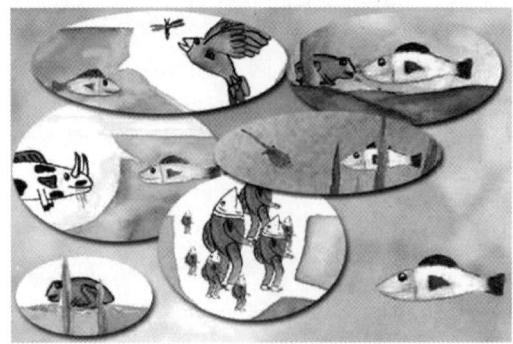

图4-1 鱼就是鱼的故事

第四章 建构主义与人本主义学习理论

每一样东西都带有鱼的形状,只是根据青蛙的描述稍做调整——人被想象为用鱼尾巴走路的鱼,鸟是长着翅膀的鱼,奶牛是长着牛和乳房的鱼。这个故事说明了,在人们基于自己已有的知识建构新知识的过程中,创造性的机遇和危险并存。

"鱼就是鱼"不仅与儿童有关,也与所有年龄的学习者相关。如大学生经常依据自身经验建构有关物理学、生物学现象的相关观念,而不是依据这些现象本身的特征做出科学的论述。

通过"鱼就是鱼"的故事,请思考以下问题:青蛙有关鸟、牛和人的知识是如何获得的?

青蛙有关鸟、牛和人的知识是主观的,还是客观的?

青蛙有关鸟、牛和人的知识与它原有的知识经验的关系是怎样的?

这故事对我们有何启示?

(资料来源:路海东.学校教育心理学[M].长春:东北师范大学出版社,2010.)

(二)学习观

建构主义学习理论认为,学习不简单是知识由外到内的转移和传递,而是学习者主动地建构自己知识经验的过程,即通过新旧经验双向的相互作用,来充实、丰富和改造自己的知识经验。学习不是被动地接受现成的结论,而是主动建构信息意义的过程。意义的建构不能够脱离具体的情境,而是在真实、具体的情境中进行的。

总之,建构主义在学习观上更强调学习的主动建构性、意义性、社会互动性、情境性及内隐性和默会性,以下将分别进行阐述。

1. 学习的主动建构性

建构主义者强调,知识学习的实质是学习者主动地建构内部心理意义的过程,包括建构意义和意义系统两部分。其中,建构意义最为关键的活动是人的智力和语言技能。学习意义的建构需要依赖于学习者原有的知识经验,并在一定的社会文化环境中,主动地对新知识和信息进行加工处理,进而转化为个人内在的东西。学生的学习便是在现实中发现问题、提出质疑、解决问题的过程,更是锻炼创造性思维的过程。

> **专栏4-4 举例思考**
>
> 请大家阅读下面一段文字并思考：
>
> 有一个小孩，坐在自家门前，看见一辆卖雪糕的车开过来，突然想起春节时奶奶给的压岁钱，猛地冲进屋内……
>
> 这个小孩猛地冲进屋内可能干什么？拿钱准备买雪糕。如果学习只是复制、印入信息，那我们充其量只能接受到"猛地冲进屋内"。"省略号"代表的意义是从哪儿来的，来自这段文字吗？不是，而是来自我们的解释和推测。如果我们把这段文字中的"卖雪糕的车"换成"希望工程捐款车"，变成下面这段文字。
>
> 有一个小孩，坐在自家门前，看见一辆"希望工程"捐款车开过来，突然想起春节时奶奶给的压岁钱，猛地冲进屋内……
>
> 这个小孩这次猛地冲进屋内可能干什么呢？拿钱准备捐款。倘若我们不知道"希望工程"是什么，也不知道"捐款"是什么，你能想到，他进屋拿钱准备捐款吗？恐怕还以为这是一辆什么稀奇古怪的车，小孩是恐慌而躲进屋里呢。
>
> 启示：学习不只是印入信息，而是调动、综合、重组甚至改造头脑中已有的知识经验，对所接受到的信息进行解释，并在此基础上生成个人的意义或理解的过程。个人头脑中已有的知识经验不同，调动的知识经验相异，对所接受信息的解释就不同。亦即，知识的意义是学习者经过建构活动而生成的。

同时，知识学习活动的本质是语言的建构活动，话语和叙事的方式是人类知识学习活动的真正中心。语言、话语和叙事活动，不仅同认知加工具有关联性及同构性，而且比认知活动更为基本。语言是唯一的社会实在，语言的学习依赖于语境，语言规则包含着人们的文化生活模式。科学语言存在于学科共同体之间的沟通、交流、协商和约定，被随后普遍化为"科学事实"。知识学习就是语言的学习和建构，实现从个体语言转向公共语言。在这个意义上，个体的知识语言学习并不是由个体决定的，而是由文化习俗所规定的。

第四章 建构主义与人本主义学习理论

> **专栏4-5 原理应用**
>
> 衣服能释放热量
>
> 迪柏向她9岁的学生们以提问的方式介绍关于热量的新科学观念,"热量是什么?"她希望他们能从问题中回忆以前的亲身体验。孩子们回忆起热量的来源有太阳、火、辐射,以及其他类似物体。然而,有一个男孩却说,热量来源于衣服,比如,外套和汗衫。他的同伴也欣然同意。迪柏认识到,对一个9岁大的男孩来说,这种观察结论是合乎情理的。毕竟,他们穿上"温暖"的衣服时会感觉到更热。如何纠正这种错误观念呢?是否应该告诉孩子们正确的知识呢?不。她感到更适宜的方法是让他们自我学习。因此,她设计了一节小实验课:孩子们将温度计包到塑料袋里,然而温度还是没有上升,这表明热量并没有改变。
>
> 在证明衣服能释放热量的几次实验失败之后,学习者逐渐愿意接受另一种假设——衣服仅仅能维持热量,但不会释放热量。这些四年级的学生自己建构了有关保持与释放热量的知识经验。
>
> (资料来源:克里克山克,贝勒尔,梅特卡夫.教学行为指导[M].时绮,等译,北京:中国轻工业出版社,2003:67.)

2. 学习的意义性

建构主义反对认知心理学的表征输入观点,认为布鲁纳和皮亚杰等有关知识结构、学科结构的思想存在着很大的局限性。如斯皮罗将知识划分为结构良好领域的知识与结构不良领域的知识这两种类型,就清晰地说明了建构主义对知识的结构性和学习的意义性的观点。结构良好领域的知识是较稳定的、符合基本规则的初级知识,主要依靠感知、记忆、重复和练习来掌握,但这种知识仅适用于低级阶段的学习,对学习意义性的要求不高。而结构不良领域的问题则是不够稳定、缺乏规则、灵活性和弹性较大的高级知识,需要学生通过理解、领悟、加工和重组建构,才能逐渐把握、运用和解决问题,强调了学习的意义性。在现实生活和许多学科知识的学习中,存在着大量高级复杂、缺乏完善结构的知识内容,需要个体把握概念的复杂性,能运用所获得的概念去分析、思考问题,并在新的情境中灵活运用这些概念,因而,学习的意义性至关重要。

3. 学习的社会互动性

建构主义认为,学习不是每个学生单独在头脑中进行的活动,学习者也不是孤独的探索者,而是社会的人。学习是学习者在一定社会文化环境下进行的,即使表面上学习者是一个人在学习,但他所有的书本、纸笔、书桌或电脑,都是人类文化的产物,积淀着人类社会的智慧与经验。因此,学习是通过对某种社会文化的参与而内化相关的知识和技能,并掌握相关工具的过程。这一过程常常需要通过学习共同体的合作互动来完成。

4. 学习的情境性

知识的情境性是当前建构主义学习理论高度关注的一个维度。建构主义者认为,知识的意义不完全取决于符号,而是存在于一定的情境之中。学习是在特定的情境中建构知识的意义和意义系统的过程,每一个学习的个体都不能超越具体的情境来获得某种知识。所谓情境认知(situated cognition),就是指知识的内在关系和上下文关系。其中,既包括物理情境(如媒体材料),也涉及社会情境,如社会文化、实践活动和背景知识等要素。情境应该是真实的、具体的和多元的。建构主义者强调情境在学习中的突出作用,特别是对于复杂的、高级知识的学习,意义往往隐含于内部,需要学习者联系各种情境加以理解和把握。例如,一个词语在词典中常常有十几种意思,而在一篇文章中却只有一个特定的意义。这就要求学习者联系上下文关系来加以正确选择。建构主义者批评布鲁纳、皮亚杰倡导的新课改教学理念远离了学生的生活实际,提出教学中要以解决学生在现实生活中遇到的问题为目标,采取真实性任务,设置与现实问题情境相似的教学情境,引导学生展开与现实中专家解决问题相类似的环境和条件,获取隐含于情境中的知识、概念和工具,并在学习中评价学生。

5. 知识学习的内隐性和默会性

建构主义者强调内隐性学习和默会知识(tacit knowledge)的重要意义。许多建构主义者认为,知识学习是主观的、不稳定的、结构不良的,是与其形成的情境脉络紧密联系的,因此,对复杂知识的学习不可能以现成的、明显的、孤立的方式去掌握,尤其是高级知识的学习,需要掌握组织成系统形式的灵活维度。

其中,内隐性学习与默会知识学习显得尤为重要。内隐性学习与外显性学习不同,对外显性知识的学习需要意志力支持的有意识的学习活动,内隐性学习活动则往往是自发的、无意识的自动化执行活动。默会知识或"缄默知识"常常涉及认知者对特定情境问题的兴趣、热情和思维方式。

四、建构主义的学生观与教师观

(一)建构主义的学生观

建构主义认为,学生不是空着脑袋走进教室的,而是在学习新知识前,已具有某些先前的知识经验,而且每个学生已有的知识经验各不相同,而这些都会对新知识的学习产生影响。

建构主义的学生观包括三点:

第一,学生在日常生活和过去的学习中,已经积累了许多知识经验,新的学习与教学要在学生已有知识经验的基础上进行,不能无视学生的知识经验基础。每一位学习者在面对新的信息时,总是在自己先前经验的基础上,以自身特殊的方式来建构对新信息、新问题的理解,从而形成个人的意义。只有当个体主动地建构与理解知识时,才会达到最佳的学习效果。

第二,对要学习的新知识,学生已有的知识经验未必是充分的、完整的,因而会出现对新知识理解与建构的困难,或错误的理解与建构。

第三,学生是千差万别的,不同的学生拥有不同的知识经验,因此,每一个学生对知识的理解都是独特的。

(二)建构主义的教师观

建构主义对学生学习的主体地位给予了充分的肯定和尊重。认为知识不是通过老师传授得到的,而是学习者在一定的社会文化背景下,借助其他人(包括教师和学习伙伴)的帮助,利用必要的学习资料,通过意义建构的方式获得的。因此,在建构主义视野下,教师的作用已不在于给予"真理",而是"在确定的经验领域里,在概念建构上给予学生支持和控制";在知识传递的过程中,教师不是传授知识的工程师,而是像苏格拉底式的"助产士";教师不再是教学活动中唯一的主角,而是转换成学生学习的辅助者、教学环境的设计者、教学气氛的维持者、教材的提供者等,并最终成为学生学习的合作者和促进者。这种角色的转变意味着教学过程中教与学重心的转变,即教师应从关注如何去教,转移到如何促进学生主动地学上来,即教师如何为学生提供帮助和支持。

> **专栏4-6　拓展阅读**
>
> **教师在学生学习中的作用**
>
> 　　美国教育部前任部长帕克曾经提出：一位优秀教师需要有"系统的知识、建构主义的观念和以学生为本的态度"三种基本元素。
> 　　那么，什么是建构主义的观念或态度呢？
> 　　有一个事例对于理解这一问题具有启发意义。如我们问一位老师，他是教什么的，他可能回答"教语文的教师""数学教师"或者"英语教师"……
> 　　按照建构主义观点，这种习惯性的话语反映了一种任务型的教育思想，属于传统的教育观念。正确的说法应该是"我是帮助学生学习语文的教师""我是帮助学生学习数学的教师"……表面上是增加了"帮助"这样的修饰词语，实际上却反映了不同的教师教育理念或态度。
> 　　◇ 教学的关键在于建构起围绕关键概念的网络结构，包括事实、概念、策略以及概括化的知识，从而形成随机通达的状态。
> 　　◇ 教师应根据知识目标指导自己的教学，促进学生按照其自身的认知结构对新知识进行建构活动。
> 　　◇ 在教学上，教师要尊重学生的观点和经验，并重视与学生相关的问题，而且，这些问题应当是学生所关注的，能够引起他们的兴趣。
> 　　◇ 教师要针对学生的观点进行教学，教学中应坚持"少而精"的原则。所谓"少"是指主要讲授的基本的科学概念、规则、理论、模式。"精"则要求学得深入、细致，理解科学的本质，进而终身受益。
> 　　◇ 除讲授学习材料外，教师还要重视培养学生学会知识生成的能力和技巧，特别是科学话语知识与日常话语知识方面的能力技巧。

五、建构主义的教学观与教学模式

（一）建构主义的教学观

　　在教学上，建构主义者提出要尊重学生的观点和经验，重视与学生相关的问题，而且这些问题应当是学生所关注的、能引起他们兴趣的问题。

　　建构主义者提出，要针对学生的观点展开教学，教学过程应主要包含以下步骤和环节：

第四章　建构主义与人本主义学习理论

1. 分析教学目标

对整门课程及各教学单元进行教学目标分析,确定当前教学的主题。

2. 创设情境

即创设与主题相关的、尽可能真实的情境。

3. 设计信息资源

即确定本主题教学所需信息资源的种类和每种资源所起的作用。

4. 设计自主学习方式

即根据所选择的不同教学模式,如支架式教学、抛锚式教学、随机进入教学,充分考虑发挥学生的首创精神、知识外化和自我反馈,对学生的自主学习做不同的设计。

5. 设计协作学习环境

如开展小组讨论、协商合作和建构学习共同体。

6. 评价学习效果

对学生学习结果的评价应该主要围绕自主学习能力、协作学习过程中的贡献,以及是否达到意义建构的要求来进行。

7. 强化练习

以纠正原有的错误理解或片面认识,最终达到符合要求的意义建构。

(二)建构主义教学模式

建构主义者根据自己对学习的基本理解,就教学内容和组织、教学过程的整体设计等问题,提出了一系列有意义的观点,发展出了许多教学模式。主要的教学模式有随机通达教学、支架式教学、抛锚式教学、认知学徒式教学和培养共同体教学。

1. 随机通达教学(random access instruction)

建构主义者在探讨高级学习的基础上,提出了适合高级学习阶段的教学模式——随机通达教学。其基本原理是指对于同一教学内容,要在不同时间、在重新安排的情境下、带着不同的目的、从不同的角度多次进行学习,以此来达到高级知识获得的目标。教师在教学中应努力使学生形成对概念的多视角理解,并与具体的情境联系在一起,形成背景性的知识,而不是去情境化的。通过以不同方式交叉浏览结构不良领域的知识,使学习者认识到知识应用的多样性,并且揭示知识的多种关联性,以及对情境的信赖性。要求在教学中为学习者提供知识的多重表征,并鼓励学习者自身对知识进行多种方式的表征。

建构主义者认为,学习的关键在于建构围绕关键概念组成的网络结构,包括事实、概念、策略,以及概括化的知识,从而形成随机通达的状态。

随机通达教学主要包括以下几个环节:

(1) 呈现基本情境。

向学生呈现与当前学习主题的基本内容相关的情境。

(2) 随机进入学习。

根据学生"随机进入"学习所选择的内容,呈现与当前学习主题不同侧面特性相联系的情境。此时,应注意发展学生的自主学习能力,使学生学会自己学习。

(3) 思维发展训练。

由于随机进入学习的内容通常比较复杂,所研究的问题往往涉及许多方面,因此在这类学习中,教师应特别注意发展学生的思维能力。其方法是教师与学生之间的交互应在元认知层面进行(即教师向学生提出的问题,应有利于促进认知能力的发展而非纯知识性提问);要注意帮助学生建立自身的思维模式,即要了解学生思维的特点;注意培养学生的发散性思维。

(4) 小组协作学习。

围绕呈现不同侧面的情境所获得的认识展开小组讨论。在讨论中,每个学生的观点再和其他学生,以及教师一起建立的社会协商环境中受到考察、评论,同时,每个学生也对别人的观点、看法进行思考并做出反应。

(5) 学习效果评价。

包括自我评价和小组评价,评价内容包括自主学习能力,对小组协作学习所做出的贡献,是否完成对所学知识的意义建构。

2. 支架式教学(scaffolding instruction)

支架式教学是以维果斯基的最近发展区理论及辅助学习(assisted learning)为基础提出来的,强调通过教师的帮助,即教学支架(见表 4-1),将学习的任务逐渐由教师转移给学生自己,最后撤去支架,使学生达到独立学习。亦即,当学生面对新的学习任务时,教师应该用直观的教学方法给学生做出示范,一旦学生的能力有所增强时,就应当逐渐减少指导的数量。教师在学习中的作用就像"脚手架"在建筑、修桥中所起的作用一样,当学生需要时,脚手架就会提供支持;当项目展开时,便需要适时地调整或去除支架,而不要对学生自己能做好的事情提供过多的帮助。

第四章　建构主义与人本主义学习理论

教师给学生提供教学支架时,要注意适可而止,要给学生提供适当的、足够的支持,但不要提供过多的不必要的支持,以促进学生独立地完成自己的学习任务。如果教师提供的支持太多,将不利于学生的发展和依靠自己解决问题;如果教师提供的支持太少,学习任务对学生的挑战太大,学生可能会失败并灰心丧气。因此,有效的教学支持必须要具有一定的弹性和灵活性,要能适应学生顺利通过最近发展区的需要。

表 4-1　教学支架的类型与实例

教学支架类型	实　例
示范	美术课教师让学生自己尝试一种新画法之前,给学生做了演示性绘画
大声思维	物理课教师在黑板上解决力学问题时,边示范,边将她的解题思路大声地说出来
提问	在给学生做示范并大声说出思路后,物理教师向学生提出几个关键性问题
调整教学材料	一名小学体育教师在教学生投篮技术时,先降低了篮球筐的高度,当学生熟练后,再将球筐高度升起
言语指点	当幼儿园的孩子学习穿鞋带时,教师跟他们说:"鞋带像个兔宝宝,现在兔宝宝来到洞口并跳了进去。"
提供线索	当学生初学写作时,语文教师给学生提供若干写作的线索,如"写谁""为什么写""写什么""怎样写"等等,以帮助学生组织写作思路

3. 认知学徒制(cognitive apprenticeship)

指让学习者像手工艺行业中的徒弟跟随师傅那样在实际中进行学习,从多个角度观察、模仿专家在解决真实性问题时所外化出来的认知过程,从而获得可应用的知识和解决问题的能力。在认知学徒制中,教师经常给学生示范。然后,教师或者有经验的同辈支持学生努力地完成学习任务。最终,鼓励学生独立完成。

4. 抛锚式教学(anchored instruction)

抛锚式教学也被称为实例式教学或基于问题的教学,要求教学内容建立在有感染力的真实事件或问题的基础上。确定这类真实事件或问题的过程被形象地比喻为"抛锚",因为一旦这类事件或问题被确定了,整个教学内容和教学过程也就被确定了,就如同轮船被锚固定一样。抛锚式教学环节由以下五个步骤组成：

（1）创设情境。

创设有感染力的真实事件或问题情境，使学习能在与现实情况基本一致或类似的情境中发生。

（2）确定问题。

在上述情境下，选择出与当前学习主题密切相关的真实事件或问题，作为学习的中心内容。选择的事件或问题就是"锚"，这一环节的作用就是"抛锚"。

（3）自主学习。

不是由教师直接告诉学生应当如何去解决面临的问题，而是教老师提供解决该问题的有关线索，并要特别注意发展学生的自主学习能力。

（4）协作学习。

开展师生间和学生彼此间的讨论、交流，通过不同观点的交锋，补充修正、加深每个学生对当前问题的理解。

（5）效果评价。

抛锚式学习过程就是解决问题的过程，由这一过程可以直接反映出学生的学习效果，只需在学习过程中随时观察并记录学生的表现即可。

贾斯珀系列案例是由 Vanderbilt 大学 Peabody 学院的学习技术中心（Learning Technology Center，LTC）于 1984 年开始启动的研究项目，是十分典型的抛锚式教学案例。该项目以抛锚教学为主要教学设计原理，以基于案例的学习、基于问题的学习和基于项目的学习为课程设计思想与原则，创设了当今风靡美国教育界的建构主义教学模式的案例典范——贾斯珀系列。

贾斯珀系列共包括以录像为依据的 12 个历险故事（包括一些录像片段、附加材料和教学插图等），这些历险故事均按国家数学教师委员会（NCTM）推荐的标准设计，以数学问题的解决、推理、交流为核心，并为与其他领域，如科学、社会学、文化与历史知识的互动提供了多种机会。贾斯珀历险故事主要为五年级以上学生设计，每一张光盘都包括一小段约 17 分钟的历险录像，录像总是以提出各种各样的挑战性问题而结束。每一个历险故事的设计都像一部精彩的侦探小说，用以解决历险中问题的所有必需的数据，以及一些原始的数据都镶嵌在故事中，同时，也镶嵌了一些教学情境，以便为一些典型的问题解决方法提供示范。这些片段还为学生们提供了一个及时重访录像的机会，以便于他们更好地解决贾斯珀系列中的挑战性问题。

> > > 第四章 建构主义与人本主义学习理论

专栏4-8 举例思考

贾斯珀系列案例:《跨越鸿沟》

凯蒂娜和罗纳德是特伦敦市的高中生。一天,他们代表学校参加 Grassmere 野生公园主办的保护野生动物会议。会议上,他们遇见了来自其他三所学校的高中生,以及生物学家劳拉·史密斯和公园行政经理阿尔文·伦道夫。阿尔文邀请学生们参与竞争一个国家级项目,即为保护动物的栖息地、挽救受威胁和濒临灭绝的物种,制定一个可行性筹款计划。随后,劳拉解释此项竞争是由玛丽倡导的,她是一位对环保感兴趣的慈善家。

在玛丽的竞争计划中,有一项明确的规定,即在计划中必须要有野生公园所在地的年轻人参加。这就是 Grassmere 野生公园需要当地学生参与的原因。假如学生的提议获胜,他们将获得 5000 美元赞助费实施计划。

学生观看玛丽的第一盘录像,它介绍了竞赛的有关事项和隐藏其中的一些基本规则。例如,玛丽回忆了她与祖母暑假期间观察野生动物的场景——她们共同观察海狸和鹰,而现在很多动物再也看不到了。玛丽要求学生在他们附近观察半小时的动植物,然后研究动植物数量在过去一段时间内发生的变化。卡日娜和安娜玛丽向大家介绍生物学家是如何进行数据普查,即根据抽样的动物数量,估计一个地区动物的总数量。

会后,劳拉邀请学生们对公园进行考察并讨论了当地的研究任务。然后,学生观看玛丽的第二张影碟。玛丽介绍,许多种类的动植物数量骤减,其主要原因是动植物们的栖息地遭到破坏。她解释有关"跨越鸿沟"的项目,一些动物需要大面积的居住地,这是面积偏小、零散的土地难以满足的,而"跨越鸿沟"则将各块零散的土地连成一个较大的区域供动物使用。然后,玛丽介绍了对项目的具体规定,诸如要求至少有60%的学生要成为计划的挑战者(志愿者)。

挑战性任务:①制订计划呈交给玛丽;②在提议中要解释,为什么提议对环境有积极的影响。

解决方案:学生们必须学习有关统计学的概念,并研究他们所处的环境,涉及数学与科学。其中,包括一个动物数量的普查和四个抽样调查(要运用不同的抽样方法)。

许多教师会在学生解决完挑战性任务后,继续花时间把学生的注意力引向解决挑战性问题时所应用的数学知识本身。贾斯珀情境为接下来的教学活动和课程提供了一个自然的锚。教师会提出一些相关问题,或让学生从激光影碟中选择类比问题去解决,以帮助学生加深理解在贾斯珀探险中所包含的知识与技能。

类比和延伸问题:第一个类比问题需观看河流清理项目,关注比率的概念。第二个类比问题要再次观看该项目、探索平均数、中位数与众数概念。第三个类比问题要考察抽样调查和普查两种方法的区别,及何时采用一种方法比另一种方法更适合。最后两个问题考察用来评估动物种群数量的各种不同的抽样技术。

想一想:贾斯珀系列案例对教学有何启示?

5. 培养学习共同体(fostering a community of learners)

这一模式适用于中小学课堂教学,目的是为了解决课堂教学中学习者彼此联系较少的问题。培养学习共同体模式可以使用网上支持系统,利用网络教学环境,使得学生能够有机会理解自己是团体小组中的一名成员。讨论的题目常常是社团学习的焦点,积极鼓励学生思考怎样学习、如何更好地理解和解决问题等。培养学习共同体主要有三种方法:①成人的榜样作用;②学生教学生;③实施网上讨论。鼓励学生通过电子产品与学习团体间开展交流。例如,在写作课上,便可以开展"同龄人共同创作小组"的活动,促进学生相互学习,相互启发,取长补短,共同提高。

六、对建构主义学习理论的评价

总的来看,建构主义的学习理论对于进一步推动学习与教学理论的发展有着重要的意义,建构主义是当代心理学理论中行为主义发展到认知主义后的进一步发展,即向着与客观主义更为对立的另一方向发展,被喻为"当代教育心理学中的一场革命"。

首先,建构主义的学习观在一定程度上,丰富了教育心理学的知识论和认识反映论。从知识论来看,哲学界和教育界普遍强调知识是外部客观世界的反映,具有客观性、绝对性,有关科学的知识是确定的,教学的目的就是

第四章 建构主义与人本主义学习理论

通过教学使学生获得可靠的知识。这种传统的知识论忽视了知识世界的主体能动性,容易造成脱离个人实践的"高难度、高速度"的学校教育实践。建构主义提出"学习是知识建构"的观点,将知识学习的客观性与主观能动性相统一,意味着知识是由认知主体积极建构的结果,在一定程度上丰富了人们对学习本质和内在生成机制的认识和理解,在教育心理学发展史上是一种进步。

从认识反映论的角度看,知识是人脑对外部世界活动的主观反映,其中的认知活动是对外部信息的加工,因为没有外部信息,认识就无法形成。但这只是问题的一个方面。从另一方面来看,人的认识为什么是这样的而非那样的,必须到对认知的心理建构和反思中去理解及把握。亦即,需要从认识的社会性、文化性、情境性和实践活动性等方面加以揭示。反映论与建构论形成了知识论和现代认识论的两个不同层次。建构主义者提出的新的知识观和学习观,为重新理解和审视传统知识体系提供了一个基点,进而推动了当今教育心理学的基础理论从认知主义向建构主义的转向,甚至兴起了一场"思想的革命"。

其次,建构主义给当前的教育教学改革实践注入了新的活力。近十年来,西方建构主义者一反传统的学习理念,在学习的本质观、学生观、教学观等方面,进行了比较系统而完整的探索,在实践方面,在教学模式设计方面,建构主义者提出了"随机通达教学、情境式教学、抛锚式教学、支架式教学、合作性学习"等富有创新性的教学模式,对于指导教育实践具有十分积极的作用。有些学者以为,建构主义的思想给中国教育界吹来了一阵清风,激发了我国教育改革的活力,甚至成为当前基础教育课程改革的重要思想武器。国内有的中小学老师在谈到建构主义学习观应用到新课改教学实际中时,曾经十分形象地说,建构主义的教育理论和实施方法就如同"倒嚼甘蔗一样,越嚼越甜"。

最后,不可否认,建构主义学习理论也面临不少问题。在国外,虽然建构主义在教育改革中的作用不断上升,但是,并非所有的教育心理学家和教师都认同建构主义。一些批评者认为,建构主义太注重技巧而轻视学科知识,而且建构主义的许多主张也是相当模糊与不明确的。他们的许多主张仅仅是一般性的方法和理论阐述,还没有被学校教育实践证明是有效的科学方法。建构主义不注重给学生教授基本的学科知识,对学生自己的经验有太高的期望,在实践中很难行得通。有的学者还批评建构主义的学习观过分强调学习的个性差异、知识学习的相对性、情境性及认知灵活性,否认学习的共同性、客观性、系统性和教师的主导作用,"这显然又走向了另一个极端",必然会在教育实践中产生许多反面效果。因为否认知识普遍性的倾向在教育中是有问题的,比如十个医生对同一个病人做出十种不同的诊断和治疗方案,那么对这种病还怎么治?为此,有的学者指出(Stam,2001),"每个人在看病时都愿意找'受过训练'而内化了集体知识的医生,而不愿意去找在个人实践过程中创建了自己医学知识(未经普遍证实的知识)的医生。"亦即,知识教育应该追求其普遍的、本质意义的内容。因此,我们也不能过高地评价建构主义的学习理论。

第二节 人本主义学习理论

人本主义心理学是20世纪50年代兴起于美国的一个新流派,在60—70年代得到了迅速发展,逐渐成为现代西方心理学中的一种主流范式和革新运动,是继行为主义和精神分析之后西方心理学中的"第三势力",在组织管理、心理治疗和教育改革等方面,均有重要的应用价值。在教育领域,人本主义的教育思想曾在西方世界掀起了一场轰轰烈烈的有关"价值澄清"问题的大讨论,从而引发了以人为本、以学生为本教育思潮的兴起,促进了西方当代教育改革运动的发展,对近年来我国的教育教学改革也产生了一定的影响。

一、人本主义学习理论的基础

(一)自然人性论

人本主义学习理论植根于自然人性论的基础之上,认为人性来自自然,人生来就具有生理的、安全的、尊重的、归属的、自我实现的等各种不同的基本需要,这些基本的需要就是人性。个体追求需要的满足为个体的进步与发展带来了动力。

(二)自我实现人格理论

人本主义学习理论也植根于自我实现人格理论,认为自我实现的需要是人格形成和发展的核心动力。所谓自我实现的需要,就是人追求自我潜能得以实现和发挥的欲望和倾向,也就是"一个人能够成为什么,他就必须

第四章 建构主义与人本主义学习理论

成为什么,他必须忠于自己的本性"。人格的发展就是根源于这种自我的压力,人格发展的关键就在于形成和发展积极的自我概念。

(三)来访者中心疗法

人本主义学习理论的许多思想也来源于来访者中心疗法的治疗理论。人本主义心理学家罗杰斯(C. R. Rogers)认为,心理疾病患者往往形成了歪曲的、消极的自我概念,心理治疗的目的就是帮助患者建立良好的、积极的自我概念,即自由地实现自我潜能。要能够使来访者的自我得到实现,需要三个基本条件:①无条件的积极关注(unconditional regard),即帮助者对来访者表现出真诚的热情、尊重、关心、喜欢和接纳,即使当患者叙述某些羞耻的感受时,也不表现出任何的冷漠与鄙视;②真诚一致(congruence),帮助者将自己置于与来访者的个人关系之中,对来访者表现出发自内心的热情、尊重、关心、喜欢和接纳,表里如一的真诚;③移情地理解(emphatic understanding),即有意识地设身处地地理解来访者的各种感情,并将这种理解传递给来访者。

二、人本主义的学习观

(一)学习的目的与过程

人本主义心理学者认为,教育的目的绝不只限于教知识或谋生技能,更为重要的是,针对学生的情感发展,使他们能在知识、情感、动机诸方面均衡发展,从而培养其健康人格。学习的目的和结果,就是使学生成为一个完整的人,一个具有高度适应性和内在自由性的人,一个充分起作用的人,也就是使学生整体的人格得到发展。

人本主义的一个基本假设是:每个正常人就如一粒种子,只要能给予适当的环境,就会生根发芽,长大并开花结果。文化、环境、教育只是阳光、水和食物,但不是种子,自我潜能才是种子,每个人都具有自我实现的潜能。罗杰斯认为,情感和认知是人类精神世界中的两个不可分割的有机组成部分,彼此是融为一体的。因此,罗杰斯的教育理想就是要培养"躯体、心智、情感、精神、心力融汇一体"的人。这种知情融为一体的人,他称之为"完整的人"(whole person)或"功能完善者"(fully functioning person)。

人本主义心理学认为,教育的宗旨和目标应该是促进人的变化和成长,培养能够适应变化和成长的人,即培养学会学习的人。罗杰斯认为,教育的目标应该是促进变化和学习,培养能够适应变化和知道如何学习的人。他指出:"现代世界中,变化是唯一可以作为确立教育目标的依据。这种变化取决于过程而不取决于静止的知识。""只有学会如何学习和适应变化的人,只有意识到没有任何可靠的知识,唯有寻求知识的过程可靠的人",才能适应社会的激烈变化而生存下来,并能充分实现自我。所以,学习的目的和结果就是使个体成为一个具有高度适应性和内在自由性的人。具体来说,就是要使学生通过学习成为这样的人:"能从事自发的活动,并对这些活动负责的人;能理智地选择和自定方向的人;是批判性的学习者,能评价他人所做贡献的人;获得有关解决问题知识的人;更重要的,能灵活和理智地适应新的问题情境的人;在自由地和创造性地运用经验时,融会贯通某种灵活处理问题方式的人;能在各种活动中有效地与他人合作的人;不是为他人赞许,而是按照他们自己的社会化目标工作的人。"(莫雷,2002)

人本主义认为,学习是在一定条件下自觉挖掘其潜能,自我实现的过程。作为一种经验学习,学习应该以学生的经验为生长点。因为学生均有求知向上的潜在能力,只要创造良好的学习环境,就会学习到自己所需要的东西。此外,只有在较少威胁的情境中,才能激发有效的学习。马斯洛指出:"凡是可以教给别人的知识,相对来说教是无用的;能够影响个体行为的知识,只能是他自己发现并加以同化的知识。因此,教学的结果如果不是毫无意义的,那就可能是有害的。"(马斯洛,1987)

(二)有意义学习

罗杰斯认为,依据学习对个人的意义,学习可以分为无意义学习(non-significant learning)和有意义学习(significant learning)两种。无意义学习指只涉及心智,而不涉及感情或个人意义的学习,是一种"颈部以上发生的学习",因而与完整人的成长无关。所谓有意义的学习,不仅仅是一种增长知识的学习,而且是一种与每个人各部分都融合在一起的学习,是一种使个体的行为、态度、个性,以及在未来选择行为方针时,发生重大变化的学习。

有意义学习一般具有四个特征:①全身心投入。学习是学习者自我参与的过程,整个人都要参与到学习之中,其中既包括认知参与,也包括情感参与;②自我发起。学习是学习者自我发起的,即使推动力量或刺激来自外界,但要求发现、获得、掌握和领会的感觉是来自内部的;③渗透性。学习能够使得学生的行为、态度和个性都发生变化;④自我评价。学习的结果是由学习者自我评价的,他们知道自己想学什么和学到了什么。

人本主义者反对传统教学中,向学生灌输知识和材料的"无意义学习",

第四章 建构主义与人本主义学习理论

特别强调学习内容对学生的个人意义,注重学生的需要、愿望和兴趣等因素在学习中的作用,主张进行与学生自身密切相关的"有意义学习",认为提高教学效果的有效途径就是使学生进行有意义学习。罗杰斯指出:"有意义学习把逻辑与直觉、理智与情感、概念与经验、观念与意义等结合在一起。当我们以这种方式学习时,我们就成了一个完整的人,即成了能够充分利用我们自己所有阳刚和阴柔方面的能力来学习的人。"

要促进有意义学习的发生,需要保证以下几个条件:①以学生为中心,突出学习者在教学中的中心地位。要让学生自己选择学习方向,参与发现自己的学习资源,陈述自己的问题,确定自己的行动路线,承担自己选择的后果,自我评价学习效果等;②让学生觉察到学习内容与自我的关系。学生要把学习的内容与保持和增强自我关联起来,学习他个人认为有意义的内容,这样就会提高学习的速度与效果;③让学生处在一个和谐、关爱、理解的氛围中。在这样一种氛围中学习,不但能够促进学生的成长,提高学习的效果,还会影响学生的生活;④从做中学。让学生直接面对和体验社会问题、伦理和哲学问题、个人问题和研究问题等,是促进学习的最有效方式之一。"做中学"可以通过设计各种场景,让学生扮演各种角色,让学生对各种角色有切身的体会;也可以通过安排短期强化课程,让学生到第一线去直接面对教师、医生、农民和咨询人员所面临的问题。

三、人本主义的学生观与教师观

(一)人本主义的学生观

罗杰斯反对行为主义和精神分析主义者把学生看成是动物或机器或"较大的白鼠""较慢的计算机",更反对把学生看成是自私、反社会的动物。强调要把学生当人来看待,相信学生自己的潜能。为此,他建立了"非指导性教学"的学习理论,提出教师要尊重学生、珍视学生,在感情上和思想上与学生产生共鸣;应像心理咨询师对来访者一样,对学生产生移情性的理解,从学生的内心深处了解学生的反应,敏感地意识到学生对教育与学习的看法;信任学生,并同时感受到被学生信任。这样,才会取得理想的教育效果。因此,他特别提倡要建立良好的师生关系,确立以自由为基础的学习原则。

(二)人本主义的教师观

人本主义心理学家们认为,在传统教育中,"教师是知识的拥有者,而学生只是被动的接受者;教师可以通过演讲、考试等方式支配学生的学习,而学生无所适从;教师是权力的拥有者,而学生只是服从者"。因此,罗杰斯主张用"学习的促进者"代替"教师"这个称谓。教师的任务不是教学生学习知识,而是为他们创设良好的学习环境,让学生自由选择、自行决定,就会学到自己所需要的一切。根据他的观点,适当的教育固然可以促进学生心智的成长,不适当的教育反倒会摧残学生心灵上的生机。

罗杰斯提出,在教学中,师生的关系应该是"我与你"即"主体与主体"的关系,而不是"我与他"即"主体与客体"的关系,也就是说,教师要把学生视为一个独立的个体,可以自己主动地探索,而不是把学生看成一个要改变的对象,需要外在的引导和灌注知识。人本主义教育中的师生关系是平等的、朋友式的。教师要营造好的课堂气氛,必须做出如下努力:

(1)真诚。在教学中,要求教师和学生相互间以诚相待。教师和学生都应该将他们自己的真实想法、情感直率地显露出来,教师将自己的内心情感向学生敞开,有助于达成师生之间的有益交流和相互促进。

(2)认可。在教学中,教师对学生必须有根本的信任和认可。即教师对"作为具有他自身价值的一个独立个体"的学生的完整性应予以充分的尊重。在这里,认可不等同于赞同或同意,而是承认某个学生的思想和情感在其自身的立场上有存在的权利和理由,承认学生的思想、情感与他人、教师的思想、情感具有同样获得尊重的权利。

(3)移情。按照罗杰斯的观点,移情是一种从学生角度去揣摩学生的思想、情感及其对世界客观的看法和态度,这种态度用"我理解你错在何处"的表达方式代替了常用的结论性评价和判断,对学生的思想、看法表示理解和尊重,尽管学生的想法有时是肤浅的、不成熟的。

在教学方式上,人本主义心理学者提倡"苏格拉底问答法",即从教师与学生的问答中,了解学生的知识水平,知道了学生所不知晓的原因何在。在这种教学中,教师与学生保持着密切的关系,教师是在循序渐进地诱发,学生逐渐进入其所不知的领域。在此过程中,教师不应将自己的观点、理想、价值标准强加给学生。人本主义指出,教学中最能决定效果的因素是"人与人之间关系的质量",即师生之间、学生之间的独特的心理气氛的性质。

第四章 建构主义与人本主义学习理论

> **专栏 4-9 拓展阅读**
>
> **皮革马利翁效应**
>
> 皮格马利翁是古希腊神话中的塞浦路斯国王,他对一尊少女塑像产生爱慕之情。在他热烈期望的感化之下,雕像真的变为一个真人,最终两人相爱结合。美国心理学家罗伯特·罗森塔尔(Rober Rosenthal)1968年做过一个著名的"课堂中的皮格马利翁"实验。他到加州旧金山市奥克学校(Oak school),在一至六年级各选三个班的儿童进行所谓的"预测未来发展的测验"。测验后,他给这个学校的教师提供了一份学生名单,并告诉他们,这名单上的学生是最具有发展潜能的学生。而实际上,这个名单并不是根据测验结果确定,而是随机抽取的。他以"权威性的谎言"暗示教师,调动了教师对名单上的学生的期待心理。八个月后,再次智能测验的结果发现,名单上的学生的成绩普遍提高,教师也给了他们良好的品行评语。这个实验取得了奇迹般的效果,人们把这种通过教师对学生心理的潜移默化的影响,从而使学生取得教师所期望的进步的现象,称为"罗森塔尔效应"。该实验结果表明:赞美、信任和期待是一种能量,它能改变学生的行为,当学生获得老师的信任、赞美时,他便感觉获得了社会支持,从而增强了自我价值,变得自信、自尊,获得一种积极向上的动力,并尽力达到对方的期待,以避免对方失望,从而维持这种社会支持的连续性。也就是说,教师对学生传递积极的期望,就会使他进步得更快,发展得更好。反之,传递消极的期望则会使学生自暴自弃,放弃努力。这就是著名的期望效应,又称皮格马利翁效应(Pygmalion Effect)。

四、基于人本主义学习理论的教学模式

人本主义心理学也总结出了许多教学原则和实验示范模式,在美国和英国许多地方,也曾经出现了推广人本主义心理学教育思想的实验学校。

（一）以题目为中心的课堂讨论模式

最初是美国精神分析家科恩创立的一种心理治疗模式,以后广泛应用于学校教育中。他在心理治疗的过程中发现,围绕一个题目组织患者进行群体讨论,病人之间能够产生相互间的影响和启发,这对解决个人的心理疾病和痛苦具有积极的作用。以题目为中心的课堂讨论模式的主要做法是,围绕一个题目集体讨论,让师生之间、学生之间相互作用,相互促进。这就需要教师提出有利于促进课堂讨论的课题,找到讨论课题与群体可能发生的问题的接触点。同时,要善于运用各种方式促进课堂讨论。在教学中,教师要真正体现出一种人本主义的能力,如允许学生提出不同的观点,能够采纳不同甚至相反的建议,对学生表现出真诚的尊重。这一教学模式实施的原则主要有以下几个方面:

(1)强调学生将情感和思想乃至全身心都投入到课堂集体讨论中,要结合生活实际和生活中遇到的问题进行讨论,使得讨论对每个人都有意义。

(2)鼓励学生在课堂集体讨论中的个别性与独特性,强化学生发现自己的自主权;鼓励学生在讨论中表现得与众不同,教师对每个学习者的见解都表现出兴趣,使课堂情境对每一个学生都富有个性化意义。主张每个人都应用"自己的感受""自己确信"这种措辞参与讨论。

(3)不主张持续集中地讨论某一个题目,以免产生饱和及疲劳的状态。在讨论过程中,允许学生适当地离题,这样的讨论对学生也有一定好处。

(二)自由学习的教学模式

这种教学模式要求教师与学生共同决定课堂中的学习内容与完成时间,强调学生享有更大的自主权和选择权。罗杰斯认为,自由学习的模式比较适合于大学的教学。其主要做法是:

(1)教师和学生根据教学内容选择授课形式,部分时间上课,部分时间进行课堂讨论。

(2)学生的学习可以采用不同的方式和信息渠道来获取知识内容。

(3)鼓励学生与教师达成一个口头或者书面的契约,规定学生在一个学期内所要做的作业数量和任务,以及圆满地完成任务能够得到的分数。

(4)主张安排不同类型的课堂结构类型,以吸引不同兴趣的学生自由参与。

(5)由学生自己评定学习成绩。老师确定标准之后,由学生对自己完成的作业打分。如果某一学生的自我评定不合适时,便与全班同学开会共同解决这个问题。

(三)开放课堂模式

美国人本主义学者韦伯于1971年提出的一种教育心理学课堂模式,适用于较小的儿童(大约5~7岁),班级内摆放着各种有吸引力的游戏和学习材料,儿童按着自己的兴趣和速度来学习。他们可以单个自习,也可以将

第四章 建构主义与人本主义学习理论

2~4个儿童分成学习小组。其中,成绩较好和成绩较差的儿童混合编排效果最好。既可以使读书快的孩子帮助读书慢的孩子,也可以让比较成熟的小孩子帮助年龄大一些而反应慢的孩子。开放课堂的典型特点是,让学生在课堂上自由地从事能激发自己兴趣的活动,教师的作用是鼓励和引导。

(四)夏山学校模式

夏山学校是一所充满人本主义思想的实验学校。它创始于1912年,校址在距离伦敦约有一百英里的英格兰。夏山学校不仅仅是一所实验学校,更是一所革新的学校,充满了自由的活力。创办者尼尔(Neill)与妻子一起开办学校所持的共同理念,就是"创造一个不是让孩子们来适应的学校,而是去适应孩子们的学校"。(尼尔,王克难,2010)快乐是生活的目的,衡量成功的标准在于"工作愉快与生活积极",因此,学校应该使儿童学习如何去生活,而不只是知识的传授。夏山学校是一所让孩子们能真正自由生活的场所,完全舍弃训练、命令、要求、道德与宗教教育。尼尔主张孩子们的本性是善良的,而且聪明、实际,大人只需让孩子们依自己喜欢的方式去做,照自己的能力去发展,依自己的才能、志趣,想成为学者便去做学者,而适合当清道夫的,也可成为清道夫。夏山学校就是基于这种理念教育学生,尼尔认为,"与其培育不快乐的学者,不如培育快乐的清道夫"。

这所学校的教学管理模式主要包括:

(1)教育目标:适应个别儿童的需要以培养其自动学习的能力。

(2)课程与教材:教师布置学习情境,儿童的学习以个人的经验为基础,是一种个别化而富有弹性的学习方式。

(3)教与学的方法:采用弹性课表与混龄编组的学级组织,学习的基本原则是自由、责任与信任,除了知识的学习外,强调情意教育,学生有机会决定自己的学习课程,负起安排与完成自己学习的责任。

(4)学习的空间:学校建筑及使用概念之更新,学习的空间不再限于传统的教室,它的学习是走出教室之外,甚至学校之外。

(5)教室管理:教室的管理以学生是否指向有意义学习为原则,因此,学生可以在不妨害他人学习的前提下,自由地走动或工作;校长尊重教师的人格与专业自由,教师可以自行从事实验工作,自行负责教学,并有权选择课程与教材。

(6)师生关系:教师所扮演的角色,由传统权威中心、注入式教学到处于辅导的立场,因此,教师必须对教室内外自我负责,必须自我学习与自我充实,提供学生学习的机会,由于教师的真诚、温暖与尊重,师生的关系相当密切。

五、对人本主义学习理论的评价

人本主义的教育主张及学习理论,不仅是一种崭新的教育心理学思想,也是对传统教育的一种变革。它不仅丰富了人类学习理论的内涵,而且促进了当代教育改革的进程。

首先,人本主义的学习理论将学习与完整人的发展联系起来,强调学习的目的是促进人格的发展,是使学习者成为一个具有高度适应性和内在自由性的人。同时,人本主义学习理论注重学习与学习者个人之间的关系,强调有意义学习,把学习与学生的愿望、兴趣和需要有机地结合起来。这些观点对于只重视学科知识的学习和教学理论都是一种突破。

其次,人本主义的学习理论强调学生学习的内在潜能和自我实现愿望,突出了动机和情感在教学活动中的地位与作用,形成了一种以知情协调活动为主线,以情感作为教学活动的基本动力的新的教学模式。以学生的自我完善为核心,强调人际关系在学习过程中的重要性,认为课程内容、教学方法、教学手段等,都会维系并促进课堂人际关系的形成和发展。在一定意义上丰富了学习的内涵,促进了学习理论的发展。

最后,人本主义心理学的"以人为中心""以学生为本"的教育思想主张,冲破了传统教育模式的束缚,把尊重人、理解人、相信人提到了教育的首位,注意激发学生的学习潜能和内在驱动力,强调审美和创造力的培养,在突出学生学习主体的地位与作用,提倡建立民主平等的师生关系,创造最佳的教学心理氛围等诸多方面做出了贡献。同时,他们提出了询问法、开放课堂、自由学习等教学模式,为教育教学改革提供了一些新的理念和实践方法,在一定程度上得到了教育一线人员的认同。

但是,人本主义心理学的学习理论也存在着许多难以克服的问题。人本主义强调学习的自然主义和非理性主义倾向,崇尚潜能论和自发论,把艰苦学习所需要的规范约束与自由选择对立起来,忽视系统科学知识技能的学习,片面强调情感动机的决定作用,主张教学完全以学生为中心,忽视教师的作用,这显然是不合理的,也是在实践中很难行得通的。

教师在教学中除了要起到积极促进学习的作用,还有必要起到引导学生朝着正确方向发展的作用。学生个性的发展要与正确的发展方向紧密结合,不能无限制地、盲目地、随心所欲地发展。事实证明,人本主义的这些主张都是不符合当今教育实际情况的,更不利于提高学生的学习质量这一办学教育的根本宗旨。此外,人本主义教育改革理想色彩过重,在实践上难以操作。美国一些推广人本主义教育理念的实验学校也因学生的学习成绩不佳,而很快便失败了。对此,斯金纳曾经批评过人本主义的教育心理学理论与实践。他指出,罗杰斯的教育心理学思想犹如谱写过教育名著《爱弥儿》的卢梭一样,只知道怎么讲如何尊重学生、爱护孩子,却不会进行教育实践操作。卢梭本人虽然有五个亲生子女,由于他不会教育孩子,只好把子女全部送到孤儿院,造成卢梭的后代非常悲惨的结局。这说明,脱离开了社会实践的人本主义教育心理学,很难有发展的生命力。

第三节 学习理论小结

至此,我们已经系统学习了行为主义学习理论(经典性条件作用、试误—联结学习理论、操作性条件作用和社会学习理论)、认知派学习理论(早期的认知学习理论、认知—发现学习理论、认知—同化学习理论、认知指导学习理论)和其他流派的学习理论(建构主义、人本主义),大致掌握了行为主义、认知学派、人本主义和建构主义等不同流派的学习理论关于学习的实质、学习的过程及学生与教师的关系的不同解释。对各个理论优缺点的评价,在前几章中已有详细的论述,在这里不再赘述。尽管不同的学习理论都有各自的缺点和弊端,但这些理论观点对于人们理解学习的实质,促进教育教学过程的有效实施,具有非常重要的作用。也许有人希望自己能够选择一个"最好的"理论以更好地实施教学活动,事实上,这样的教学法根本就不存在。我们可以综合使用不同理论的学习观来创设丰富的教学环境,以满足不同学生的不同需求。例如,行为主义学习理论能够帮助我们理解"鼓励或惩戒学生的某些行为会带来怎样的结果";"学习过程中的语言和高级思维过程",则可借助认知心理学理论来解释;而在理解学习者是具有创造性的独特个体这方面,就需建构观来解释。

表4-2及表4-3总结了上述关于学习的不同理论的基本情况及观点。

表4-2 学习理论的基本情况总览

学派名称及年代	主要人物	基本研究及观点
行为主义 1913-	巴甫洛夫	狗的唾液分泌实验
		经典性条件作用的提出者;学习具有消退、泛化和分化等规律
	华生	行为主义的奠基者和捍卫者,S—R模式的提出者
		提出情绪习得的研究
	桑代克	迷笼中的猫的试误行为
		学习是情境和反应的联结,学习遵循准备律、效果律、练习律等
	斯金纳	斯金纳箱,白鼠和鸽子的操作性条件反射实验
		操作性条件反射的提出者
		提出强化、惩罚、程序性教学等理论
	班杜拉	提出观察学习、社会学习理论、示范教学
认知派 1950-	苛勒	黑猩猩的顿悟实验("叠箱问题"实验)
		认为学习是形成新的完形
	托尔曼	白鼠的未知学习实验和潜伏学习实验
		提出中介变量,认为学习是在头脑中形成认知地图
	布鲁纳	认为学习是积极主动地形成认知结构或知识的类目编码系统的过程
		提出结构教学观和发现学习
	奥苏贝尔	提出有意义学习、接受教学
	加涅	提出关于学习的信息加工过程、学习阶段和学习条件等重要观点
人本主义 1950-	马斯洛 罗杰斯	认为学习是人固有能量的自我实现过程。强调人的尊严和价值;强调无条件积极关注在个体成长过程中的重要作用
建构主义 1980-	皮亚杰	提出发生认知论。强调认知冲突
		提出同化、顺应、平衡、发展的四阶段论
	维果斯基	提出社会文化理论
		提出最近发展区、支架式教学

(资料来源:莫雷.教育心理学[M].北京:教育科学出版社,2007.)

第四章 建构主义与人本主义学习理论

表4-3 四种学习观

	行为主义 (斯金纳)	认知派 (奥苏贝尔)	人本主义 (罗杰斯)	建构主义 (皮亚杰)
知识	具有固定结构的知识	具有固定结构的知识	没有固定结构的知识	知识结构灵活变化,而且是在现实世界中由个体主动建构的
学习	由外部激发 学习事实、技能和概念 通过操练或在他人指导下练习进行学习	由外部激发 学习通过接受而发生,将新知识与已有认知结构建立联系的有意义学习	基于学习者自身的经验 学习与个人密切相关的知识,自己选择学习方向,参与发现学习资源	基于学习者自身的经验 对原有的知识进行主动建构、再建构 通过多种方式和不同的加工过程与已有知识建立联系
教学	传输知识 演示(讲授)	传输知识 讲授,引导学生将新旧知识联系起来	促进人的变化和成长,培养学会学习的人	挑战并引导学生的思维以求更完整地理解
教师的地位	管理者,指导者 纠正错误答案	指导者,知识的呈现者 通过演绎方式呈现知识,促进学生对知识的学习	学习的促进者 为学生创造良好学习环境,让学生自行学习	协调者,引导者 倾听学生当前的概念、观点和想法
同伴的地位	通常少有提及	通常少有提及	组成学习小组,互相帮助	并非必要但可能会激发学生思维、提出各种问题
学生的地位	被动接受知识信息 接收指令者	被动接受知识与主动学习结合 主动建立新旧知识间的联系	处于中心地位 主动的思考者、阐述者、评价者	主动建构(通过思考) 主动的思考者、阐释者、解答者和提问者

(资料来源:伍尔福克著.教育心理学[M].何先友,等译.10版.北京:中国轻工业出版社,2008.)

中学生认知与学习

■ 内容要点

1. 建构主义认为,知识不是对现实和客观规律的唯一准确表征,而是人们对世界的一种解释,或对问题解决的一种假设,这种解释和假设不一定是正确的、确定的,而是猜测性的、可证伪的。包括科学知识在内的一切知识都是一种假设或解释,不是问题的最终答案,随人类进步会出现新的知识假设,已有的知识、理论和假说,总是会被更新的理论和假说所代替。

2. 建构主义学习理论认为,学习不单纯是知识由外到内的转移和传递,而是学习者主动地建构自己知识经验的过程,即通过新旧经验的相互作用来充实、丰富和改造自己原有的知识经验。学习不是被动地接受现成的结论,而是主动建构信息意义的过程。意义的建构不能够脱离具体的情境,而是在真实、具体的情境中进行的。建构主义在学习观上更强调学习的主动建构性、意义性、社会互动性和情境性。

3. 人本主义心理学者认为,教育的目的不应仅限于教知识或谋生技能,更为重要的是,针对学生的情感、人格和自我等方面的发展,使其在知识、情感、动机诸方面均衡发展,从而培养其健康人格。教学过程中,教师是学生学习的促进者,将学生视为一个可以自己主动探索的独立个体,而不是需要被改变、需要外在的引导和灌注知识的对象。

4. 人本主义学习理论植根于:"人性本善,天赋潜能"的人性论基础上,认为人生来就具有无限的潜能,具有生理的、安全的、尊重的、归属的、自我实现的等各种不同的基本需要。人本主义学习理论植根于自我实现人格理论,认为自我实现的需要是人格形成和发展的核心动力。学习的目的就是使个体成为一个具有高度适应性和内在自由性的人。

■ 复习与思考

1. 建构主义知识观的主要内容是什么?
2. 建构主义关于学习的本质观点是什么?
3. 个人建构主义与社会建构主义学习观有何异同?
4. 建构主义学习理论对于基础教育教学改革有什么启发意义?
5. 人本主义关于学习理论的基本观点是什么?
6. 人本主义的教学模式主要有哪些?

第四章 建构主义与人本主义学习理论

7. 人本主义的学习理论对基础教育有哪些启发意义?

■ **推荐阅读材料**

1. Duffy J M,JONASSEND H. Constructivism and the technology of instruction: A conversation[M]. Routledge,2013.

2. 刘保,肖峰. 社会建构主义:一种新的哲学范式[M]. 北京:中国社会科学出版社,2011.

3. 马斯洛. 动机与人格[M]. 3版. 许金生,等译. 北京:中国人民大学出版社,2012.

4. 车文博. 人本主义心理学[M]. 杭州:浙江教育出版社,2003.

■ **索引:**

- ❖ 术语索引
  - 建构主义(constructivism)   4.1
  - 个人建构主义(personal constructivism)   4.1
  - 社会建构主义(social constructivism)   4.1
  - 学习共同体(community of learners)   4.1
  - 认知灵活性理论(cognitive flexible theory)   4.1
  - 情境认知(situated cognition)   4.1
  - 随机通达教学(random access instruction)   4.1
  - 支架式教学(scaffolding instruction)   4.1
  - 抛锚式教学(anchored instruction)   4.1
  - 认知学徒制(cognitive apprenticeship)   4.1
  - 人本主义(humanism)   4.2
  - 自我实现(self-actualization)   4.2
  - 有意义学习(significant learning)   4.2
  - 非指导性教学(nondirective teaching)   4.2
  - 皮格马利翁效应(Pygmalion Effect)   4.2
- ❖ 人名索引
  - 皮亚杰(J. Piaget)   4.1
  - 维果斯基(L. Vygotsky)   4.1
  - 罗杰斯(C. R. Rogers)   4.2

第五章 中学生知识技能的学习

■ **教学目标**
❖ 理解知识学习的概念和一般过程。
❖ 理解技能的含义、特点及类型。
❖ 了解学习策略的基本内涵及构成,通过促进认知策略、元认知策略和资源管理策略指导学生提高学习效率。

■ **学习重点**
❖ 如何根据指示类别引导学生学习。
❖ 理解动作技能的形成及其培养方式。

■ **课前思考**
❖ 学习书本上的知识和学习跳一套健美操,这两种学习的过程一样吗?
❖ 理解了公式、定理之后,学生就一定能够正确运用它们解决问题吗?

第一节 知识的学习

一、知识

(一)知识的概念

本质上,知识(knowledge)是在人与客观事物相互作用的过程中形成的对事物属性与联系的能动反映。(陈琦,刘儒德,2005)从概念的内涵来看,知识是人们对客观事物的认识,具有客观性;同时,知识也具有主观性,是个体对客观事物属性的能动反应,知识掌握的过程是个体心理的内部建构过程,会受到个体原有知识结构和环境经验的影响。

具体来说,知识有广义和狭义之分。

狭义的知识,即一般意义的知识,指语言或言语活动中的各种符号和信息,如具体的科学概念、定理、物理图示、数学符号等,这类知识不仅能在大脑中储存,也可通过文字或言语的方式表达出来。

而广义的知识,不仅包括言语信息,也包括无法用言语准确表达的经验、操作技能等,是对个体与外界环境互动过程中获得经验的固化,能够指导人们的认识和实践。

(二)知识的分类

不同研究者对知识的理解和界定不同。与此相应,知识的分类也不同。目前,影响较广泛的分类主要有以下几种:

1.感性知识与理性知识

根据知识的不同反映深度,知识可以分为感性知识和理性知识。

所谓感性知识,是对事物的外表特征和外部联系的反映,可分为感知和表象两种水平。

所谓理性知识,反映的是事物的本质特质与内在联系,包括概念和命题两种形式。概念反映的是事物的本质属性及其各属性之间的本质联系,如"教育心理学是研究教育系统中学生的学习及其规律与应用"就是一个概念。命题就是我们通常所说的规则、原理、原则。它表示的是概念之间的关系,反映的是不同事物之间的本质联系和内在规律,如"教育心理学是心理科学与教育科学相结合的产物"就是一个命题。

2.具体知识与抽象知识

根据知识的不同抽象程度,可分为具体知识与抽象知识。

具体知识指具体有形的、可通过直接观察获得的信息。该类知识往往可以用具体的事物加以表示，如有关日期、地点、物品等方面的知识。

抽象知识指不能通过直接观察，只能通过定义获取的知识。这类知识往往是从许多具体事例中概括出来的，具有普遍适用性的概念或原理，如有关道德、人性等的知识。

3. 陈述性知识与程序性知识

根据知识的不同表述方式，心理学家安德森（J. R. Anderson）把知识分为陈述性知识和程序性知识。

其中，陈述性知识（declarative knowledge）是关于"是什么"的知识，描述了事物的特征及其关系，是关于既定事实、定义及事物间的规则和原理等。如自然课上，老师告诉学生，彩虹有赤橙黄绿青蓝紫七种颜色，鱼在水里生活，乌龟的寿命很长等。这些都是陈述性知识。

程序性知识（productive knowledge）则是关于"怎么做"的知识，主要反映活动的具体过程和操作步骤，是一种实践性知识，主要用于实际操作。它与完成某项任务的行为或操作步骤有关，涉及某一情境中解决具体问题的操作性步骤。例如，怎样操作某一机器，怎样解答一道数学题等，就是属于程序性知识。

专栏5-1 拓展阅读

陈述性知识和程序性知识的关系

两者之间的区别：

1. 陈述性知识是"是什么"的知识，以命题和命题网络来表征；程序性知识是"怎么做"的知识，以产生式和产生式系统来进行表征。

2. 陈述性知识是一种静态的知识，它的激活是输入信息的再现；而程序性知识是一种动态的知识，它的激活是信息的变形和操作。

3. 陈述性知识激活速度比较慢，是一个有意识的过程，需要学习者对相关事实进行再认或再现；程序性知识激活速度很快，是一种自动化的信息变形的活动。

两者之间的联系：

陈述性知识的获得，是学习程序性知识的基础，程序性知识的获得，又为获取新的陈述性知识提供了可靠保证；陈述性知识的获得，与程序性知识的获得是学习过程中两个连续的阶段（如"解方程首先要知

> 道等式两边平衡的规则",能说出这一规则的是陈述性知识,而操作过程的技能则是程序性知识)。
>
> 请列举在中学教学中,哪些知识属于陈述性知识?哪些属于程序性知识?

4. 显性知识与隐性知识

根据知识载体的不同,可以把知识分为显性知识和隐性知识。

显性知识(explicit knowledge),即能够以书面文字、图表、数字和公式等形式加以表述的知识,又称为"言语性知识"。它是通过书面记录、数字描述、技术文件、手册、报告等明确表达和交流的知识,包括常见的概念、原理、数学公式等。

隐性知识(implicit knowledge),是存在于个体中私有的特殊知识,通常来自于实践并依赖于体验、直觉和洞察力,包括个体思维模式、信仰、观点、价值体系、具体技能和技术等,它属于未被言语或其他形式表述的非信息知识,如记忆中,中学语文教师的模样,虽然说不出具体的相貌,再见到时却能够从人群中认出老师。

二、知识的表征

一般认为,表征(representation)包括内容与形式两个方面。内容指表征所具有的实际信息,形式即表达内容的方式。而知识在头脑中是如何表征的,一直是心理学家关注的焦点,在此主要介绍陈述性知识的表征与程序性知识的表征。

(一)陈述性知识的表征

陈述性知识是个体能够有意识地提取线索回忆出来的知识,是关于"是什么""为什么"和"怎么样"的知识。陈述性知识的表征方式一般包括概念、命题、表象和图式。

1. 概念

哲学中,将概念(concept)界定为对事物本质属性的反映,心理学家奥苏贝尔则指出,概念是"符号所代表的具有共同标准属性的对象、事件、情境或性质"。例如,"老师"就是一个概念,这个词可能包括男、女老师,年轻、年长的老师,教不同课程的老师以及各个年级的老师等等,他们都具有一个共同属性,即向他人传播科学知识。

中学生认知与学习

理解和掌握一类事物共同的关键属性的过程,称之为概念学习(concept learning)。个体一般通过两种形式获得概念,概念形成和概念同化。概念形成是指通过对概念的肯定例证进行归纳,找到一类事物共同属性的过程。比如,教师让学生根据麻雀、燕子、鸽子、黄鹂等动物,得出鸟的概念。概念同化是指利用学习者认知结构中已有的概念,通过直接定义的方式,向学习者揭示和说明新概念的关键特征,从而使学习者获得概念的过程。这一方式主要存在于课堂教学中。概念同化是学生获得概念的最主要的形式。

2. 命题

命题(propositional)是陈述性知识在头脑中表征的最基本的单元,用于表述一个事实或描述一个状态,通常由一个关系和一个以上的论题组成,一个命题代表了一个观念。命题通常以句子的形式来表示,同一个命题可以用不同的句子来表达。例如,"小红爱唱歌"是一个命题,可以用多种不同的句子表达,但基本含义没有差异。

命题并非孤立地存在于头脑中,而是彼此联系在一起,并构成复杂的命题网络。现代认知心理学家认为,人脑中的知识不可能孤立地储存,总是通过与其他知识建立某种关系而储存的,而且只有通过一定的网络系统,储存的知识才能被有效地提取利用。如"爱唱歌的小红喜欢和爱跳舞的小丽在一起玩"的句子包含了三个命题:小红爱唱歌,小丽爱跳舞,小红喜欢和小丽在一起玩。这个复杂句子以相互联系的三个命题构成的命题网络形式储存在头脑中。

3. 表象

表象是人们头脑中形成的与现实世界情境相类似的心理图像。例如,"花儿开了"可以以命题表征的形式储存在头脑中,也可以通过生动形象的画面来表达,即用表象形式加以表征。不过,命题表征的往往是食物的抽象意义,而表象表征的往往是事物的知觉特征。比如,有人让你回答"麋鹿比狮子大"这一说法的对错,你肯定需要花一点时间才能做出判断。因为你既要在头脑中回忆麋鹿与狮子的模样,还要在头脑中进行比较,就好像在头脑中看到了麋鹿和狮子似的。因此,加涅认为,表象是对事物的物理特征做出练习保留的一种知识形式,是人们保存情境信息与形象信息的一种重要方式,而这是命题做不到的。

4. 图式

心理学家提出"图式"这一术语的目的,在于表征人类对某个主题的知识所具有的综合性质。前面所提到的命题和表象只涉及单个的观念,而图式组合了概念、命题和表象。一般认为,图式是指有组织的知识结构,是对范畴的规律性做出编码的一种形式。这些规律性既可以是知觉性的,也可以是命题性的。例如,在房子这一图式中,既包含了房子是供人居住的建筑物的抽象特征,也包含了"房子"的面积和形状等知觉特征。

加涅认为,图式一般具有三个基本特征:第一,图式含有变量。例如,在"人脸"图式中,虽然都会含有眼睛、鼻子和嘴巴等要素,但是眼睛既可以是蓝色的,也可以是黑色的,鼻子可高可低,嘴巴可大可小。第二,图式具有层次,不同抽象水平的图式可以相互嵌套,比如,"眼睛"图式可以嵌套于"人脸"图式中,而"人脸"图式又可以嵌套于"人体"图式中。第三,图式能促进推论。例如,在"房子"图式中,通过其被嵌套"建筑物"图式,我们可以推论出房子有房顶、有墙壁等特征。

(二)程序性知识的表征

程序性知识是个人没有意识提取线索,只能借助某种作业形式间接推论其存在的知识。程序性知识是一套办事的操作步骤,是关于"怎么办"的知识,主要涉及概念和规则的应用。现代认知心理学家认为,程序性知识的表征有产生式和产生式系统两种方式。

1. 产生式

产生式(production)是表征程序性知识的最小单位。产生式这一术语来自计算机科学。西蒙和奈瑟尔(Simon & Newell)认为,人脑和计算机一样都是物理符号系统,其功能都是操作符号。计算机之所以具有智能,能完成各种运算和解决问题,是由于它储存了一系列以"如果/则"形式编码的规则。同理,人脑之所以能进行计算、推理和解决问题,也是由于人经过学习,其头脑中储存了一系列以"如果/则"形式表征的规则。这种规则被称为产生式。简单地说,产生式是一种在特定条件得到满足时发生特定行为的程序,是在头脑中存储的"条件(IF)—行动(THEN)"规则。

2. 产生式系统

简单的产生式只能完成单一活动。有些任务需要完成一系列的活动,因此,需要许多简单的产生式来表征。那么,几个互相联系的产生式就构成了产生式系统。这种产生式系统被认为是复杂技能的心理机制。例如,"怎样进行四则运算"这个命题,可以表征为由两个产生式共同构成的一个产生式系统——"如果一道运算题里有加减乘除,那么先算乘除后算加减;如果运算题里有括号,那么先算括号里的,再算乘除,最后算加减。"

三、知识的学习

(一)陈述性知识的学习

当代认知心理学认为,陈述性知识的掌握一般分为三个过程:获得和存储、巩固、提取和建构。以下将分别加以说明:

1. 陈述性知识的获得和储存

陈述性知识的获得,是指新命题形成并与已有命题网络中的有关命题联系起来进行储存的过程,也就是奥苏贝尔所说的有意义学习。

当新的陈述性知识以句子形式被学习者感知进入工作记忆后,激活了长时记忆中与之相关的旧有命题,使其也进入工作记忆,新旧命题通过共同的论题或关系形成命题网络,使得新命题能在命题网络中的适当位置得到储存。从心理过程看,陈述性知识的学习可以分为联结、精加工和组织三个环节。联结就是新命题被学习者感知进入工作记忆并与旧有命题发生联系;精加工即新命题与旧命题按照一定的方式进行加工、整合,构成命题网络;组织即将信息进行归类整理,将信息整合为一个合理有序的知识结构。

2. 陈述性知识的巩固

以命题网络形式储存在长时记忆中的陈述性知识,会因为长时间得不到激活而被遗忘。因此,主动复习是克服遗忘的有效途径。复习过程中可以再次注意到知识获得的外部刺激,激活该知识的命题表征,并有可能激活与它相关的其他命题,使命题之间的关系更牢固。另外,在对其他知识进行精加工时所储存的旧知识被激活,也能起到复习和巩固的作用。

3. 陈述性知识的提取和建构

陈述性知识的提取和建构是通过激活的扩散来实现的。激活的扩散指一个命题被激活进入工作记忆之后,原有命题网络中与之相关联的邻近命题也会得到激活并进入工作记忆。原则上讲,具有相同论题或关系的任何两个命题都可以相互激活。

在搜索相应的陈述性知识回答某个问题或完成某项任务时,问题和任务首先被转化为命题表征进入工作记忆,将与该命题节点相关的命题激活,并通过激活扩散在长时记忆中找寻能够直接回答问题或完成任务的命题。如果该命题已经存在并被找到,则直接提取该命题进行应用,这就是陈述性知识的提

第五章 中学生知识技能的学习

取过程。如果经过搜索发现原有命题网络中没有能直接回答问题的命题，则根据现有知识建构一个合理的新命题为答案，这就是陈述性知识的建构过程。

（二）程序性知识的学习

程序性知识的学习可分为两个阶段，即对知识的陈述性描述阶段和程序化阶段。陈述性描述阶段是学生通过相关的陈述性表述来获得该知识的有关命题，如教师告诉学生四则运算要"先乘除后加减，有括号先算括号内的"。程序化阶段则是指将陈述性知识转化为可以用于实际操作的技能。在此过程中，经过大量的练习，操作的准确性和速度不断提高，逐渐摆脱对陈述性知识的依赖，最终达到自动化的程度。如学生知道了四则运算的规律后，通过大量练习，再碰到同类型的题时，自然而然地就知道怎么做，而不需要刻意去回忆规律的内容。

由此，程序性知识的学习可分为两类：(1)模式识别的学习。如水是由氢元素和氧元素构成，单词由各个字母组成，像这种若干基础元素按一定关系组合成一种结构就是模式。模式识别的学习是指学会对特定的内部或外部刺激模式进行辨认和判断，或者说，是把输入的刺激信息与长时记忆中的有关信息进行匹配，辨认出该刺激属于什么范畴的过程，即确定某物是什么或不是什么。(2)动作步骤的学习，是指学会顺利执行、完成一项活动的一系列操作步骤，它主要是对产生式动作项的学习。动作步骤的学习从陈述性的规则和步骤开始，执行则从模式识别开始，只有对需要执行某一动作步骤的情境条件即模式做出准确判别，动作步骤的执行才能有效解决问题。下面的例子就说明了这个问题。

> 专栏 5-2　举例思考
>
> 　　工厂的一台机器出了问题，维修工人来了一批又一批，都不能找出问题在哪儿，后来有人推荐了一个工程师，这个工程师来看了以后，在机器上画了圆圈，说问题就在这里，维修工人拆开机器发现那里确实有个零部件坏了。问题找到了，机器很快就修好了。
> 　　为什么会出现这样一种现象呢？

例子中的维修工们都有修理机器的能力（即动作步骤的执行知识），但找不到问题的所在（即没能很好地识别问题），空有一身技艺。所以，在学习程序性知识时，不仅要锻炼动手能力，更要学会总结程序性知识的适用条件,以便更好地识别问题。

四、知识学习的一般过程

知识的学习是个体获得知识的内在加工过程,是学习者将言语符号中的知识内化为个人内在认知结构中具体知识的过程。作为一种间接获得经验的心理过程,知识的学习一般经过的三个阶段:理解、巩固和应用。

(一)知识的理解

知识的理解指学习者了解传递知识的语言文字符号的含义,并在头脑中唤起相应认知内容的过程。从信息加工角度看,理解就是使新学习的知识在大脑中获得正确的表征,并与已有认知结构中的相关信息发生合理联系的过程。根据所学知识的不同,理解包括了对言语的理解、对事物意义的理解、对事物类属性质的理解、对因果关系的理解及对逻辑关系的理解等。

知识理解的过程中,需要学习者将新知识与已有的认知结构建立联系,因而新知识的意义性及呈现方式、原有知识的清晰性及新旧知识间的可辨别性等,均会对知识的理解产生影响。此外,个体并不是被动地接受知识,而是对所有的感觉经验进行选择性注意后,对新信息进行主动的加工和理解,以构建知识体系。因而个体的主观因素,如对新知识的注意、学习的主动性和理解能力等,都会影响到知识理解的效果。

在实际教学中,教师应根据需要利用不同的方式呈现知识,包括言语、实物、模型、图片和影片等方式,同时,鼓励学生积极思考并组织课堂讨论,创造机会让学生自己动手参与其中,这些都利于学生对知识的掌握。

专栏5-3 原理应用

采用恰当的知识呈现方式

◇ 不同的呈现方式有各自的特点和适用范围。实物方式能提供给学生最真实准确的信息。例如,生物教学中,教师可以向学生呈现植物的种子,或指导其在显微镜下观察洋葱切片。

◇ 某些知识无法向学生直接呈现,如地球、分子、原子的结构等,或是一些发展变化的过程无法直接观察到时,教师可借助模型或利用多媒体技术呈现图片或影片。同时,在制作模型、图片等工具时,必须以实物为基础,避免改变过多造成学生误解。

◇ 当需要描述事物的感知形象或事物间的逻辑关系、原理原则时,可以将言语表达与实物或模型等方式相结合,一边引导观察,一边进行讲解。

第五章 中学生知识技能的学习

> ◇ 教师应针对不同的知识采取不同的呈现方式,还可以利用课堂讨论、课堂实验等方式,让学生充分参与,帮助学生理解知识。
>
> 在学习的初级阶段,学习者只有对事物进行具体的感知和理解后,才能够进一步的记忆、巩固并加以应用。因此,知识的理解对知识的掌握具有决定性作用,是掌握知识的首要环节。

（二）知识的巩固

知识的巩固是指个体通过识记、保持、再认或重现等方式,对已经理解了的知识进行长久的保存,是在头脑中积累和保持个体经验的心理过程。

就识记的过程来看,任何知识都必须经过瞬时记忆和短时记忆才能转入长时记忆中进行保持。如果没有瞬时记忆的登记、短时记忆的加工,信息就不可能存储在个体的头脑中。因此,就知识巩固的全过程而言,它起源于瞬时记忆,经过短时记忆,最终进入到长时记忆。

根据记忆内容的不同,知识在人脑中存储和保持的方式也不相同,如以感知过的事物的具体形象为内容,个体会形成形象记忆并对其进行保持;语义记忆则是对各种有组织的概念、公式、定理、规律等的保持;动作记忆或程序记忆是对个体曾经做过的动作和运动的记忆的保持。其他如情境记忆、情绪记忆等,都是个体对特殊形式的信息进行保持的不同方式。

根据认知加工的观点,对知识加工得越精细、越充分,识记的效果就越好。因此,如果在保持的过程中反复记忆,则能加深建立起来的认知结构,使知识保持得越长久,再认和重现的效果也会随之越好。反之,如果对知识的认知加工较浅,记忆过程中也不进行复习,就可能边学边忘,不能达到对知识的最终掌握。因此,识记和保持是知识巩固的起点,在知识巩固过程中占主导地位。此外,在知识识记并保持后,如果个体能够很好地对其进行再认或重现,说明识记和保持效果较好,这就是教学中采用抽查和考试等形式检测学习效果的用意。

（三）知识的应用

知识的应用就是将所学的知识灵活、有效地运用到日常生活实践中,其实质是通过已有的认知经验去解决相关问题。应用的过程以个体对相关知识的理解和巩固为基础。

学校教学中,学生对知识的应用主要是在学校和课堂中完成,也涉及一定的社会实践活动,如利用所学知识解决课堂上及教师布置的口头和书面作业;利用所学知识解决教师布置的各种实验作业;或利用所学知识完成实际中的实习等实践性作业。

知识应用的一般过程包括审题,对相关知识的重现,将待解决的问题类化到已有认知系统中,找到对应的解决方案,解决问题和验证答案。这是在校期间学生解决练习题、考试题的一般过程。当然,在不同的具体问题中会有一些环节的反复和调整,但基本过程相似。在解决校外的实际问题时,审题的过程可能与上述过程有所不同,个体往往会先从实际出发,分析概括已有条件及待解决的问题,将其清晰化、条理化之后,再按照上面的过程一步步解决。

知识的应用在人类的生活中无处不在,如建筑系的学生在课堂中学习了力学、构造学和美学等一系列知识,为的是在今后建造一幢大楼或设计一个花园时,能够根据实际情况将这些相关知识充分合理地加以应用,最终解决问题。由此可见,作为知识学习的最后环节,知识的应用是知识学习的最终目的,同时,也能检验学习的效果,在知识的学习中占据重要地位。

综上所述,在知识学习的一般过程中,知识的理解、巩固和应用三者相互联系、缺一不可。理解知识的学习过程,有利于教师针对不同阶段进行有效的教学,促进学生知识的掌握,同时,也对学习者自身的学习具有重要的促进作用。

第二节 技能的学习

一、技能

(一)技能的概念

日常生活中,人们会经常提到技能,如运动技能、写作技能等。在有关技能的早期研究中,心理学家主要关注一些相对简单的技能,如打字技能等。随着研究的不断深入,现在心理学家更重视对复杂技能的研究。虽然许多研究者都认同技能的重要性,但关于技能的含义却尚未达成统一意见。

在《心理学大词典》(1989)中,技能被定义为"个体运用已有的知识经验,通过练习而形成的智力动作方式和肢体动作方式的复杂系统。"《简明心理学百科全书》(1991)则认为,"技能是通过练习形成的能完成一定任务的动作和智力操作系统。"皮连生(1996)认为,技能是在练习的基础上形成的按某种规则或操作程序顺利完成某种智慧任务或身体协调任务的能力。冯忠良等人(2000)则认为,技能是通过学习而形成的合乎法则的活动方式。综上所述,技能(skill)是指经过练习而形成的、合乎一定规则或操作程序的活动方式。

(二)技能的特点

综合技能的含义及相关研究,可以归纳出技能的下述三个特点:

1. 练习是形成技能的途径

与本能行为不同,技能是通过后天的学习和练习获得的。其中,练习是一种有目的地对某种操作进行多次重复以达到熟练程度的过程,旨在改进操作,使动作趋于完善,达到自动化的熟练程度。需要注意的是,技能的练习不是机械重复,而是在每次反复练习中,改进操作、提高操作的有效性,从而使操作趋于完善。因此,练习是形成技能、获得技能的必由之路。俗语说"熟能生巧",这里的"巧"就是技能的表现。

2. 技能是一种活动方式

知识学习要解决的是"知与不知"的问题,技能学习所要解决的,则是"会与不会""熟练与否"的问题,即技能是将程序性知识转化为相应的活动方式。程序性知识虽然与动作的执行密切相关,但它所涉及的仅是活动规则与方法的知识,而非活动方式本身。因此,要真正掌握技能,不仅需要掌握陈述性知识和程序性知识,更重要的是,要通过实际活动表现出来。

3. 技能必须合乎一定法则

合乎法则意味着技能不是一般的随意操作,也不是任意的操作组合。在技能形成的过程中,各动作的构成要素、执行顺序、执行要求,都必须符合活动的内在规律。因此,只有合乎一定规则或操作程序的活动方式,才能被称为技能,才能对活动对象进行有效的加工与改造,也才能使活动在多次反复的练习中形成动作定型、逐步实现自动化并进而向能力转化。合乎法则意味着熟练的技能应该具有流畅性、迅速性、经济性、同时性、适应性。

(三)技能的类型

按照技能的性质和特点,通常可以将技能分为动作技能和心智技能。

1. 动作技能

动作技能(motor skill)又称操作技能、运动技能,是指通过一系列的外部动作以合理顺序组成的操作活动方式,如骑车、绘画、体操、跳舞等,都属于动作技能。动作技能的表现形式多种多样,但都是借助于肌肉、骨骼的动作及相应的神经系统活动来进行的。

除了具备上述技能的三个特点外,动作技能还具有其他一些特点。第一,动作对象的客观性。动作技能的对象是外在的物质客体或肌肉,因而具有客观性。第二,动作技能的外显性。就执行而言,动作技能是通过个体的外部动作实现的,具有外显性。第三,动作结构的展开性。动作技能中的每个动作都不能合并或省略,在结构上具有展开性。

2. 心智技能

心智技能(intellectual skill)又称智慧技能、智力技能、认知技能,是指通过内部语言在人脑中形成的心智活动方式。如写作技能、阅读技能、心算技能等,均属于心智技能。

与动作技能相比,心智技能具有以下三个特点:

第一,动作对象的观念性。心智技能的活动对象是客观事物在人脑中的主观映像,是客观事物的主观表征,是知识和信息。客观事物的主观表征,属于主观观念的范畴,因此,心智活动的对象具有观念性。

第二,动作执行的内隐性。由于心智活动是对观念性对象进行的加工改造,因此是借助于内部语言进行的,只能通过其作用对象的变化而判断活动的存在。因此,心智技能是在头脑内部进行的,具有内隐性。

第三,动作结构的简缩性。心智技能是借助内部语言这一工具进行的,鉴于内部语言的不完全性和片段性,心智动作的成分可进行合并、简略及简化。因此,心智技能具有简缩性。

3. 动作技能与心智技能的关系

动作技能与心智技能,除了具有技能的三大共同特点外,还拥有各自的一些特点。如上所述,动作技能具有客观性、外显性和展开性;心智技能则具有观念性、内隐性和简缩性。

同时,在日常生活中,两者又紧密联系、相辅相成。心智技能是动作技能的调节者和必要的组成部分,动作技能又是心智技能形成的最初依据和外部表现。

(四)技能的作用

技能的学习和获得,对学生而言具有十分重要的意义。首先,技能的掌握是进行学习的必要条件。如学生只有掌握了一定的写作、阅读、运算技能等,才能顺利地完成学习任务。其次,技能的获得有助于知识的掌握。在技能的学习与形成的过程中,个体对相关知识的理解和运用贯穿始终。最后,技能是能力形成的重要基础。研究表明,能力的形成与发展,与个体经验的积累、知识和技能的获得息息相关。虽然知识和技能本身并不是能力,但个体在掌握了某种技能后,就能熟练地按照合理的方式完成相应的活动,这本身就是能力发展的具体体现。

二、动作技能的学习

动作技能存在于日常生活中的各个方面,如体育运动中的田径、体操、游泳,音乐方面的吹、拉、弹、唱,生产劳动方面的车、刨、磨,日常生活中的打字、绘画等,都属于动作技能的范畴。那么,动作技能有哪些种类,怎样形成,如何培养?对这些内容的探讨,将有助于教师在教学实践中加深了解,并对学生进行有效的指导。

(一)动作技能的类型

对动作技能的划分可以从不同维度进行,常见的分类方式有以下几种:

1. 按肌肉运动强度分类:精细动作技能和粗大动作技能

如果按照与动作相关的身体肌肉运动强度进行分类,可以将动作技能分为精细动作技能和粗大动作技能。精细动作技能主要依靠小肌肉群的运动来完成,通常在比较狭窄的空间内进行。例如,绣花、打字、弹琴等。粗大动作技能则主要依靠大肌肉群的运动来完成,动作执行时,通常需要全身的运动神经参与,伴有强有力的肌肉收缩运动,如游泳、打球等。

2. 按动作的连续性分类:连续动作技能和断续动作技能

连续动作技能主要由一系列的动作构成,以连续、不间断、协调的方式完成,一般持续时间较长,如骑车、游泳等活动。断续动作技能主要由一系列不连续的动作构成,组成活动的各动作彼此可以相互独立,一般持续时间相对短暂,如射击、踢毽子等。

3. 按动作环境的预测性分类:封闭动作技能和开放动作技能

封闭动作技能在大多数情况下,主要依赖机体自身的内部反馈信息进行,动作执行的环境是可以预测的,如刷牙、打保龄球等。开放动作技能主要依赖周围环境提供的信息,需要正确感知周围环境的变化,动作执行过程中的环境是一直变化的,具有不可预测性,如踢足球、柔道等。

(二)动作技能的构成

哈罗(A. J. Harrow)在《教育目标分类学:动作技能领域》一书中,对动作技能的构成成分做了分析,认为动作技能一般包括三种成分。

1. 动作或动作组

从难易程度的角度来分,动作有三种类型:反射动作、基本—基础动作和技巧动作。其中,反射动作主要受遗传影响,是随个体成熟发展起来的;基本—基础动作,如跑、跳等,也是随个体的成熟而发展,但训练能增强其精确性和熟练程度;技巧动作则主要是习得的,具有明显的专业性,如打网球与打乒乓球,其技巧动作是不同的。

从上述三种动作类型间的关系看,基本—基础动作是由一系列反射动作组成的。因而,每一基本—基础动作都是一组反射动作的组合,或称一个反射动作组;而技巧动作又是由一系列的基本—基础动作组合而成的,是一个基本—基础动作组。某一专业或行业的技巧动作群组,又构成了该专业或行业的动作语汇。

2. 体能

体能主要包括耐力、力量、韧性、敏捷性等。体能是动作技能的重要组成成分,是完成动作技能的前提和保障。每一动作任务的完成都需要相应体能的支持,离开体能,动作任务就不可能高质量地完成,动作技能也会大打折扣。比如,一名排球运动员已熟练掌握了排球的专业动作语汇,但在长时间的对抗赛中,若耐力较差,可能就会发生动作变形,出现发球失误等问题。可见,体能是高质量地完成动作任务的重要保证。

3. 认知能力

动作任务的完成必须有认知过程的参与。因而认知能力,如知觉、记忆、想象、思维等,是动作技能的重要构成成分。其中,知觉是完成动作任务的基础,主要包括视觉、痛觉、触觉、动觉等。对于动作完成情况的观察,对于环境因素的利用等动作任务的完成阶段,都离不开知觉的作用。另外,某些特殊行业的专业动作语汇还有特殊的知觉要求,如对司机的手眼协调,手脚协调等能力要求较高。其他认知能力,如记忆、想象、思维等,对于动作技能的形成也很重要。人们习得动作或动作组的完成和熟练过程,都离不开记忆、思维、想象等基本认知过程的参与。

(三)动作技能的形成阶段

实际生活中,动作技能往往是由一套复杂的动作系统构成的。动作技能形成的过程是个体通过练习逐步掌握某种动作方式的过程。为了更好地

第五章 中学生知识技能的学习

理解动作技能的形成,这里将介绍菲茨和波斯纳的三阶段模型,菲茨和波斯纳将动作技能学习的过程分为认知阶段、联系形成阶段和自动化阶段。

1. 认知阶段

在学习一种新的动作技能初期,首先要通过对示范动作的观察及对刺激情境的知觉,形成一个内部的动作意象,以作为实际执行动作时的参照。而要形成这样一个意象,则需要对线索和有关信息进行适当的编码。对线索和信息的编码,可以是形象的,也可以是抽象的;可以是视觉的,也可以是语词的;可以是有意义的,也可能是孤立的。为了形成有利于动作技能学习的内部动作意象,学习者通常用自己擅长的方式来对线索进行编码。如儿童通常利用视觉表象进行编码,成人则能够将视觉表象和语词联系起来进行共同编码(common coding)。在形成内部动作意象的过程中,学习者不仅可以借助于对现有任务的知觉线索进行编码,也可借助于先前的有关经验。这就是说,学习者还可以从长时记忆中激活有关信息,并有效地检索、提取出来以帮助编码。

2. 联系形成阶段

在该阶段,练习者把组成新运动技能的动作整体逐一进行分解,并试图发现它们是如何构成的,最后,尝试性地完成所学新技能中的各个动作。经过练习,逐步掌握了一系列的局部动作,并逐渐从个别动作转向整体动作的组织与协调。但此阶段动作之间依然结合得不够紧密,因此在动作转换和交替之际,经常会出现短暂的停顿现象。此外,练习者对动作技能的视觉控制逐渐减少、肌肉运动感觉的控制作用逐渐增强。随着练习时间和次数的增加,动作间的相互干扰逐渐减少,紧张程度有所下降,多余动作趋于消失。

3. 自动化阶段

动作技能形成的最后阶段是一长串的动作系列联合成为一个有机的整体并巩固下来。此阶段,各个动作相互协调似乎是自动流出来的,无须特殊的注意和纠正。动作技能逐步由脑的低级中枢控制。这时,练习者的多余动作和紧张状态已经消失,能根据情况灵活变化、迅速而准确地完成动作,并且这种完成一旦达到自动化程度,几乎不需要有意识的控制,这就是动作技能进入自动化阶段的熟练操作特征。在该阶段,只要有一个启动信号,练习者就能迅速准确地按照程序连贯完成整个动作系列。例如,个体在打字的同时也能与人交谈。需要指出的是,并不是每个人在学习任何一种技能时都能达到这个阶段。个体只有经过大量充分、长期的练习,以及良好的指导,才能达到该阶段。

(四)动作技能形成的特征

动作技能形成的标志是达到熟练操作,即动作已达到较高速度、准确、流畅、灵活自如,且对动作组成成分很少或不必有意识注意的状态。

熟练操作具有以下主要特征:

1. 意识调控减弱,动作自动化

在动作技能形成初期,各种动作都受意识支配调节,否则,就会出现停顿或错误。通过反复练习,一旦动作达到熟练程度,准确无误时,意识调控被自动化所取代,动作往往是无意识进行的。例如,熟练的电脑操作员,可以不看键盘迅速地打字。

2. 能利用细微的线索

任何动作都受情境中线索(cue)的指导。线索可以是能看到、听到或触到的,也可以是有助于个体辨认情境或指引行动的体内外刺激。在动作技能掌握的初期,学习者只能对那些很明显的线索(如教练的提醒、纠正等视听线索)发生反应,不能觉察自己动作的全部情况和错误。而动作熟练后,学习者就能觉察到自己动作的细微差别,仅凭细微的线索就能改进调整自己的动作,做出准确的反应。如优秀的排球运动员可根据对方移动时的步伐,弹跳时的动作,手的动作,敏锐地判定对方来球的速度、重量,以及球的落点并迅速地选择扣球或拦网或吊球。

3. 动觉反馈作用加强

初步掌握动作技能时,学习者主要依据视觉、听觉等外部反馈信息来调节自己的动作;而当熟练掌握动作技能时,学习者主要通过动作过程中肌肉活动的本体感觉信息,即内部动觉反馈来操作或调节自己的动作。如初学自行车的人,主要靠视觉来确定各种各样的信息,调整自己的动作,当非常熟练时,视觉等外部信息的依赖性就会减少。

4. 形成运动程序的记忆图式

所谓运动程序的记忆图式,是指经过长期的练习而在长时记忆中形成的关于动作的有组织的系统性知识,它使完整的操作流畅地执行。拉斯罗(J. I. Laszla, 1967)做过一个在剥夺视觉、听觉、触觉和动觉条件下,用早已熟练了的手指敲桌子的技能去按打字机键的再学习实验,结果发现,运动技能的熟练程度达到某一阶段时,人的头脑中就会产生运动的指导程序,并以此程序来控制运动。

5. 在不利条件下维持正常操作水平

检验动作的熟练程度,更重要的是,要考察在不利条件下表现出来的操作水平。一般说来,越熟练的动作,越能在外界情况变化时,或面临紧急情况时,维持正常操作水平。如优秀的飞行员能在遭遇飓风袭击的恶劣气候条件下,维持协调和准确的操作,保证飞机安全飞行。

(五)动作技能的学习

练习是掌握动作技能的基本途径,然而并非所有的练习都是高效率的,为了帮助学生有效、迅速、准确地掌握动作技能,教师应该充分考虑可能影响动作技能的因素,并采取相应措施进行培训。

1. 讲解与示范

讲解是指导者在动作技能学习初期,以言语描述或提示的方式向练习者提供的有关动作技能本身的重要信息。通过讲解,可以明确练习目的、突出动作要领、描述动作的内部原理,从而提高学生对动作的认识水平。教师在进行讲解时,需要注意语言的简洁、概括与形象化。由于初学者在刚刚接触新动作时,注意范围比较狭窄,为避免学习者认知负荷超载,在讲解时,需要运用简短、精练的语言。

示范是指导者将技能演示出来,以便学习者能够进行直接的观察与模仿。示范的有效性取决于许多因素,如示范的时机和频率、示范者的特征、示范的准确性等。首先,示范要注意时机和频率。金泰尔(A. M. Gentile)认为,示范应在实际练习前进行,在练习过程中,教师应尽可能频繁地向学生做示范。其次,示范者对学习者的学习效果也有一定影响。研究发现,当对具备熟练技能的教师示范进行观察时,学生的学习效果最好;相对于观察技能不熟练的教师示范,观察技能不熟练的同伴示范的学习效果较优。但其他有关实验表明,对技能学习的影响由示范者的技能水平决定,而与示范者的身份无关。最后,示范的准确性是影响示范效果的关键。为保证示范的准确性,教师可以借助其他一些教学手段,如录像、幻灯、计算机模拟等,使信息的呈现更准确、更易于被学生吸收和消化。

在教学过程中,教师可以根据具体情况,将讲解与示范相结合,二者的结合将有助于学生更准确、更有效地掌握动作技能。讲解与示范如何结合、孰轻孰重,需要视学生的学习阶段、教学目标、活动方式等方面灵活运用。

> **专栏5-3 原理应用**
> **在技能教学中运用示范**
> ◇ 当个体学习新动作或练习之前,教师应当充分运用示范促进技能的形成。示范时要注意言简意赅,同时,将个体的注意力引向所学的动作。
> ◇ 当要求个体更新已学会的动作时,教师的讲解比示范更有效。例如,学习以不同姿势投球。
> ◇ 如果教师做不出高质量的示范,可以考虑采用音频、视频或其他材料呈现的方法。例如,听觉示范是传递节奏目标的有效方法。
> ◇ 如果没有足够的空间和设备供所有个体一起练习,教师可以让他们先观察其他初学者的练习。

(二) 练习

练习(practice)是形成动作技能的关键环节,是影响动作技能学习的重要因素。需要指出的是,这里的练习是指有意练习(deliberate practice),即以掌握技能为目的,同时让学习者持续不断地练习,从而逐步提高挑战水平。(Mayer,2008)研究发现,练习的次数与方式等方面,都对动作技能的形成与获得具有重要影响。

1. 练习曲线

在练习过程中,动作技能的进步情况可以通过练习曲线来表示。练习曲线(practice curve)是指在连续多次的练习过程中,动作频率的变化情况。通常,动作练习曲线有三种表示方法(图5-1)。

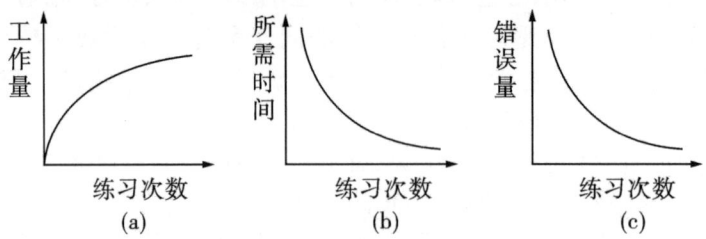

图5-1 动作练习曲线的三种表示方法

图(a)表明,随着练习次数的增加,个体每次完成的工作量逐渐上升;图(b)表明,随着练习次数的增加,个体每次完成任务所需的时间逐渐减少;图

(c)表明,练习中的错误率随着练习次数的增加而减少。此外,在动作技能的练习中,还会出现下述几种情况:

(1)练习成绩逐步提高。随着练习次数的增加,动作技能在速度和准确性方面会呈现三种不同的形式:

第一,练习的进展先快后慢。例如,跳高、射箭、跳远等运动。"先快"的原因可能与练习初期原有经验的积极影响、动作比较简单,以及兴趣比较浓厚等因素有关。"后慢"可能与练习后期可利用的原有经验减少、动作难度提高,以及练习兴趣降低、练习疲劳等因素有关。

第二,练习的进展先慢后快。例如,投铅球、掷标枪、游泳等运动项目。在这种情况下,"先慢"与练习初期需要花费较多时间适应新知识和技能,以及原有经验的干扰有关。"后快"可能是练习者已经适应了新的动作,所以练习成绩明显提高。

第三,练习的进展速度先后较一致,即练习进步的速度比较均匀,但这种情况非常少见。

(2)练习中的高原现象。高原现象是指在练习进入一定阶段后,练习成绩出现进步暂时停顿的现象。它的主要表现是:虽然练习仍在继续,但练习曲线保持在相对稳定的水平,不再上升,甚至有所下降。产生高原现象的原因主要有:

第一,当练习成绩已经达到一定水平后,如果想要继续进步,就必须打破原有经验,取而代之的是新的技能结构与方法。在没有完成这种改造之前,练习成绩就可能处于停滞不前,甚至暂时下降的状态。

第二,经过较长时间的练习,个体的兴趣有所下降,情绪不再像练习初期时饱满,甚至出现厌倦情绪。此外,生理疲劳等因素也可能导致练习成绩停顿。需要指出的是,如果个体能够及时寻找原因,并积极练习从而突破高原期,那么,练习曲线又会再次上升。

(3)练习中的起伏现象。起伏现象是指在动作技能的练习过程中,练习成绩出现忽高忽低或停顿的现象。导致这种现象的原因可能与学生的兴趣与动机的改变、注意力的集中情况、有无骄傲自满、意志努力情况、学习环境、教师指导等多种因素有关。起伏现象在动作技能的练习过程中十分普遍,但如果练习成绩出现明显下降,教师就应该帮助学生分析原因,并进行针对性的指导和教育。

(4)过度练习。过度练习又称过度学习或过度训练,即超过实现特定的操作标准所需练习量以外的附加练习。例如,某项技能需要练习100次就能达到掌握它的标准,那么100次之后所进行的练习就属于过度练习。在动作技能的练习中,过度练习对技能的掌握与保持有着积极作用,但它并非越多越好。究竟过度练习达到何种程度最佳,不同的研究得出的结论并不一致,有人主张50%,有人则主张100%。

> 专栏5-4　原理应用
>
> 过度练习策略的应用
>
> ◇ 练习之前,教师需要确定学习者达到操作标准所需要的练习量。
> ◇ 教师不应根据"多多益善"原则来确定额外练习量,因为盲目附加的练习可能会对练习者产生消极影响。
> ◇ 当需要过度练习时,可以采用多种变化形式的练习作为补充,以促进技能的习得。

2. 练习方式

所采用的练习方式也会对练习成绩产生重要影响。按照划分标准的不同,练习方式可以分为多种。根据时间分配进行划分,可以分为集中练习与分散练习;根据内容完整性划分,可以分为整体练习与部分练习;根据练习途径进行划分,可以分为身体练习与心理练习等。

集中练习是指将练习时段安排得很紧凑,中间没有休息或仅有短暂休息;分散练习是指练习由较长的休息时段分隔开。已有研究表明,对于一个连续性的动作技能学习而言,分散练习每次学到的最多,但完成练习的总时间也最多;集中练习每次练习的收益递减,但完成练习的总时间最少。就现有研究证据而言,在非连续性的动作技能中,两者孰优孰劣,还难以给出明确答复。

整体练习是指从始至终完整地对技能进行练习,部分练习是指将技能分解成若干部分或环节后进行练习。前者可以使动作技能各部分协调一致,后者可以使练习者更牢固地掌握动作中的每个环节。在练习中,有时可以将两者相结合,充分发挥各自优势,从而达到提高练习效果的目的。

身体练习是指实际用身体进行活动的练习,心理练习则指在头脑内反复思考动作技能的练习形式。与身体练习相比,心理练习不受时间、环境、设备的限制,而且身体不易疲劳。赫德(Hird)等人的实验研究表明,技能学

第五章　中学生知识技能的学习

习时应该尽量选择身体练习,如果无法进行身体练习,那么,心理练习也是促进学习的有效方式。

> **专栏 5-5　原理应用**
> **练习方式的恰当运用**
> ◇ 当教师不能确定一节课的时间长度时,较短的练习时间更可取。如果练习课过于集中,可能会导致学习者练习的长期效果较差。
> ◇ 对于持续时间较长、需要动作重复较多的技能,如弹钢琴等,教师应该尽量缩短练习尝试的时间。
> ◇ 如果学习者所学技能的持续时间相对短暂,如学习网球发球,那么,休息时间也要相应缩短。
> ◇ 教师不应根据学生所希望的练习时间长度和数量,来制定技能练习计划,因为他们往往希望在最短的时间内完成。

(三) 反馈

许多研究者认为,在影响动作技能学习的诸多因素中,反馈的重要性仅次于练习。一般而言,反馈来自外部反馈和内部反馈两个方面。所谓外部反馈是指练习者以外的人或事物给予的反馈,主要包括教师、教练、录像等外部信息源对学习者的动作结果及过程给予反馈。内部反馈由具体动作所引起,让练习者自身的感觉系统提供反馈,主要包括练习者的视觉、听觉、触觉、动觉等获取的反馈信息。在教学或培训中,怎样进行反馈,以及给予何种形式的反馈,都至关重要。

首先,从反馈的内容上看,反馈信息能否为练习者所用,要视其所处的学习阶段、学习任务、对信息的加工程度等方面而定。其次,从反馈的频率上看,许多研究者都认为,并非每次练习都必须给予外部反馈,在几次练习之后给予简要的总结性反馈会更有效。再次,要根据练习者所犯错误大小来决定是否给予外部反馈。在大多数情况下,只有当所犯错误大到必须引起注意时,才可以提供反馈。最后,在选择何种反馈方式上,需要视具体情况而定。一般而言,在学习初始阶段,外部反馈的作用较大。因为个体还未建立起准确的动觉感受,所以在此阶段,教师应该积极向学生提供有关他们练习中身体动作和姿势方面的信息,学生可以利用这些反馈信息作为改进动作的主要线索。在学习中期和后期,个体已经具备了必要的内部动觉体验,这时,内部反馈的作用较大。因此,这时教师应该指导学生细心体会自己的动作并力求发现自己的经验。

> **专栏 5-6　原理应用**
> **外部反馈的注意事项**
> ◇ 在练习初期,外部反馈必须简明扼要。如果外部反馈过于复杂或精细,练习者可能无法很好地接收。随着技能学习的进步,教师可以慢慢地提高反馈的复杂度和精细度。
> ◇ 教师使用外部反馈指出练习者动作错误的同时,还需要告知如何纠正错误。
> ◇ 录像演示对初学者很有效。因此,教师可以利用录像为练习者提供线索,使其觉察和意识到存在的错误。

三、心智技能的学习

> **专栏 5-7　举例思考**
> 在学习加减运算时,儿童一般用十指作为运算原型。当教师要求儿童计算10以内的加减运算时,常常可以看见他们掰着手指一个个数;即使教师不允许他们这样做,儿童还是会偷偷在课桌下计算。如果教师要求儿童计算较大数目的加减运算时,可以看到儿童不仅忙着数手指,而且连脚趾头都开始加入运算行列。在现实中,儿童能够较快掌握10以内或20以内的加减运算,但对于100以内或更大数目的加减运算,儿童就掌握得比较差。这是为什么呢?

心智技能的掌握是学生获得知识经验的必要条件,是问题解决的重要保证,也是能力形成和发展的前提。因此,除了动作技能外,心智技能也是学校教育教学的重要目标。

那么,心智技能的形成过程是怎样的?作为教师,又该如何培养心智技能呢?

(一)心智技能的形成

关于心智技能的形成,心理学界至今尚无定论。苏联著名心理学家加里培林(Л. Я. Гальперин)等人(1953)从反映论的观点出发,认为心智技能

第五章 中学生知识技能的学习

是通过实践活动的"内化"而实现的。他认为,学生心智技能需要经历五个阶段,它的形成"是外部物质活动转化到反映水平,即转化到知觉、表象、概念水平的结果"。此外,国内学者冯忠良在长期教学实验过程中,发现加里培林所划分的阶段可以进一步合并,并根据心智技能所形成的原型的重要性提出了三阶段模型。

1. 加里培林的五阶段模型

(1)活动定向阶段。该阶段是一个准备阶段,即让个体能够领会活动任务,从而在头脑里建立起活动的定向映象。在从事活动之前,个体首先需要了解做什么和怎么做,从而在头脑中形成活动本身和活动结果的表象,也就是对活动本身和活动结果进行定向。以加法运算为例,教师必须先让学生知道,运算的目的是要求几个数之和,知道这一过程是对事物数量的运算,知道运算步骤和顺序以及运算方法。也就是说,需要让学生熟悉整个活动的结构及实际意义,并知道正确的活动方式和方法。

该阶段虽然是准备阶段,但却是心智活动必不可少的阶段,因为活动定向的性质、水平都会对心智活动的形成和发展起决定作用。从某种意义上来说,该阶段是决定学生智力活动能否顺利进行的重要因素。

(2)物质活动或物质化活动阶段。物质活动是指运用实物的活动,而物质化活动则是指利用实物的模象,如图片、模型、表格、标本、示意图等进行的活动。物质化活动是物质活动的一种变形。在教学中,无论是科学基础知识还是社会知识的学习,学生都不可能通过直接经验的物质活动进行,尤其是历史、地理等科目。在不能利用物质活动时,物质化活动就成了主要的方式,这两者一起构成智力活动的源泉。根据加里培林的意见,"任何新的智力活动在最初都应当不是活动本身,而是作为外部的——物质或物质化的活动而形成的"。因此,在这一阶段应该注意先把活动展开,将其分成大大小小的各种操作,并指出之间的联系,然后再进行概括,使学生从对象的各种属性中区分出这一活动所需的属性,同时,概括出进行这一智力活动的法则。如儿童在学习加法运算时,可以利用小木棒、手指、卡片等完成计算活动。当这个阶段达到最高水平时,活动就会离开它最后的外部依据,转向下一阶段。

(3)有声的言语活动阶段。这一阶段的活动不直接依赖实物或模象,而是用出声的外部言语形式来完成活动。如在物质或物质化活动阶段给儿童实物来数,这一阶段则收起实物,让儿童用出声的语言来进行计算。这样,儿童不仅要对这个动作的对象内容进行定向,而且也对这个对象内容的词的表述进行定向。加里培林认为,"如果没有言语范畴的练习,物质的活动根本不能在表象中反映出来",正是由于这一言语活动才使抽象化成为可能,因为言语水平的特点就是以抽象的客体来代替物质的客体,这既可保证活动的定型化(由抽象而来),也保证了活动的迅速自动化。这一阶段还不算是智力活动本身,虽然它脱离了实物,但还是不能在头脑中默不作声地完成活动。

(4)无声的外部言语活动阶段。该阶段是仅靠内部语言参加而在大脑内完成活动的阶段。也就是说,个体在离开实物,也无出声语言,只看到嘴动但听不到声音的情况下,以词的声音表象、动觉表象为支柱而进行的智力活动阶段。加里培林说,这时"在头脑中,言语的有声形象成为词的声音形象的表象",例如,学生在运算时的"心算"。该阶段也是向内部言语活动转化的开始,是将有声语言活动向言语的声音形象、动作形象转化的途径。

(5)内部言语活动阶段。这是智力活动的最后阶段,也是智力活动过程的简约化、自动化阶段。在这一阶段,学生凭借简化了的内部言语,似乎不需要多少意识的参与,就能"自动化"地进行智力活动。例如,在学习演算进位加法时,学生已经不需要默念公式和法则,而是在头脑中出现几个关键词后,马上进行自动化操作。整个运算过程在他们头脑中被"简化"和"压缩",以至于他们只能觉察到运算的结果。

2. 冯忠良的三阶段模型

冯忠良在加里培林"内化"学说的基础上,经过长期的"结构—定向"教学实验,提出了心智技能形成的阶段理论。

(1)原型定向阶段。智力活动的原型是指智力活动的实践模式,就是"外化"或"物质化"了的智力活动方式或操作活动程序。心智技能所形成的原型定向,就是要让学生了解智力活动的"原样",知道该做哪些动作和怎样完成这些动作,从而明确活动的方向。它在心智技能形成的过程中,是不可缺少的一个阶段。首先,心智技能是一种按照客观的、合理的、完善的程序组织起来的认知活动方式,要求学生独立完成。同时,在头脑内建立起有关这种活动方式的定向映象,这样才能调节自己的活动,做出相应的动作。其次,智力活动是在头脑内进行的一种内化了的动作,是实践活动的反映。因此,智力活动的定向必须借助于一定的物质形式,使其形成"外化"的原型才能进行,由此这一阶段被称为"原型定向阶段",它的主要任务是,使学生建立起进行智力活动的初步自我调节机制,为进行实际操作提供内部控制条件。

这一阶段学生的主要学习任务包括两个方面:①要确定所学心智技能的实践模式;②要使这种实践模式的动作结构和程序在学生头脑内得到清晰的反映,并形成准确而清晰的动作和程序映象。在教学条件下,这些往往是在教师的直观示范及讲解的基础上实现的,还不需要学生亲自动手操作。

(2)原型操作阶段。原型操作就是个体依据心智技能的实践模式,所进行的实际操作。在此阶段,活动的执行是在物质或物质化水平上进行,动作的对象是具有一定物质形式的客体,它通过一定的机体活动来实现,因此,在动作的作用下所发生的变化,也是以外显的形式实现的。学生不仅要依据原有的定向映象做出相应的动作,同时,使动作在其头脑中得到反映,从而在感性上获得完备的动觉映象,这种完备的感性动觉映象是心智技能形成及以后内化的基础。因此,原型操作是心智技能形成的一个重要阶段。

研究表明,要使学生的心智技能在操作水平上顺利形成,应做到以下几点:①要使操作活动以展开的方式出现,并要求学生依据操作活动的原型,将构成这一操作活动的所有动作系列,一个个地分别按照一定的顺序完成,不能有任何遗漏或缺失。每个动作做完后,教师要及时检查,考察操作动作的方式是否能正确完成,对象是否发生了应有的变化;②通过变更操作活动对象使操作活动方式在直觉水平上得以概括,让学生形成操作活动的表象;③要注意操作活动的掌握程度,并适时地向下一阶段转化;④为了便于操作活动的形成和向下一阶段转化,在此阶段的全过程中,要注意与言语结合,做到边说边做或边做边说,以便于向下一阶段转化。

(3)原型内化阶段。原型内化是指动作离开原型中的物质客体和外观形式而转向头脑内部,借助于言语作用的观念性对象,从而将对象进行加工改造,使原型在学生头脑中转化为心理结构内容的过程。为达到内化水平,在本阶段动作执行的教学上,应该做到以下几点:①动作的执行应从外部言语开始,逐步转向内部言语。一般是从出声的外部言语转向不出声的外部言语,最后转向内部言语;②在原型内化的开始阶段,动作应重新在言语水平上展开,然后依据动作的掌握程度,在较熟练时进行适当而必要的缩简,以内化创造条件;③注意变更动作的对象,使动作的方式得以概括,以便能广泛适应同类课题;④各阶段进行转化时,要注意动作的掌握程度,做到适时,既不要过早又不要过迟,使得教师能够把握好学生头脑中的原型转化为内部心理结构的时机。

3. 产生式系统理论

认知心理学家根据知识的不同表征和作用,将知识分为陈述性知识和程序性知识。心智技能实质上是个体习得的一套程序性知识并按这套程序去解决问题的能力。从学习本质上看,心智技能是掌握一套程序,即在长时记忆中形成一个解决问题的产生式系统。所谓产生式系统,是由一系列以"如果……那么……"的形式表示的规则。

皮连生采用加涅的心智技能学习层级论和信息加工心理学的产生式理论,来解释心智技能习得的过程和条件。他认为,心智技能的学习一般分为三个阶段:第一阶段,新信息进入短时记忆,与长时记忆中被激活的相关知识建立联系,从而出现新的意义建构;第二阶段,通过应用规则的变式练习,使规则的陈述性知识向程序性知识转化;第三阶段,程序性知识发展至最高阶段,规则完全支配人的行为,心智技能达到相对自动化的水平。

(二)心智技能形成的特征

学生的心智技能一旦形成,会表现出以下三个方面的特征:

第一,在活动方式方面,活动各个环节逐渐联合成为一个有机整体,内部言语趋于概括化和简约化。

第二,在活动调节方面,学生的意识参与逐渐减少,达到"运用自如"的程度。学生已经觉察不到自己头脑中的内部操作过程和程序,只能觉察到活动的结果。

第三,在活动对象方面,心智活动的对象不再是外显的物体或肌肉,而更多地在头脑中进行,活动对象以观念、概念或原理为主。

(三)心智技能的培养

心智技能对解决个体的学习和日常生活中的问题非常重要,智力技能的水平直接关系到个体智力活动的成效。中小学阶段是心智技能形成与发展的关键期,因此,教师应该重视学生心智技能的培养与训练。在心智技能的培养中,应注意以下方面的问题。

1. 促进条件化知识的形成和产生式知识的自动化

心智技能形成的关键是,把所学知识与它所应用的条件结合起来,形成

第五章 中学生知识技能的学习

条件化知识。为促进学生形成条件化知识,教师可以编制产生式例题,让学生进行样例学习;还可以向学生呈现与实际生活背景相似的知识,提高知识在解决实际问题中的可检索性和应用性。通过这些方法来促进学生将应用条件与实际的问题情境有机地联系起来,从而形成条件化知识,为学生智力技能的形成奠定良好的基础。通过有效的练习,可以使产生式知识达到十分熟练,甚至自动化的程度。

2. 提高学生的言语尤其是内部言语的水平

如前所述,心智技能的形成需要练习,练习又分为不同阶段。因此,在心智技能的培养中,需要遵循练习的阶段性特点,帮助学生从外部的物质活动向内部的智力活动转化。此外,心智技能又是借助于内部言语得以实现,因此,言语具有十分重要的作用。在不同的发展阶段,言语的作用各异。例如,在活动定向阶段或原型定向阶段,言语的作用在于标志和组织动作,所以,此时的培养重点是让学生了解动作本身,利用言语来标志动作,并巩固对动作的认知。又如,在原型内化阶段,言语的作用在于巩固和进一步概念化所形成的动作表象,所以,此时的培养重点在于考察言语的动作效应。

3. 根据心智技能的种类选择方法

心智技能有简单与复杂之分。教师在进行教学时,首先需要了解学习任务的复杂程度,对于比较复杂、由多种智力活动方式组成的心智技能,可采用从部分到整体的训练方法。如数学中的解题技能,可以分解为审题、解析、列式、运算、验算等步骤。对于那些比较简单的心智技能,如加减运算等,适合采用整体方法进行训练。

4. 注重思维训练

思维是学生心智技能中至关重要的心理成分,正确的思维方式是心智技能的本质特征。因此,教师在教学中还要对学生的思维方式进行一定的训练和指导,积极创设问题情境,培养学生思维的独立性、批判性、灵活性、流畅性等品质。如在解题时,让学生叙述如何理解题意,如何找到解题关键、解题思路,等等。此外,还可以让学生们各抒己见,然后一起寻找出最佳思路。

当然,除了上述要求外,教师在教学过程中,还需注重学生的个体差异性,充分了解学生所面临的主、客观环境,并针对学生的具体问题进行针对性的辅导。

第三节 学习策略

一、学习策略概述

关于学习策略的概念,目前主要有以下三类观点:第一类,是将学习策略看作学习活动中信息加工的程序和步骤。如里格尼(Rigney,1978)认为,学习策略是学生获取、保存与提取知识和作业的各种操作程序;第二类,则将学习策略看作学习者对学习内容的信息加工中采用的具体方法和技能,如梅耶(R. E. Mayer)指出学习策略"是学习者有目的地影响自我信息加工的活动";第三类观点则认为,学习策略不仅仅是单独的信息加工过程或者调控技能,而是二者的结合。

综上所述,学习策略(learning strategy)是指在学习过程中,学习者为了达到有效的学习目的而采用的规则、方法、技巧及其调控方法的总和。它是伴随着学习者的学习过程而发生的一种对学习过程进行安排的心理活动。学习策略能够根据学习情境的各种变量、变量间的关系及变化,对学习活动和学习方法的选择与使用进行调控。

(一)学习策略的特点

学习策略的特点会影响学习者对学习策略的使用。因此,在学习具体的学习策略之前,只有了解学习策略的特点,才能有针对性地指导学生有效地运用策略。

1. 操作性和监控性

学习策略的操作性体现为,在认知过程的各阶段,策略能够为有效认知提供方法和技能。同时,由于从先前学习经验中得到的学习策略在不同情境下的适用性并不相同,因此在整个学习过程中,学习者需要在认知操作层面对策略实施的有效性进行及时的监控与调整,这就体现为学习策略的监控性。作为学习策略的基本特性之一,学习策略的操作性和监控性,体现了学习者在策略使用中的主体地位。

2. 外显性和内隐性

学习策略的外显性表现为,在实际学习过程中,在外显行为上可以直接观察到学习者使用了哪种认知的和行为的学习操作,并对此做出适当的监控。同时,学习策略是学习者在头脑中进行的借助内部语言实现的对行为进行调控的内部意向,因而又具有内隐性的特点。

3. 主动性和迁移性的统一

在学习过程中,学习者可以根据学习材料和学习情境的特点及学习形式的变换,对自身的学习行为进行自我调整。亦即在某种程度上,学习策略是学习者对学习活动的能动把握,具有主动性特点。迁移性则体现为,学习策略是学习者从具体学习活动和过程中抽象出来的一套规则系统,能够同时适用于不同的学习情境和环境。即从某种学习情境中获得的学习策略,能够有效地迁移到类似的或者不同的情境中去。

专栏5-8 举例思考

下面的哪些行为使用了学习策略?

◇ 学前班儿童在做加减法时,用扳指头的方法帮助运算。

◇ 四年级学生会使用尝试自我提问来考察自己对知识的掌握。

◇ 高中生将历史事件绘制成事件流程图来帮助记忆。

(二) 学习策略的分类

许多研究者根据自身的理解提出了学习策略的层次与成分的观点,以下将介绍几种经典的学习策略分类观点,以促进教师对学习策略的教学。

丹塞洛(D. F. Dansereau)等人提出了学习的MURDER策略,认为学习活动是一个由相互作用的复杂成分构成的活动系统。其中,M指情绪的调整(mood-setting)和维持(maintenance),U代表理解(understand),R是回忆(recall),D是消化(digest),E代表扩展(expand),R则代表复习和检查(review)。这些策略又可被分为两个系统,一个是可以直接应用在认知活动中的主导性策略系统(primary strategy),另一个则是辅助策略系统(support strategy),是帮助学生在学习过程中形成适宜的认知气氛,维持合适的内部心理定向,使已有的学习活动得以顺利进行,以保证主策略有效地起作用的策略系统。

麦基奇(W. Mckeachie)对学习策略的分类是目前被广为接受的观点。他们通过对学习策略构成成分的总结,提出了认知策略、元认知策略、学习资源管理策略三种分类形式。其中,认知策略是有关信息加工的策略,元认知策略是涉及对信息加工过程进行调控的策略,学习资源管理策略则是辅助学生管理可用的环境和资源的策略。

(三)影响学习策略使用的因素

学生对学习策略的掌握和运用受多种因素的影响。认识和研究这些影响因素,有利于教师引导学生在学习过程中,有目的地调控这些因素。影响学生学习策略使用的主要因素包括以下三个方面:

第一,知识基础。学习策略的掌握和运用以知识的掌握为基础。有研究显示,如果在学习之前个体就对所学内容具备了良好的基础,了解了相关的知识,在学习过程中就会更容易使用策略。(Green,1994)即学生的知识越丰富,学习策略的掌握和应用越容易,反之亦然。

第二,对以往学习策略的监控。学生在学习时会不断地监控自身的学习过程,当发现以前的学习策略效果甚微时,就会去学习和使用新的学习策略。因此,了解学生以往学习策略的使用状况,有针对性地帮助其认识和评价自身策略的有效性,能促进其对新策略的掌握。

第三,对知识获取的态度。个体对知识及知识获得特点的看法不同,学习策略的使用和选择方式也会存在差异。教师应将已有的关于知识及知识获得的信息传达给学生,以促进其对策略的选择和使用。如告诉学生,阅读并不是消极的吸收课本上的内容,而是积极地组织和应用呈现在课本中的信息并构建出自己的意义的过程。(Paxton,1999)

第四,对学习策略的训练。教学中,教师应有针对性地实施策略教学,在激发学生掌握和运用学习策略的愿望的基础上,采用多种教学方法将原本内隐的学习策略外显化、展开化、程度化,促进学生对新策略的学习和使用,并最终促进其对知识的内化。

专栏 5-9　原理应用

重视学习策略的教学

◇教师应是一个擅长于使用学习策略的人,通过自身直观的示范作用,促进学生对学习策略的掌握。同时,教师应了解学习策略的构成成分,提供多种学习策略供学生选择和使用,促进学生对学习策略的掌握和运用。

◇创造学习气氛,提供情感支持。良好的课堂氛围和教师温暖接纳的情感支持,能够激发学生良好的学习动机,并最终引导和维持学生学习策略的使用心向。

> ◇策略应适合学生发展特点。教师提供的学习策略,应在学生的最近发展区之内,是学生能够掌握的,不要超出学生现有的能力水平,以免造成其负担进而产生厌倦情绪。

二、认知策略

认知策略(cognitive strategy)指的是学习者在信息加工时所采用的方法,可以从诸如信息加工、学习中的主要活动和任务、不同学科的学习等角度,来构建不同的认知策略。学习活动中的信息加工过程,包括对信息进行编码、存储和提取等几个步骤,相应的认知策略则有深入理解、精加工、合理组织和建构、高效练习和保持记忆等。常见的认知策略主要包括复述策略和精加工策略。

(一)复述策略

复述策略(rehearsal strategy)是指为保持信息而对信息进行不断重复的过程,是信息进入长时记忆的关键。常见的复述策略包括以下四种:

第一,及时复习。根据艾宾浩斯的记忆曲线,遗忘在初次识记后开始,同时,遗忘的进程是先快后慢不均衡的。因此,复习要在识记后立即进行,对那些意义性不强的资料,更应及时复习。

第二,集中复习与分散复习。集中复习指集中一段时间重复学习许多次,分散学习则指每隔一段时间重复学习一次或几次。一般情况下,集中复习的效果不如分散复习,因为同一时间内输入的信息过多,会造成记忆的负担,前摄和倒摄抑制效应的存在等,均会导致复习的内容难以存储在长时记忆中。

第三,运用多种感官途径协同记忆。通过多感官参与和多途径输入信息,可以在大脑中留下多种回忆线索,提高记忆效果。

第四,情境相似性。有实验表明,相似情境下个体对相关事件的回忆效果更好。(安德森,1989)同时,人们倾向于在愉快时回忆出更多快乐的记忆,而当心情处于低潮时,更倾向于回忆出不愉快的事。因此,可以通过创设情境和情绪状态的相似性,促进对知识复述的效果。

(二)精加工策略

精加工策略(elaborative strategy)是指将新信息与头脑中已有的信息联系起来,通过寻求字面背后的深层意义或增加新信息的意义,帮助学习者保持新信息的策略。精加工策略常被看作是一种理解记忆的策略,其要旨在于建立信息间的联系。联系越多,能回忆出信息原貌的途径就越多,相应的精加工越深入、细致,回忆就越容易。

根据学习材料自身意义性的强弱,可以将精加工策略分为三大类:

第一,人为联想策略,即将那些枯燥无味但又必须记住的信息"牵强附会"地赋予意义,使记忆过程变得生动有趣,从而提高学习记忆的效果。常用的人为联想策略主要有形象联想法和谐音联想法。其中,形象联想法,通过心理想象将信息与鲜明奇特的形象相结合;谐音联想法,通过记忆对象的谐音线索进行记忆。

第二,内在联系策略,是对意义性较强的信息进行的精加工策略。运用这种策略需要树立有意义学习的心向、建立关系类比、提供先行组织者等。

第三,生成策略,即对有内部组织结构的知识进行的精细加工策略,包括画线、写副标题、记笔记、列提纲、做图表、记卡片等。

专栏 5-10　拓展阅读

康奈尔大学笔记法

康奈尔大学笔记法又叫 5R 笔记法,是一种典型的课堂笔记形式,几乎适用于在一切讲授或阅读课上记听课笔记。主要包括五个步骤:

1. 记录(record)。听讲或阅读进程中,在主栏(将笔记本的一页分为左大右小两部分,左侧为主栏,右侧为副栏)内尽量多记有意思的论据、概念等讲课内容。

2. 简化(reduce)。下课以后,尽可能及早地将这些论据、概念简明扼要地概括在回忆栏,即副栏。

3. 背诵(recite)。把主栏遮住,只用副栏中的提醒,尽量完整地叙述课堂上讲过的内容。

4. 反思(reflect)。将听课的随感、看法、教训体会之类的内容,与讲课内容区分开,写在卡片或笔记本的某一单独部分,加上题目和索引,编制成提纲、摘要,分成类目,并随时回档。

5. 复习(review)。每周花十分钟左右时间,迅速复习笔记,重点看回忆栏,适当看主栏。初用这种做笔记的方法时,可以选择一门科目为例进行训练。在这一门科目不断熟练的基础上,然后再用于其他科目的学习。

（三）组织策略

知识的条理、层次等组织特性,是认知结构清晰性的重要指标,也是判断学生学习成效的重要指标。因此,如何通过组织对信息进行重新加工,是促进新信息学习记忆的重要手段。

组织策略主要有两种。

一种是归类策略,通过对概念、词语、规则等知识的归类整理,在头脑中形成知识结构,以促进对同类型新知识的学习和回忆。如一些学生通过使用意义分组法、主题联想法、发音相似分组法等归类策略,来提高自己学习和记忆英语单词的效率。

另一种是纲要策略,指学生用词语或句子将主题总结出来,也可以用符号、图示等形象将内容结构表达出来的一种策略,主要用于对学习材料结构的把握。纲要策略不仅能减轻短时记忆的负担,有助于阅读和记忆,而且能促进创造性解决问题能力的提高。常用的纲要策略有主题纲要法、符号纲要法(层次图和流程图)、制作关系图等。

三、元认知策略

元认知对于任何类型的认知加工都是重要的,它为个体的认知努力提供了方向。元认知策略(meta-cognitive strategy)是指学习者评估自己的理解、预计学习时间、选择有效的计划来学习解决问题所使用的策略。有研究表明,对元认知策略的掌握能够有效帮助学生提高学习成绩(Hattie et al.,1996)。与元认知策略有关的问题,包括学生们会在学习效果不佳时更换学习策略吗？他们会将新的学习内容与以往的学习经验联系在一起吗？会不会偶尔做自我测验检查学习的效果？

元认知策略主要有计划策略、监控策略和调节策略。

（一）计划策略

包括设置学习目标、浏览学习材料、预测需要解答的问题、组织完成学习任务的途径,如教师要使学生学会预测完成作业所需要的时间,及时获取写作所需的材料,以及考前如何进行高效地复习等。

（二）监控策略

指学习者依据学习目标和学习计划,对学习进程、学习方法及其执行情况和效果进行有意识地监控。监控策略可以通过促进学生对自身学习状况的自我提问进行。问题包括:我在集中注意力认真听讲吗？我能够听懂正在学习的内容吗?是否有问题要问?我能够把我认为重要的东西记录下来吗?我该如何积极探索适合自己的学习方法?教师应该有意识地培养学生监控自己学习进程的习惯,主要包括两点:一是领会监控,即学习者对自己学习或者阅读目标是否达到的监控。二是集中注意,即学生将他们的注意力全部花在当前的学习任务上,放弃对其他刺激的注意。

(三)调节策略

指在结束学习任务后,让学生对自己的学习活动做出评价。例如:我是否达到了原定的学习目标?我采用了哪些学习方法?使用的学习方法中,哪些是有效的?其他同学有哪些好的学习方法值得我借鉴?我如何发现学习中的不足,及时纠正,并根据实际情况调整学习方法和计划。

专栏5-11　原理应用

元认知策略的有效教学技术

◇出声思考法。教师通过用语言大声讲出思路的方式,向学生示范自己在解决问题时内部的思考过程,使学生可以通过模仿学会表述自身的内在思维过程,掌握元认知策略。

◇教给学生撰写思考日志的方法。可以让学生对自己的思维过程进行反思,理清思路,学会主动控制自己的学习。思考日志的内容包括所学的重要知识点,相关知识点间的联系,容易混淆的内容的区分和鉴别,对矛盾和不明确问题的思考,对自己知识掌握情况的评价。

◇做计划。让学生做自己学习过程的计划和监控者,提高学习的自主性。学生所需计划的内容包括确定具体学习内容,估计学习所需要的时间,从而形成具体的时间安排表。

◇报告思维过程。让学生报告其在解决问题时内部的思维过程,促进学生使用学习策略的意识。教师还可根据学生的报告,确认学生使用了哪些学习策略,引导学生对所用的学习策略进行评价,帮助学生寻找确定有价值的学习策略。

四、资源管理策略

资源管理策略(resource management strategy)是学生用来管理自己周围可用资源的策略。主要包括时间管理策略、努力和心境管理策略、环境设置策略和学习环境管理策略等。

第五章 中学生知识技能的学习

（一）时间管理策略

时间管理策略就是通过一定的方法，合理安排和有效利用学习资源的策略。学生每天用来自主学习的时间是有限的，如何在有限的时间内处理较多的学习任务，减少无计划、无节制、无意义的时间消耗，显得尤为重要。教师要训练学生掌握时间管理策略，按事情的重要性和紧急性程度来选择活动，确保每天学习任务的完成。同时，教会学生根据自身的生物周期、一周内学习效率的变化及自己在一天当中学习效率的变化安排时间，提高学习效率。

（二）努力和心境管理策略

系统性的学习大都是需要个体付出一定的意志努力的。为使学生在学习时维持一定的意志努力，教师应不断地鼓励学生确立明确、适当的学习目标，激发学习的内在动机；树立掌握学习的信念；选择有挑战性的任务；调节成败的标准，形成合理的归因及自我奖励等，提高其学习的积极性，不断地从一个目标走向新的学习目标。

（三）环境设置策略

学习环境也是一种会对个体学习效率产生影响的可利用资源。因此，设置学习环境便于展开有利于学习的活动。首先，要注意调节自然条件，如流通的空气、适宜的温度、明亮的光线，以及和谐的色彩等。其次，要设计好学习的空间，如空间范围、室内布置、用具摆放等因素。另外，应根据不同的学习习惯安排相应的学习环境，喜欢单独学习的人可以找一个安静的环境学习；自控能力差的人可以选择在图书馆、教室学习以约束自己的行为；也有些学生觉得通过讨论、交流更能提高学习的效率。在学习环境的设置上充分考虑个体差异因素，可以促进学习效率的提高。

专栏5-12　举例思考

小玲每次在写作业之前，都会花很多时间来收拾桌面，削铅笔或者随意翻看身边的课外读物，等到真正开始学习的时候，没过一会儿就开始转移注意力去找橡皮或者去观看窗外正在游戏的其他小朋友。老师发现了这个情况之后告诉小玲，应该在闲暇时间处理好学习之前的准备工作。学习时要排除掉身边不利于学习的环境，如开着的电视，翻开的课外书籍等。最重要的是，要为自己制定一个学习目标，克服干扰以达到目标。

> 在你的教学过程中,还有哪些类似的现象呢?你是怎么处理的?你的学生知道如何使用学习资源管理策略吗?

五、学习策略的教学

尽管人们对学习策略的重要性已有深刻的认识,但目前学习策略在教学中并没有起到应有的作用。研究表明,学习策略教学技术的不完善,可能是导致教学过程中忽视学习策略教学的原因之一。

加强学习策略的教学技术需要注意以下三点:

(一)注重元认知监控训练

元认知监控是人针对认知过程的自我意识与自我控制。在加强学习策略教学的同时,注重元认知监控和调节的教学是提高学习策略教学的有效技术。有研究者指出,最佳的教学方法是告知学习者如何使用学习方法(包括有关学习方法怎样使用和何时使用的知识),以及教会他们何时和如何检查学习策略的使用(包括有关学习的监视与控制的知识)。(Day,1981)具体来说,教师要教会学生在其阅读时对注意加以跟踪,对材料进行自我提问,考试时监视自己的速度和时间等。

(二)有效运用教学反馈

传统的反馈研究已经证明,反馈能够改进学习,提高学习效果。因此,教师在有意传授学习策略时,不仅要注意方法上的传授,还要注意教会学生如何监控自己的行为,以及如何对学习方法是否适合进行自我的评估和反馈。对学习策略的反馈研究也表明,在降低训练速度,增加反馈的条件下,如使学生知道自身策略运用的不足之处,学会评价训练的有效性,理解学习策略的积极效应,或体会到学习策略对学习效果的改善,学生就更有可能把学习策略运用到更为现实的学习情境中去。

(三)提供足够的教学时间

一些学者认为,只有学生真正感受到选择和使用正确学习策略对于学习的重要性时,才能自发地在学习活动中使用学习策略,而要做到这一点,就要提供足够长的教学时间。学习方法使用的熟练,学习的调节与控制的自动化都是保证学习策略能够顺利地使用和迁移的条件之一。因此,足够的教学时间对于学习策略的教学非常必要。

第五章 中学生知识技能的学习

专栏 5-13 拓展阅读

学习策略的训练模式

提高学习策略的教学水平,有助于促进学生掌握有效的学习方法。目前,有关学习策略的教学主要存在以下几种模式:

1. 直接教学模式

将学习策略的学习作为一门专门的课程开设,使用类似于传统讲授法的方式教给学生教与学策略的有关知识。教师讲授具体学习策略的使用条件和步骤,并通过报告自己思维等示范的方式,解释在具体案例中的应用,以帮助学生形成对策略的认识、理解和应用。这种模式有助于学习者对学习策略形成科学和系统的认识,但是,由于训练时与专门知识结合不足,可能会导致学生了解学习策略,但是无法在学习过程中顺利应用。

2. 与学科结合式教学模式

该模式提倡在学习具体学科知识的过程中讲授学习策略。如语文学科教师专门讲解阅读理解的方法,英语教师专门讲解记忆单词的方法等。这种模式将知识教学和学习策略教学融为一体,需要教师在准备知识教学的同时,敏锐地觉察需要传授的学习策略,在课堂中对学生进行及时指导,并布置作业促进学生策略学习的巩固。这种教学模式可以顺利提升学生的学习效果,但是,由于对策略没有系统性的学习,不便于学习策略的迁移。

3. 交叉学习教学模式

这种教学模式是上述两种模式的优化,它指出在知识教学中穿插学习策略教学,但是,在讲解学习策略的具体应用前,先让学生了解此种学习策略的意义、使用范围、条件及具体操作程序等,再进行具体应用的学习。

■ 内容要点

1.知识是在人与客观事物相互作用的过程中形成的对事物属性与联系的能动反映。研究者根据对知识的理解和界定不同,对知识也有着不同的分类,主要可分为感性知识与理性知识、具体知识与抽象知识、陈述性知识与程序性知识、显性知识与隐性知识。而知识在个体头脑中的表征主要以概念、命题、表象、图式、产生式,以及产生式系统等方式存在。在生活中,个体对知识的学习一般要经过理解、巩固和应用三个过程。

2. 技能是指经过练习而形成的、合乎一定规则或操作程序的活动方式。主要分为动作技能和心智技能两种类型。在动作技能的学习过程中,练习是关键环节,也是影响动作技能学习的重要因素,练习的次数与方式等方面,都对动作技能的形成与获得具有重要影响。此外,心智技能的掌握是学生活动知识经验的必要条件,是问题解决的重要保证,也是能力形成和发展的前提。

3. 学习策略是指在学习过程中,学习者为了达到有效的学习目的而采用的规则、方法、技巧及其调控方法的总和。一般情况下,将学习策略分为认知策略、元认知策略和学习资源管理策略。其中,认知策略主要包括复述策略、精加工策略和组织策略,元认知策略主要包括计划策略、监控策略和调节策略,学习资源管理策略主要包括时间管理策略、努力和心境管理策略,以及环境设置策略。

■ 复习与思考

1. 什么是知识的学习?其实质是什么?
2. 用概念学习中"例子—规则—例子"的方法设计一堂概念学习课。
3. 谈谈概念关系图对学习和教学有哪些影响。
4. 简述问题解决的一般过程。
5. 陈述性知识和程序性知识的联系与区别有哪些?
6. 如何根据知识的不同分类,采取不同的教学方法促进知识的学习?
7. 什么是学习策略?它是如何作用于学习者的学习过程的?
8. 什么是技能?技能有哪些特点?
9. 动作技能与心智技能的关系?
10. 动作技能训练中产生高原现象的原因是什么?
11. 在动作技能训练中,如何进行讲解与示范?
12. 加里培林关于心智技能形成的五阶段模型是什么?
13. 心智技能形成的标志是什么?
14. 在心智技能的培养中,应该注意哪些方面?

■ 推荐阅读材料

1. 陈琦,刘儒德. 当代教育心理学[M]. 2版 北京:北京师范大学出版社,2007.

2. 莫雷.教育心理学[M].广州:广东高等教育出版社,2007.

3. 埃根,考查克.教育心理学:课堂之窗[M].郑日昌,主译.6版 北京:北京大学出版社,2009.

■ 索引

❖ 术语索引
- 知识(knowledge)　　　　　　　　　　　　　　　5.1
- 陈述性知识(declarative knowledge)　　　　　　　5.1
- 程序性知识(productive knowledge)　　　　　　　5.1
- 显性知识(explicit knowledge)　　　　　　　　　　5.1
- 隐性知识(implicit knowledge)　　　　　　　　　　5.1
- 表征(representation)　　　　　　　　　　　　　　5.1
- 概念(concept)　　　　　　　　　　　　　　　　　5.1
- 概念学习(concept learning)　　　　　　　　　　　5.1
- 命题(propositional)　　　　　　　　　　　　　　　5.1
- 产生式(production)　　　　　　　　　　　　　　　5.1
- 技能(skill)　　　　　　　　　　　　　　　　　　　5.2
- 动作技能(motor skill)　　　　　　　　　　　　　　5.2
- 心智技能(intellectual skill)　　　　　　　　　　　　5.2
- 练习(practice)　　　　　　　　　　　　　　　　　5.2
- 练习曲线(practice curve)　　　　　　　　　　　　5.2
- 学习策略(learning strategy)　　　　　　　　　　　5.3
- 认知策略(cognitive strategy)　　　　　　　　　　5.3
- 复述策略(rehearsal strategy)　　　　　　　　　　5.3
- 精加工策略(elaborative strategy)　　　　　　　　　5.3
- 元认知策略(meta-cognitive strategy)　　　　　　　5.3
- 资源管理策略(resource management strategy)　　　5.3

❖ 人名索引
- 安德森(J. R. Anderson)　　　　　　　　　　　　　5.1
- 波斯纳(M. Posner)　　　　　　　　　　　　　　　5.2
- 麦基奇(W. Mckeachie)　　　　　　　　　　　　　5.3

第六章　中学生能力与创造性的培养

■ 教学目标
  ❖ 理解中学生认知能力与创造性的发展特点。
  ❖ 掌握中学生感知、注意、记忆、思维与想象能力及创造力的培养方式。

■ 学习重点
  ❖ 中学生感知觉能力的发展特点及相应的教学策略。
  ❖ 中学生注意与记忆能力的发展特点及其训练方式。
  ❖ 中学生思维与想象能力发展的规律及其培养策略。
  ❖ 中学生创造力的含义、发展特点及培养方法。

■ 课后思考
  ❖ 中学生感知觉能力发展的趋势，在日常生活中如何培养学生的观察力？
  ❖ 学习的效果与注意、记忆有何联系？应采取何种方式提高学习的效率？
  ❖ 为什么中学生思维和想象能力的发展与其认知能力密切相关？在课堂教学中，如何训练学生的思维和想象能力？
  ❖ 中学生创造能力的重要性，以及在课堂教学中，该如何培养学生的创造性思维？

第六章 中学生能力与创造性的培养

第一节 中学生感知能力的培养

一、感知觉概述

感知觉是感觉和知觉的统称。从定义上而言,感觉(sensation)是大脑对直接作用于感官的客观事物个别属性的反映。通过感觉,个体能够获得对事物个别属性的认识,如看到事物的颜色、听到的声音、触摸到事物的软硬等。知觉(perception)则是个体对客观事物整体属性的反映,如欣赏一幅名画,听到一首歌,闻到花香等。感知觉是个体其他心理活动的前提与基础,个体通过感知觉获得对外部世界的认识和了解。

从内涵上分析,感觉和知觉间既有联系也有区别。联系表现为,两者都是客观事物直接作用于个体的感觉器官后,在头脑中产生的对客观事物当前特征的反映。就区别而言,通过感觉个体只能孤立地感受到事物的个别属性,如颜色、气味、声音等,对事物的整体特征则缺乏认识;通过知觉,个体则能将彼此间孤立的客观事物的颜色、气味、声音等个别属性综合起来,从而对事物形成全面、准确的了解和判断。因此,感觉是知觉的来源,知觉是感觉的综合反映。

二、中学生感知能力的特点

随着年龄的增长,中学生在生理和心理上得到快速而持续的发展。其中,中学生感知觉能力上的发展具体表现为:有意性提高、持久性增强、精确性和概括性。

(一)感知有意性的提高

感知有意性是中学生按照预定目的自觉调节自己的感知活动的能力。随着年龄的增长,中学生逐渐学会按照一定的目的和要求去选择感知的对象。一般而言,在中学阶段初期,中学生感知有意性的水平仍相对有限,在完成某些具体任务时,常缺乏明确的目的与计划,常出现消极被动的感知活动。此外,初中生对事物的感知缺乏整体性的了解和认识,其感知觉活动常带有一定的偶然性和盲目性。到了高中阶段,中学生感知的有意性开始提高,逐渐能够在感知事物时事先确定目的,并根据目的拟订一定的计划和关注的范围,在此基础上独立完成更加精细的感知觉任务。

(二)感知持久性增强

感知持久性主要表现为个体主动排除各种干扰刺激,将感知活动维持在同一事物或活动上的能力。研究表明,个体感知觉的持久性会随年龄的增长、意志力和自我调控能力的增强及对任务意义的深入理解而增强,表现在有意注意保持时间的延长上。比如,在一定的教学条件下,个体不需太多意志努力,进行持续观察的时间表现出随年龄增加的趋势:7~10岁儿童为20分钟,10~12岁儿童为25分钟左右,初中生则为40分钟。此外,有研究发现,航模小组成员在寻找飞机模型的故障时,初二年级的学生平均坚持观察时间为1小时35分钟,高一学生则坚持观察时间达到了3个小时,高中生感知觉持久性的能力较初中生有了显著的增强。

(三)感知精确性的提升

随着年龄的发展和认知能力的逐渐增强,中学生已经能够对事物各部分的特征及其关系进行较为精确的观察分析,并对事物的整体性特征产生较为准确地感知。中学生感知精确性的发展主要表现在以下两方面:对细节感受性的逐步提高;对所观察事物抽象特征理解的逐步深刻。研究表明,初中生视觉的感受性比一年级小学生增长了60%以上,初三、高一学生在视觉和听觉上的感受性均达到甚至超过了成人的水平。此外,在对时间的感知上,中学生可以更为准确地理解较短的单位,如月、周、时、分等,但对"世纪""年代"这样的历史时间单位的理解,仍在一定程度上存在欠缺。

(四)感知概括性逐渐加强

中学生感知概括性水平,也会随年龄的增加得到显著增强。研究表明,初中二年级是中学生感知概括性发展的转折点,此阶段的个体对事物抽象程度和差异辨别的准确率得到快速发展,观察的概括性和深刻性程度也有明显提高。此外,初中生开始出现逻辑知觉,即能够把一般原理、规则与个别事物联系起来,在此基础上其感知的概括性和逻辑性水平均会呈现出较大的发展,如开始能够将个别词语与句子、语法,几何图形与几何定理间建立内在的联系。高中阶段的个体感知的逻辑性日益完整,因而可以较好地学习抽象的知识,如解析几何等。

三、提高中学生感知能力的策略

针对中学阶段个体在感知觉的有意性、持久性、精确性和概括性等方面表现出的快速发展特点,教师可以在教育教学过程中采取以下策略,更进一步促进中学生感知能力的提升。

(一)采用直观教学,帮助学生获取感性知识

知识的获得是学习的首要阶段。在此过程中,个体将感知的新信息纳入短时记忆,并与来自长时记忆系统的知识经验建立联系,最终获得对新信息意义的理解。要促进学生对感知信息的加工,从而获得丰富的感知经验,直观教学是达成此目的的重要手段。

1. 实物直观

实物直观是教师通过直接呈现实物或演示实验等手段,帮助学生感知事物的实际特征而进行的一种直观教学方式。由于实物直观是让学生接触具体实物,因此学生获得的感性知识与实际事物间存在密切联系,在实际生活中也能很快发挥作用。同时,实物直观还给人以真实感和亲切感,能够激发学生的学习兴趣,调动学习的积极性。

2. 模像直观

模像直观是通过对事物模像的直接感知而进行的一种直观教学方式。例如,对各种图片、图表、模型、幻灯片和教学电影、电视媒体等的观察和演示,均属于模像直观。由于模像直观的对象可以人为制作,在很大程度上可以克服实物直观的局限,扩大直观的范围,提高直观的效果,因而应用范围较广。但模像只是事物的模拟形象,而非实际事物本身,与实际事物间存在一定的差距。因此,为了使通过模像直观获得的知识在中学生的实际生活中发挥更好的作用,教师在进行模像直观教学的过程中,一方面,应注意将模像与中学生熟悉的日常事务进行联系与比较;另一方面,可以将模像直观与实物直观两种教学形式相结合进行。

3. 语言直观

语言直观是教师在形象化的语言作用下,通过让学生对语言的物质形式(语言、字形)的感知及对语义进行理解的一种直观教学形式。具体而言,语言直观是教师通过书面或口头语言的生动具体描述、鲜明形象比喻、合乎情理的夸张等形式,给学生提供知识的感性认识,使学生对所要理解的知识建立起直观的形象,从而加深对知识的理解。例如,在语文教学中对文艺作品的阅读及有关情境与人物形象的描述都是语言直观。语言直观虽不如前两种直观形式鲜明,但具有灵活、经济、方便的特点,不受时间地点和设备的限制,因而可以广泛采用。在教学活动中,以上三种直观形式应相互配合使

用,才能达到良好的教学效果。

> **专栏 6-1　举例思考**
>
> 高中数学课堂上,教师结合学生对日常事务的感知印象及实际操作引出了对定理的学习过程,具体如下:
>
> (1)定理的引入——直观感知
>
> 导入语:判断直线与平面垂直,已有知识的基础是定义,但直接用定义证明已知直线与平面内的任一条直线垂直,显然很困难,因此,有必要寻求更好的方法证明直线与平面垂直。
>
> 教师给出两个情境:学校广场上直立的旗杆,桌面上直立的书。
>
> 问题1:请同学们思考一下两个情境的共同特征是什么?什么条件能保证旗杆与地面、书脊与桌面具有垂直的位置关系?
>
> (2)定理的探究——操作确认
>
> 导入语:请同学们任意剪一个△ABC,过顶点 A 任意翻折该三角形纸片,得到一条折痕 AD,打开后发现,折痕 AD 把△ABC 分成两个平面。然后,把翻折后的三角形纸片竖立放在桌面上,且要求 BD,DC 与桌面接触。
>
> 问题2:请根据手中折纸回答:折痕 AD 与桌面所在平面一定垂直吗?为什么?
>
> 问题3:在什么情况下折痕 AD 与桌面所在的平面一定垂直?
>
> 师生共同讨论:只有折痕 AD⊥BC 时,AD 与桌面所在的平面才是垂直的。
>
> (3)归纳定理
>
> 问题4:由上述实验和两个情境,请问同学们能发现什么结论?
>
> 师生课堂共同讨论发现:一条直线与一个平面内的两条相交直线都垂直,则该直线与此平面垂直。
>
> (4)给出定理符号语言和图形语言
>
> 反思:结合以上教学步骤,思考如何将学生的感知训练与学习内容相结合?

(二)提升观察力的训练

观察力是个体感知能力的核心,中学生观察力的好坏直接影响其学习

第六章 中学生能力与创造性的培养

的效果。除采取相应的教学策略以提升学生的感知能力、促进其对知识的理解外,教师还应重视对中学生观察力的训练。具体而言,教学过程中教师可采取以下训练措施:

1. 掌握恰当的观察顺序

顺序对于有效的观察尤为重要。观察切忌杂乱无序,"东一榔头西一棒子"的观察,会导致对观察对象的遗漏。因此,在教学过程中,教师可依据观察对象的特点,引导学生采取"从上到下""从左到右"或"从中间到四周"等顺序进行观察,帮助学生学会有条理地观察,并在此基础上获得对观察对象特征的全面准确了解。

2. 掌握常用的观察技巧

教师除了要交给学生掌握基本的观察方法外,还需给学生传授一定的观察技巧。常用的观察技巧包括:一是明确观察目的,带着任务或问题进行观察,这样的观察才能更有针对性,效率会更高。二是制订观察计划,对拟观察的对象先拟订详细的观察计划,明确观察的重点内容后再去实施观察,才能使观察更加从容,而不是胡子眉毛一把抓。三是有丰富的知识经验储备。知识经验的丰富程序和储备不同,会导致观察结果上的巨大差异,如在同样的观察任务中,专家比新手更占优势。因此,教师应注意培养学生积累丰富的知识经验,才能在随后的观察中获益。四是客观准确地记录观察内容,尽量避免"戴着有色眼镜"的观察。五是善于总结。学会将观察到的现象进行及时归纳和总结,使认知更上一个层次。最后,在观察中要注意兼具灵活性,要培养学生学会时时捕捉观察机会,灵活地转移观察目标的能力。

3. 培养良好的观察品质

首先,教师应注意培养中学生边观察边思考的良好观察习惯。这样,不但会深化个体对观察对象的认识,同时也会有助于及时调整观察策略与观察角度,最终获得良好的观察效果。其次,教师要重视动机、情绪、情感等因素在观察活动中的重要性,充分调动学生的积极情绪,以配合和促进其观察活动的顺利进行。研究也表明,当学生对观察对象怀有浓厚的兴趣时,观察也会更加专注和细致。最后,教师还应注意培养学生坚定的意志力。观察并不是一件容易的事,有时需要耗费较长的时间或遭遇内外环境中的困难和挫折,因此,教师在观察教学过程中要教会学生善于克服干扰因素,注意培养学生坚定的意志品质,从而不被困难所阻碍,保证观察活动的顺利进行。

专栏 6-2　原理运用

感知觉规律的运用

1. 运用感知觉的强度律。作用于感觉器官的刺激物必须达到一定的强度才能被清晰地感知。因此,教师在上课时,声音要洪亮,语速适中,板书要清晰,要让全班同学听得懂、看得见。教师在制作、使用直观教具时,也要考虑到直观教具的大小、颜色、声音等是否能够被学生清楚地感知。

2. 运用感知觉的对比律。当感知觉的对象与背景在颜色、形态、声音等方面存在较大差别时,知觉的对象更容易被感知。因此,教师在讲课时,对于重要的知识可以通过反复强调、提高音量等办法促进学生的感知;板书重要部分可以用大一些的字、加点、画线或者彩色粉笔;不在黑板前演示深色教具;PPT制作过程中的背景力求简洁,不能喧宾夺主,以免影响课程内容的呈现,PPT中字体的大小也应考虑到坐在教室后排学生能否看到等;使用挂图时,将不需学生看的部分遮住;制作教具时,注意把知觉对象从背景上突出。

3. 运用感知觉的活动律。心理学研究表明,静止背景上运动的物体或对象更容易被个体感知,也更易吸引人的注意力。因此,教师在教学过程中应多使用活动教具,演示实验,放幻灯片、教学电影或录像等,从而起到很好的教学效果。

4. 运用感知觉的组合律。在时间上接近、空间上接近或相似的刺激物容易被知觉为一个整体。因此,教师在绘制挂图时,不要在需要学生感知的对象周围画上与之类似的线条或图形,在不同的对象之间留空或用色彩区分;板书时,章与章、节与节等不同内容之间要留空;讲课时,语言流畅,针对不同内容,采用不同的语速,对不同的内容加以分析、综合,使学生了解其中的逻辑关系。

5. 交替使用多种感官感知对象。如果学生能使用多种感官去感知同一知觉对象,那么,从不同感官获得的信息将传递到大脑,从而获得对事物的全面认识。我国古代学者曾提出学习要做到"五到",即眼到、耳到、口到、手到和心到,其目的就是通过多种感知渠道来巩固知识。研究表明,在接受知识方面,视觉输入的信息比听觉输入的信息给人留下更深刻的印象。只靠听觉,一般能记住15%;只靠视觉,一般能记住25%;既听又看,能记住65%。

(资料来源:王雁.普通心理学[M].北京:人民教育出版社,2002)

第六章 中学生能力与创造性的培养

第二节 中学生注意能力的培养

一、注意概述

注意(attention)是个体心理活动对特定对象的指向和集中。指向性和集中性是注意的两个基本特征。人在同一时间内无法对所有对象都进行注意,只能从众多的对象中选择要反映的对象,这就是注意的指向性。例如,学生在课堂上全神贯注地听讲,对其他事物视而不见、听而不闻,都是注意指向性的表现。集中性则指心理活动倾注于所选对象的强度或者紧张程度,比如,聚精会神、全神贯注就是用于形容注意的集中性。

注意作为个体的基本心理现象,具有四种不同的品质:注意的广度、注意的稳定性、注意的分配和注意的转移。首先,注意的广度是指个体在同一时间内能清楚觉察到客体的数量,反映了注意品质的空间特征,一般来说,在单位时间内注意到的对象越多,注意的广度越大;其次,注意的稳定性又称注意的持久性,是指注意保持在某种事物或活动上的时间长短,通常表现为某一时间个体注意的高度集中,是注意品质的时间特征;再次,注意的分配指在同一时间内把注意指向两种或两种以上不同的对象或活动上,如学生课堂上不仅需要听老师讲课,还需要做笔记,这就是注意分配的表现;最后,注意的转移指依据活动任务的要求,个体主动将注意从一个对象转移到另一个对象上,这种转移是依据当前活动任务有意识、主动调整心理活动在不同对象或活动之间转换,其实质上是注意灵活性在完成任务过程中的突出表现。

二、中学生注意发展的特点

随着年龄增长,中学生的生理和心理机能都有了快速发展,其注意能力也有了显著的发展和提高,具体表现在以下两个方面:

(一)有意注意逐渐占主导地位

随着年龄的增长,中学生的有意注意逐渐占主导地位。同小学相比,初中生的有意注意有了较大发展,他们能够根据预定的目的和任务,随意地、较长时间地按学习的要求使注意指向和集中在学习内容上,如大部分初中生已经能够依据学习计划,并按时完成阅读内容。但在初中学生身上,无意注意仍起着重要作用,表现在其直接兴趣,以及客观对象的鲜明特点仍具有很强的吸引力。这一现象在进入高中以后,随着有意注意进一步发展而有所改变,高中生能够有意调节和控制自己的注意,并使之指向和集中于需要学习的事物上。此外,其有意注意的发展,也使得学校在安排学习内容时,可以大大摆脱学生兴趣的限制。

(二)中学生注意品质的发展

随着中学阶段个体生理发育的不断成熟、自我控制能力的不断增强及知识经验的丰富,中学生的注意品质得到了迅速发展。

1. 注意广度的发展

初中生的注意广度已达到较高水平,基本与成人水平相近,高中生则已达到成人水平。一般而言,注意广度主要取决于个体的过去经验,由于初中生的生活经验比小学生多而比成人少,其注意广度也介于两者之间。随着高中生知识经验的增加,他们能更快速阅读适合自己的读物,观察事物时,既能顾及整体,又能抓住主要特征,均体现出其注意广度的快速发展。

2. 注意稳定性的发展

在初中阶段,学生的注意保持45分钟已无任何困难,但其注意稳定性容易受到情绪影响。到了高中阶段,中学生注意的稳定性已趋于成熟,稳定性和集中性不断增强。据有关研究材料统计,5~7岁儿童聚精会神地注意某一事物的时间是15分钟,7~10岁是20分钟左右,10~12岁是25分钟左右,12岁以上是30分钟。

3. 注意分配的发展

中学阶段的个体已开始逐步学会较为合理地分配自己的注意力。如在课堂中能边听老师讲课边做笔记,或边听音乐边写作业,也能保持较好的学习效率。但中学低年级阶段的大部分学生注意分配的整体水平仍不高,因而在完成任务时会出现顾此失彼的现象,如注意了抄写就难以兼顾听写,注意听课,笔记就很难完成等。随着学生年龄的增加和认知能力的逐渐成熟,初三学生的各种技能基本得到稳定的提高,注意分配的能力基本达到了较高的水平。到了高中阶段,个体已经学会在学习过程中根据不同活动的性质和任务较好地分配自己的注意。

4. 注意转移的发展

与小学生相比,初中阶段的个体注意的自觉性和灵活性提高,能够自觉、迅速地把注意力转移到课堂活动中,但初中低年级阶段的学生的注意转

第六章 中学生能力与创造性的培养

移仍存在一定程度的困难。到高中阶段后,随着个体知识经验的积累及认知的发展,心理活动的有意性增强,注意转移能力得到较大程度的发展,大多数高中生能自觉根据活动任务把注意从一个对象转移到另一个对象。

三、中学生注意力的影响因素

研究证实,学生注意的品质越好,在课堂中越能够高度集中,学习效果就越好。因此,教师应当全面掌握影响学生注意力的因素,并在此基础上通过采取相应策略,提高学习效率。

(一)主观因素

1. 学习目的与任务

一般来说,学生对学习目的、学习任务的要求理解得越清楚,完成任务的愿望就越强烈,与完成任务相关的事物就越能引起和保持其有意注意。如安排一个人去听报告,并要求他听过之后回来传达报告的内容,那么,他在听报告时的注意力就会相对集中和稳定。如果只是让他去听而没有其他的附加任务,其注意效果一定不如前一种情况好。由此可见,个体对活动目的和任务要求是否明确,对注意的效果有较大影响。学生的学习也是如此,学生是否具有学习的远大理想、良好动机,是否明确了学习的任务要求,是否制订了具体的学习计划与学习进度,都会影响其注意的状态和学习的最终结果。如果明确了学习的目的与任务,就能帮助学生将注意力稳定在听课、作业、复习等活动中,坚持学习(葛雪松,2006)。

2. 需要和兴趣

需要和兴趣是影响学生注意的重要因素。凡是能满足个体需要,符合个体兴趣的刺激物,往往更容易成为注意的对象,个体对其进行注意的稳定性越好,学习的效果也会越好。有研究表明,学生在看自己喜欢的动画片时,注意能保持很长一段时间,而对于自己不感兴趣的课程,其注意力就非常容易分散。在日常生活和学习中,注意对象本身的特性所引起的个体的需要和兴趣间存在差异,如有些对象本身的特点就能引起学生的兴趣,但学习过程中更多的认识对象,则是以其结果间接地引起学生的兴趣。因此,教师在教学过程中培养学生的兴趣是引发学生良好注意的重要条件,尤其是要注意培养学生对所学知识的间接兴趣,通过提供成功机会或引发学生的积极情绪体验等,引发学生对所学知识的注意。教师应了解不同年龄阶段个体在不同时期的多种需求,适时满足学生的求知欲与好奇心,"给学生一个理由让他们在教室里坐下去",促进学生有效注意与良好学习效果。

3. 情绪

情绪信息对注意有着特殊的影响,具体表现为,不同的情绪刺激会影响个体产生不同的注意偏向。研究表明,积极情绪能够扩大个体的注意范围,不仅促使个体更多地采取整体性的认知加工策略,还会增加个体的创造性和认知灵活性;负性情绪对注意的影响则与之相反,负性情绪下个体的注意会更为集中,更倾向采取细节性的加工策略,完成任务的正确率更高。因此,在教学设计中,教师应及时把握和调动学生的情绪,使其能够更好地专注于学习任务。

4. 知识经验

知识经验对注意的保持有重要的意义。通常情况下,新异的刺激物更容易引起个体的无意注意,但要长时间地保持这种注意,则需要联系个体已有的知识经验。因为新异刺激物固然能暂时引起个体的不随意注意,但如果个体对它缺乏认识和了解,没有与新异刺激相关的知识经验,则其所引发的注意会很快失效。研究表明,最容易引起个体注意的是那些与个体已有的知识经验间存在一定的联系、但又不是个体能够完全理解的刺激物,为求得进一步的理解,个体就能在该刺激物上保持较长时间的注意。由此可见,教师如果要学生在学习过程中对所学知识保持较长时间的注意力,就需要让学生了解该知识相关的背景性知识,增加其对该知识相关知识经验的储备,从而促进学生注意力的更好集中与长时间保持。

5. 意志力

个体意志品质的好坏对其注意的维持和注意品质也会产生重要影响。一般而言,注意的最大敌人是分心,因此,要使注意长时间保持,就需个体用坚强的意志排除外在干扰的影响。通常对个体的注意力产生干扰的因素是多种多样的,既可能是外在的环境因素,也可能是主体自身的情绪、生理或学习状态。如果教师想让学生在知识学习的过程中具有较好的注意品质,长时间集中注意力在学习的对象上,除采用一定的措施排除外界环境的相关干扰因素外,还需培养学生坚强的意志力,使其具备坚强的意志并能够与干扰做斗争。

6. 睡眠、运动与疲劳

良好的睡眠是保证注意品质的重要条件,长时间处于高度或慢性疲劳状态的个体则很难对事物保持较好注意。研究表明,当学生处于疲劳状态时,其注意范围会缩减,许多平时能够注意的事物会变得不容易被察觉,常表现出注意力不集中、稳定性差、注意力分散等。睡眠和运动是消除身体疲劳的主要方式,当学生睡眠不足时,经常表现为烦躁、激动或精神萎靡,注意力涣散,记忆力减退等,良好的睡眠则有利于缓解大脑疲劳,有益于学生大脑的发育,促进知识的有效存储,有氧运动后大脑的给氧量充足,坚韧力提升,思维的清晰度和敏锐度都获得提高,个体的抗逆力增强,大脑也更活跃。因此,睡眠和运动会有效地提高注意力。

(二)客观因素

1.客观刺激物

课堂中相关刺激物的强度,刺激物与环境的对比关系、运动变化及新异性,都会影响学生的注意力的集中。首先,在一定限度内,刺激物的绝对强度越大,越能够引起个体的注意。如响亮的声音、强烈的光线、刺激性的气味等,更容易引起注意。其次,刺激物在强度、形状、大小、颜色或持续时间上的差异越显著,越容易引起学生的注意。如教师用红色笔批阅学生作业就是利用颜色对比引起学生的更多注意。另外,刺激物的运动变化也会对学生的注意产生影响。研究表明,活动变化的刺激比静止的刺激更能引起学生的注意。最后是刺激物的新异性,个体很少见到或从未见过的对象更容易引起个体的注意,此外,熟悉的对象如果出现了新的变化也容易引起注意。

2.教学的组织

在学生的学习过程中,教师的授课方式、教学内容、学习时间,以及班级气氛等因素,都会影响学生注意的效果。中学生的注意容易受到外界事物的吸引而出现问题,如果在教学过程中教师的授课方式不讲求教学方法的灵活使用和变化,学生的注意力就会出现问题。同样,如果教师对教学的内容不进行深层次的加工和思考,教学内容枯燥乏味,也不能引起学生的注意。心理学研究证明,最能引起注意的是那些使个体既感到有一定熟悉度,但又包含部分新奇或陌生信息的知识内容。因此,教师的教学内容必须与学生已有的知识经验相结合,同时,具有一定的新颖度,才能引起和保持学生的注意。另外,学习时间安排不当、学习时间过长,导致学生休息不足等因素,也会导致学生在学习过程中的注意力无法集中。

3. 无关刺激的干扰

教室周围环境中的噪音、刺激性气味、室内采光、环境布置与空气质量，甚至是教师和同伴的服装、发型特点等无关因素，均会对学生的注意力产生较大影响。因此，教师在教学环境的创设上，应尽力思考减少无关刺激对课堂教学中学生注意力的影响，努力创造良好适宜的教学环境，帮助学生形成较好的注意品质，促进其高效的学习状态。

四、如何培养学生的注意能力

注意是中学生取得良好学习效果的重要条件。在教学过程中，教师应善于组织教学秩序，营造良好的课堂环境，激发学生学习的积极性，有效地控制学生的注意力。具体来说，教师可依据中学生注意的发展特点，在课堂中做好以下三个方面的工作，以达到良好的教学效果。

（一）应用无意注意的规律组织学习

无意注意既可以成为分散学生注意的消极因素，也可能成为促进教学顺利进行的积极因素，关键在于教师能否正确地理解和应用无意注意的规律来组织教学过程。

1. 教学内容要新颖、丰富、难易适中

新颖丰富的教学内容容易引起学生的注意。此外，教学内容难易要适中，内容太难或太简单都不能长时间维持学生的兴趣和注意。研究表明，最能引起学生注意的是，能让学生感到既有一定难度又能通过努力达到目标的学习内容，是能让学生感到熟悉又有些陌生的内容。因此，对学生感到困难的定义、原理等较抽象的学习材料，教师应该辅之更多的感性材料，以帮助学生理解，激起学习的兴趣。

2. 注重教学方法灵活多样性

教师在教学中要采用多样化的教学方法，把授课、提问、演示结合起来，让学生看、听、读、做，动员多种感官参加。研究表明，长时间用同一种方式进行单调地学习，会引起大脑皮质的疲劳，使神经活动的兴奋性降低，难以维持长时间的注意。因此，教师应根据中学生的年龄特点和课程内容的需要采取多样化的教学方法，此外，在课堂上，教师还要注意语言的规范性、生动性、丰富性和抑扬顿挫，以引起学生的兴趣和无意注意。最后，教师在教学中要正确使用教具，利用录音、录像、多媒体等现代化教学手段，丰富教学内容的呈现方式，通过图文并茂、形象逼真的活动画面等，吸引学生的无意

注意,促进学生对学习内容的理解。

3. 减少教学环境分散注意的因素

减少教学环境中的无关因素。也是保证学生良好注意的方式之一。一般来说,教室内的装饰要简洁大方,不要过多的布置和装饰,以免分散学生的注意力。教室内光线要充足,空气清新。教师衣着要朴素大方,换了新衣服或改变了新发型,应提前到教室和学生"亮亮相",这样,等到在课堂上出现时,其新异性就会大大降低,从而避免过多地分散学生的注意力。此外,教室周围的环境应尽量安静,远离闹市区,与音乐练习室、操场等保持一定的距离。

(二)应用有意注意的规律组织教学

学习是有目的、有计划的师生互动过程,要提高学生的学习效率,有意注意发挥着重要作用。当学生需要学习那些自己不感兴趣但又必须学习的知识时,教师是否能够利用有意注意的规律引发和维持学生的有意注意,并有效组织教学活动,就显得尤为重要。

1. 明确学习的目的和任务

在学习活动中,教师应该针对学习内容提出具体的目的和要求,来帮助学生明确学习任务、确立学习目标、端正学习态度,从而进一步要求学生在学习中排除各种干扰。通常情况下,学生对学习内容的目标和要求理解得越清楚、越深刻,就越有助于其有意注意的保持。

2. 培养学习兴趣,激发求知欲

学习兴趣是推动学习行为的一种内在动力,是学习的催化剂。兴趣是最好的老师。首先,激发学习兴趣需要要让学生体验学习过程中点点滴滴的乐趣,以此唤起其积极的学习动机,产生强烈的求知欲,这是把学生注意力集中在学习上的有效手段。此外,教师要充分肯定学生在学习过程中的积极性,定期展示学生的学习成果,及时给予学生反馈,对学生的进步给予奖励等。这些方式能让学生获得积极体验,从而培养其对学习的兴趣,以积极注意的方式参与到学习活动中。

3. 科学组织课堂教学

科学组织课堂教学是保持学生注意力的重要条件。教师要合理安排教学的各个环节,依据学生一节课中不同时间段的注意特点,将教学内容、时间与练习等环节安排紧凑,环环相扣,抓住学生注意的最佳时间安排重点学习内容。据有关研究材料表明,7~10岁儿童连续注意某一事物的时间是

20分钟左右,10~12岁为25分钟左右,12岁以上能达到30分钟左右。因此,在教学中,教师要抓住最佳时间讲解学习内容的重难点。此外,教师需要创设问题情境引发学生积极思考,抓住学生兴趣,巧设富有启发性的问题,使学生能够集中精力去思考并解决问题。最后,教师应将智力活动与实际操作结合起来,有助于学生维持长时间的有意注意。通常,有意注意离不开实际操作,实际操作越具体、越明确、越复杂,越有利于培养学生的有意注意。

> **专栏6-3　举例思考**
>
> 　　今天,陈老师第一次上公开课,她穿着漂亮艳丽的新衣服提前来到教室,用早已准备好的彩色粉笔将黑板边缘装饰画得格外醒目。开始上课了,陈老师显得镇定自如,她首先宣布了期中考试的成绩,并鼓励大家再接再厉。在正式讲课中,陈老师言语平静、流畅,由于准备的内容十分丰富,她便加快了速度,对讲课的内容也不予重复。正当陈老师专心致志地讲课时,偶然发现有个别学生在开小差,她立刻点名批评,制止了这种不良行为,然后继续上课。一节课很快过去了,陈老师从容地走出了教室。
>
> 　　陈老师的整个课堂教学有哪些地方值得欣赏,又有哪些地方不妥,需要在今后的教学工作中努力避免的?
>
> 　　(资料来源:陈威.小学生认知与学习[M].北京:高等教育出版社,2011.)

4. 培养学生学习的意志力

学生学习的意志力与其注意的稳定性,以及学业成绩有着密切关系。研究表明,初中生学习的稳定性与其自控、学习成绩都存在显著正相关(张佳佳,2011)。因此,在教学过程中,教师要逐步培养学生养成克服学习困难的意志力,教育学生做任何事情都必须坚持到底,有始有终。此外,教师对学生的学习要求既要严格也要适当,最合适的要求应是学生力所能及却又不是轻而易举的。这样,学生需要坚定信心,加强意志力,稳定注意力,学习效果才会有明显提升。

(三)善于应用两种注意相互转化的规律

有意注意是获得良好学习效果的重要保证,但高度集中需要消耗大量的体力和脑力,因此不能长时间持续。如果单纯依靠无意注意,又难以指向学习目标,不利于完成困难的学习任务,这就要求教师在课堂上能做到让学生的两种注

第六章 中学生能力与创造性的培养

意相互交替转换,从而保证教学任务的顺利完成。例如,上课之初,学生注意还停留在上一堂课或课间活动上,这就需要教师通过新颖的学习内容吸引学生的有意注意。接着,让学生对新课题、新内容产生兴趣,产生无意注意,随后根据由近及远、由深入浅,由具体到抽象的原则进行教学,让学生掌握教材的重难点。使学生的无意注意转为有意注意,在紧张的有意注意之后,还要重新改变教学方式,如利用有趣的谈话来引起学生的无意注意。总之,有意注意和无意注意有节奏地互相交替,在教师的教和学生的学的过程中发挥着重要作用。

专栏 6-4　原理应用

效率课堂

一节课的时间可分为启动阶段、发展阶段和结束阶段三个部分,学生在这三个阶段时间内注意的特点是不同的。如一堂 40 分钟的课程,刚开始的几分钟为"启动时间",学生注意力在教师指导下逐渐集中,其思维活动变得活跃起来;过了启动时间,学生注意力逐渐变得高度集中,这时,学生的注意力处于最佳状态,教学出现高潮,这段时间称为"黄金时间";临近课堂的最后几分钟,学生注意力开始下降,思维活动水平逐渐降低,为"结束时间"。因此,这就需要教师能够优化时间结构,设法尽量缩短启动时间和结束时间,以相应地延长黄金时间,达到提高课堂效果的目的。

1. 启动时间

教师要适当地增强输入信息的强度,把学生的注意快速吸引到学习的课题上。例如,导入新课,或新颖别致、出奇制胜,或设疑布阵、引起悬念,或巧妙安排、顺势导入,或动之以情、以情感人,或以美激情、扣人心弦。这些都能引起学生的学习兴趣和动机,激发学生的思维活动,以便尽快结束课堂"启动时间"。

2. 黄金时间

由于学生思维高度集中,对于比较抽象的概念、法则、原理等知识能够较好地掌握,教师输入信息的强度可以有所下降,但课堂教学进行到 35 分钟以后,学生大脑可能会疲劳,注意力容易分散,这时,输入信息的强度应根据学生的情况适当加大,以便再次唤起学生的注意力,否则,黄金时间就会过早结束。

3. 结束时间

在课堂的最后几分钟时间里,应提倡学生活动的多样化,通过多种感官参与学习,降低大脑皮层的疲劳程度,提高学习效果,从而延长课堂上的黄金时间。

第三节 中学生记忆能力的培养

一、记忆的概述

记忆(memory)是个体在大脑中积累和保存个体经验的心理过程。感知过的事情、思考过的问题、体验过的情感或从事过的活动,都会在头脑中留下不同程度的印象,其中有一部分作为经验能保留相当长的时间,在一定条件下还能提取,这就是记忆。

记忆作为一种基本的心理过程,与其他心理活动密切相关。在感觉中,记忆原始材料来源于最初的感觉;在知觉中,人的过去经验有重要的作用,没有记忆的参与,人就不能分辨和确认周围的事物;在解决复杂问题时,由记忆提供的知识经验起着更大的作用;此外,记忆在个体的心理发展中也有重要的作用,没有经验的积累,也就没有心理的发展。

二、中学生记忆的特点

中学阶段是个体生理和心理发展的重要时期,通常人的记忆能力在18～35岁之间达到顶峰。而中学阶段正是个体记忆能力快速发展,学习文化知识的黄金时期,此时的中学生记忆发展有如下特点:

(一)有意记忆逐渐占主导地位

从记忆的自觉性看,中学生能够主动选择记忆方法,有意记忆逐渐占主导。与小学时期相比,中学生有意记忆被动成分逐渐减少,主动成分逐渐增多。因为面临着升学压力,为了提高学习效率,中学生必须主动识记一些困难的学习材料,自觉地检查记忆的效果。这时,他们已不再满足完成教师和家长布置的任务,而是慢慢学会了根据不同的教材内容主动给自己规定记忆任务。此外,为了提高记忆效果,中学生还开始探索科学的学习方法,正是这些因素促使中学生有意记忆得到有效发展。虽然中学生的有意记忆占据主导地位,但并不意味着无意记忆没有发展,只是有意记忆相较于无意记忆发展得更快。所以在教学中,教师要学会运用教学艺术,既要把教材组织得能让学生有目的地进行记忆,又要适当地通过无意记忆,让学生记住一些有意义的知识。

(二)意义识记逐渐成为主要的记忆手段

从记忆的水平来看,中学生的意义识记逐渐增强并占据优势。在小学阶段,学生的机械记忆成分占主导;进入初中阶段后,这一趋势开始发生逆转,学生的意义识记成分逐渐占据优势;到高中阶段,学生的意义识记则已占据明显优势。一项研究表明,中学生对于学习内容的意义识记要远多于机械识记,这一方面,是因为教师经常要求学生把学习内容按意义分成不同的段落,还要确定各个段落之间的意义联系,另一方面,是因为学生在学习中必须通过理解来识别和记住一些定理、法则、公式等。所以,中学阶段是从机械识记向意义识记过渡的关键期。教师应当通过各种教学和训练手段,促使学生的机械识记与意义识记得到和谐发展。(韩永昌,2009)

(三)抽象记忆逐渐占据主导地位

从识记的内容上看,中学生记忆内容逐渐由形象记忆为主过渡到以抽象记忆为主。在小学阶段,记忆内容仍以具体形象为主,但其抽象记忆能力已开始萌芽;进入初中阶段,学生对词的抽象识记能力得到了快速发展,对具体形象材料与抽象材料识记能力不断提高,具体表现在他们不仅要从直观、具体的材料中学习知识,而且要大量地掌握各门学科的概念、规则、原理并进行判断、推理和证明;到了高中阶段,中学生的记忆内容则基本上都是抽象材料,但作为理解抽象材料的感性支持,形象记忆在高中阶段仍发挥重要作用。有研究表明,从童年到少年,对具体材料的识记一般从50%增至84%,而对抽象材料的识记则从68%增至192%。因此,在中学阶段,发展学生形象识记和抽象识记能力是教学中的重要任务。(张世富,1997)

三、影响中学生记忆效果的因素

学生的记忆能力与其学习效果存在密切的联系。而良好的记忆效果不仅受到学生自身状态的影响,如个体的记忆目的、态度和情绪状态,同时,也受到学习内容性质的影响。

(一)记忆的目的

记忆的目的对记忆效果的影响显而易见。如果学生能够明确所需学习的内容是回忆还是再认,那么,将会付出相应的努力以达到学习效果。如果只需要对学习材料进行再认,那么,学生只要熟悉记忆材料即可。但是,若需要回忆出所学的材料,这就要求学生对材料进行更深层次的学习和加工,才能达到良好的记忆效果。

（二）记忆时态度和情绪状态

个体的态度是积极主动还是消极被动,对记忆效果也存在显著影响。实际上,缺乏记忆信心的人,如果边记忆边埋怨自己的记忆力差,那么,记忆效果肯定不好,还会引起恶性循环。因此,教师要帮助学生认清自己记忆上的优点和缺点。可通过观察或必要的心理测试,了解学生记忆品质的优劣势,充分发挥学生记忆上的优点,教师可通过不同方式给学生以鼓励和肯定,使其看到自己的记忆成果,从而树立信心。此外,记忆时的情绪状态也是影响记忆效果的一个因素。一般来说,良好的情绪状态,如轻松、愉快、平静,有助于记忆效率,而不良的情绪状态,特别是过分紧张和焦虑,则会降低记忆效果。例如,学生考试时发挥失常,多半受到考前过分焦虑或紧张情绪的影响。

（三）活动任务性质

记忆任务性质对记忆效果的影响也很大。例如,在一个实验中,主试将甲、乙两种难度相当、字数相近的短文写在黑板上,带学生背出后,将两篇文章擦去,然后宣布第二天检查甲文,一周后检查乙文。但实际上,甲、乙两文同时在两周后检查。结果发现,学生对乙文的保持率为80%,而对甲文的保持率为40%,也就是说,只要求临时记住的材料保持时间就短,而要求长时间记住的材料保持的时间就长一些。（韩永昌,2009）

（四）材料的数量、性质

记忆材料数量对记忆效果有重要的影响。一般说来,要达到同样的记忆水平,材料数量越多,需要的平均用时或诵读次数就越多。同时,材料性质对记忆效果也有一定的影响。一般说来,直观形象材料比词语材料更容易记忆,视觉材料比听觉材料容易记忆,有意义材料比无意义材料容易记忆,有韵律的比无韵律的容易记忆。

（五）记忆的策略、方法

记忆的策略、方法,既是完成记忆任务的保证,也是影响记忆效果的重要因素。国内外均有研究证明:运用策略对记忆成绩影响很大,善于运用记忆策略者的记忆成绩,明显比不善于运用策略的要好。此外,使用的记忆策

第六章　中学生能力与创造性的培养

略不同,所达到的效果也是不同的。

> **专栏6-5　拓展阅读**
>
> ### PQ4R策略
>
> PQ4R读书指导法是一种高效、新颖的学习"良方",是一种最有效的能帮助学生理解和记忆的学习技术,由托马斯和罗宾逊(Thomas & Robison)1972年率先提出,并在实践中得到发展和推广。
>
> (1)预览(preview):面对阅读材料,从头到尾快速浏览,对材料的基本组织结构和主题等内容做框架式的大体了解。找出你要读的和学习的信息(这些信息包括内容提要、目录、序言、大小标题、图表、注释等),先粗略地看一遍。
>
> (2)提问(question):阅读时依据内容自我提问,根据标题用"谁""什么""为什么""哪儿""怎样"等疑问词提问。
>
> (3)阅读(read):阅读材料,不要泛泛地做笔记。试图回答自己提出的问题。
>
> (4)思考(reflect):通过以下途径,尝试理解信息并使信息有意义。一是将信息与自身原有知识经验相联系;二是将课本中的副标题和主要概念及原理联系起来;三是消除对呈现信息的分心;四是用这些材料去解决联想到的类似问题。
>
> (5)背诵(recite):通过大声陈述或一问一答等方式,反复练习并记住这些信息。可使用标题、画了线的词和对要点所做的笔记来提问。
>
> (6)复习(review):积极复习材料,主要是通过自我提问复习材料,只有当自己回答不出时,再重新阅读。
>
> PQ4R法可以使学生通过有意义地组织信息、提问、思考和复习而获益。逐步运用这些步骤会助于学生更容易地提取所需信息,也会使他们对信息进行更有效的编码。
>
> (资料来源:张大均.教育心理学[M].2版.北京:人民教育出版社,2003.)

四、如何促进中学生的记忆效果

在中学生记忆发展特点和规律的基础上,为了获得良好的学习效果,就需要学生掌握基本的记忆方法,达到满意的学习效果。

下面将介绍在学习过程中可采取的记忆策略。

(一)复习要及时

及时复习是获得良好记忆效果的有效方法。艾宾浩斯(H. Ebbinghaus)遗忘曲线表明,遗忘的进程不均衡,遗忘的规律是先快后慢,识记后的一小时内,所学内容就会发生大量遗忘,此时新学习的材料在大脑中建立的神经联系还不巩固,记忆痕迹容易衰退,因此,复习必须及时。复习不仅具有强化联系的作用,使即将消失的微弱的痕迹重新强化而变得清晰并在脑海中巩固下来,还具有促进理解的作用,使学习的内容条理化和系统化,将其纳入到长时记忆中已有的知识结构内进行长久保存。

(二)合理分配复习时间与内容

合理分配复习时间与内容,对识记效果有重要的影响。研究表明,在学习同一门课程时,在分散复习和集中复习两种方法所用时间相同的情况下,平时分散复习的记忆效果,远比课程全部结束后再进行集中复习的记忆效果好。分散复习时间间隔的长短,需根据材料的性质、数量,以及已经达到的水平等因素确定。一般来说,开始复习时,时间间隔要短些,以后的时间间隔可以延长。此外,复习时还要注意学习材料的序列位置效应,一方面,要加强材料中间部分的复习,另一方面,需要把材料分成很多小段进行分散复习,以减少序列位置效应中材料中间部分的长度。

(三)试图回忆与反复阅读交替进行

机械重复阅读是可以避免材料遗忘的,但单纯地重复阅读,效果并不理想,应该在识记材料还没有完全记住前就积极试图回忆,以达到良好的记忆效果。通常,对于需要回忆的学习内容,等回忆不起来再回头进行阅读,这样保持的时间长,错误也少。此外,阅读与回忆交替进行,不仅能够提高复习效率,还能提高学习者的积极性,有利于及时发现问题和纠正错误,抓住材料的重点和难点,使复习更具有目的性。

(四)动员多种感官进行多样化的复习

复习并不等于单纯重复,复习方法单调,易使人产生消极情绪且身心疲劳,这时就需要动员多种感官进行多样化的复习,激发学习者智力活动的积极性。有研究表明,让第一组被试只看识记材料,第二组被试只听同一内容,第三组被试既看又听。结果表明,视觉识记组可以记住内容的70%,听觉识记组可记住内容的60%,视听组可记住内容的80.3%。事实也表明,在学习时,眼看、耳听、口说、手写同时发挥作用,其记忆效果大大优于单一感官的识记效果,同时,还能避免长时间使用大脑的同一部位,而导致大脑皮层的兴奋性降低。

(五)运用恰当的记忆方法

使用恰当的记忆方法有利于记忆效果的提高。在生活和学习中,教师应该鼓励学生灵活运用记忆分类、图表记忆、编写提纲、做笔记,以及卡片记忆方法等增强记忆效果。此外,教师还可以训练学生掌握一些促进记忆的精加工策略,如位置记忆法、谐音字法和表象法等。

(六)补充合适的学习操作活动

操作活动对获得良好的记忆也有一定帮助。苏联心理学家查包洛赛兹和西拉科延所做的实验很好地证实了这一点。实验中将被试分成两组,第一组的任务是画一个装配好的圆规,第二组是把同样的拆散了的圆规组装起来。任务完成后,让两组被试尽量准确地画出他们所用的圆规。结果第二组要比第一组更准确。这是因为需要识记的内容直接成为活动的对象,学生能够更好地定向、清晰地感知、深刻地理解学习材料。因此,在教学过程中,教师可针对相应的教学材料多补充些操作活动,如要求学生做些模型、小实验、进行模拟等活动,这些操作活动不仅能够激发学习的兴趣,还有利于原有知识的巩固。

专栏6-6　原理应用

1. 归类记忆法

归类记忆法是指把学习的内容按事物的外部特征或按事物的内在联系进行分类,有的分类可以连续不断地分下去,形成网络。当遇到某一类目下的具体内容,即可由类目和网络推得。

如中学的语文学习中,学生初读《红楼梦》,对里面的人物之间的关系实在记不清楚。记不清楚会影响对于书的理解。如果将其归一下类:名字中有带文字旁的字,如贾政、贾赦、贾敬,都是父辈;带王字旁的是子辈,如贾琏、贾珍、贾环等;而带草字头的就是孙辈,如贾蔷、贾兰、贾蓉等。这样记着"文、王、艹",这父、子、孙三辈就不会搞得混淆了。

2. 口诀记忆法

口诀记忆法指把记忆材料编成口诀或合辙押韵的句子来提高记忆效果的方法。这种方法可以缩小记忆材料的绝对数量,把记忆材料

> 分成组块来记忆,加大信息浓度,增强趣味性,不但可减轻大脑负担,而且记得牢,避免遗漏。
>
> 例如,我国的二十四节气歌,在劳动人民中间世代相传,且有强大的生命力:
>
> 春雨惊春清谷天,夏满芒夏暑相连;秋处露秋寒霜降,冬雪雪冬大小寒。上半年来六廿一,下半年是八廿三;每月两节日期定,最多相差一两天。

第四节 中学生思维与想象能力的培养

一、思维概述

思维(thinking)是借助语言、表象或动作实现的,对客观现实概括和间接的认识,是认识的高级形式。它能够揭示事物的本质特征和内部联系,并主要表现在概念形成和问题解决的活动中。思维虽然不同于感觉、知觉和记忆,但是与感知觉,以及记忆之间存在着密切联系。个体在大量感性信息基础上,以及记忆的参与下,才能进行一系列的思维活动,形成对事物的推理,做出种种假设,并检验这些假设,进而揭示感觉、知觉、记忆所不能揭示的事物的内在联系和规律。

思维具有间接性和概括性两个基本特征。间接性是指思维能对感官所不能直接把握的或不在眼前的事物,借助于某些媒介物与头脑加工来进行反映;而概括性是指在大量感性材料的基础上,把一类事物共同的特征和规律抽取出来,加以概括。思维是通过一系列比较复杂的操作加以实现的。人们在头脑中运用存储在长时记忆中的知识经验,对外界输入的信息进行分析、综合、比较、抽象和概括的过程,就是思维过程。

二、想象概述

想象(imagination)是个体对头脑中已有的表象进行加工改造,形成新的形象的过程,是一种高级的认知活动。活动涉及对想象的加工材料——表象的理解,通常将表象理解为对当前不存在的物体或事件的一种认知表征,具有鲜明的形象性。而想象正是以表象为原材料基础上进行加工改造的过程,因而想象具有新颖性和形象性两个基本特点。形象性是指想象主要依靠的是图形信息,而不是词或符号,而新颖性则指想象不仅可以创造人们未曾知觉过的

第六章 中学生能力与创造性的培养

事物的形象,还可以创造现实生活中不存在的或不可能有的形象。

三、中学生思维和想象的发展特点

思维是智力的核心,青少年智力的发展主要体现在其思维能力的发展上。中学生阶段思维发展的基本模式由形象思维、抽象思维过渡到辩证思维,主要特点是思维逐步符号化。思维的抽象逻辑性迅速发展,能运用假设检验和逻辑规则进行思考,不再借助于具体的事件;创造性和批判性日益明显,思维的反省性和监控性明显提高,辩证思维能力增强,看问题不再那么绝对化;思维的片面性和表面性,表现在分析问题时极易钻牛角尖,易只见树木不见森林,不能从更宏观的或整体的层面考虑问题。

(一)中学生思维的发展特点

1. 思维的抽象逻辑性迅速发展

抽象逻辑思维是一种假设的、形式的、反省的思维。在中学阶段,个体的逻辑思维得到迅速发展,主要体现在以下几个方面。

(1) 运用假设。进入形式运算阶段,中学生的思维运算具有了"可能性"和"现实性"之间的逆向思维,他们已经能够运用假设对每一种可能都进行验证。事实和研究均表明,初中生在面临智力问题时,并不是直接去抓结论,而是通过挖掘出隐含在问题材料情境中的各种可能性,再用逻辑分析和实验证明的方法,对每一种可能性予以验证,最后确定哪一种可能性是事实。正是由于初中生已具有了这种建立假设及检验假设的能力,才使得他们的思维相对于童年期更具深度、广度、精确性和灵活性。进入高中阶段,中学生在思维中运用假设的能力进一步增强,而假设和概念的运用又使得其思维更具有预见性,增强了对思维活动的自我调节。此外,高中生思维活动的自我意识或监控能力更加明显化,这又使得思维活动具有内省性。

(2) 逻辑推理。中学生抽象逻辑性的发展还体现在其逻辑推理方面。在一项关于中学生思维发展的研究中,调查者对初一、初三和高二的被试呈现25道关于"推理发展水平"及"推理运用水平"的测试题,考察其逻辑推理能力,结果发现初中一年学生已具备了各种推理能力,但是年级间在推理发展水平和推理运用水平上具有明显差异。需注意的是,初一虽然已经开始具备各种推理能力,但只是初步的发展,特别是在假言、选言、复合、连锁等演绎推理方面的能力还比较差。到了初三时已经有了明显的进步,上述几项演绎推理的正确率已超过50%。总体来说,中学生逻辑推理能力的发展是不平衡的,归纳推理的能力高于演绎推理的能力。虽然这两种推理的水平都随着年级的升高而提高,但相较于初中生,高中生的演绎推理发展速度更快,其中直言推理成熟最早,假言、选言和复合推理成熟较晚,连锁推理成熟最晚。此外,高中生推理能力发展的个别差异有增大的趋势,这种趋势在连锁推理能力和推理应用能力方面表现更为明显。

(3)逻辑法则。中学生思维能力的发展也表现在逻辑法则的掌握和运用上。初中生对各类逻辑法则的掌握,主要表现在对矛盾律、排中律和同一律的认识上。国内研究表明,在掌握以上三类逻辑法则的总平均得分的正确率上,初一被试为68.26%,初三被试为72.78%。另外,掌握不同逻辑法则的能力也存在着不平衡性,在三类逻辑法则中,对矛盾律和同一律的得分明显高于在排中律上的得分;此外,对逻辑法则运用的水平也不一样,在正误判断问题上的成绩最高,在多重选择问题上的成绩次之,最差的是问答题的成绩。进入高中以后,中学生不同逻辑法则的能力和应用水平的不平衡性仍然存在:高二学生在运用逻辑法则进行正误判断方面的正确率高达85.09%;在多重选择方面,正确率71.66%;在问答题方面,正确率只有57.50%。

2. 创造性和批判性日益明显

中学生思维的创造性和批判性不断发展。在生活、学习中,他们往往表现出强烈的求知欲和探索精神,在许多方面都表现出强烈的创造欲望。例如,中学生迷恋各种富有创造性的科技制作活动,在解题的过程中,不满足于一种方法,竭力寻求不同的方法,试图做到举一反三、一题多解、触类旁通。在中学生创造性思维发展的同时,其思维的批判性也明显地发展起来。一方面,表现在其不愿轻易地接受别人的看法,对别人的思想、态度及意见,经常要做一番审查,甚至有时持过分怀疑和批评的态度;另一方面,表现在他们开始严肃认真地对待自己的思想和主张,能够有意识地调节、支配、检查和论证自己的思想;最后,还表现在对世界宇宙的看法上,开始热衷于探讨那些极为深奥而神秘的问题,显露出一种不愿盲目生存人生态度的萌芽。

3. 片面性和表面性依然存在

初中生思维的片面性主要表现在思想的偏激与极端,不能全面、辩证地分析和解决问题。这种思想的片面性,首先,反映在他们对人、对事的态度上,如狂热的明星崇拜;其次,思维的片面性表现在分析问题时极易钻牛角

第六章 中学生能力与创造性的培养

尖,经常陷入思维死潭而不能自拔;最后,是表现在初中生的日常学业活动中,表现出较高创造力的同时,又暴露出思维缺乏严谨的逻辑性及全面性,所以,对问题的处理结果虽常常很有新意,但并不准确。

中学生思维的表面性主要表现在分析问题时,经常被事物的个别特征或外部特征所困扰,难以深入事物本质。例如,陈英和(1992)在一个关于青少年获得几何概念的实验中发现,在初中被试所归纳的各种几何概念的性质中,一般都能归纳出某几何概念的较为明显而重要的性质,但也容易遗漏一些隐蔽的、但却是事物本质内涵的特征。他们在对某种社会现象或某种道德行为进行评价时,往往也易使之表面化。

(二)中学生想象的发展特点

中学生的想象是从童年期发展而来的,但是,相较童年,中学生的想象力更具有抽象化和内向性,总体来说,中学生的想象力拥有以下几个方面的特点:

1. 有意想象逐渐占据主要地位

随着思维和认知的发展,中学生想象的有意性迅速加强。初中生能较好地围绕主题进行想象,同时,排除其他因素的干扰,但其想象仍具有一定被动性,不善于主动地提出想象任务。而高中生不仅能迅速地完成内容较为复杂的想象任务,而且能主动提出想象任务。

2. 创造想象日益占据优势地位

随着逻辑思维和形象思维的进一步增强,中学生想象中的创造性成分越来越多,想象更加奇特丰富。中学生能够成功进行创造、发明的人数显著地超过小学生。值得指出的是,中学生的想象创造性在普遍提高的同时,其创造性水平也出现较大的分化趋势,体现在有些中学生想象的创造性发展较快、水平较高,而有些中学生想象的创造性发展,则较为缓慢、水平较低。

3. 想象趋于现实化

随着年龄的增加、社会阅历的丰富,中学生的想象由具体虚构向抽象现实发展。中学低年级学生的具体形象想象较多,中年级学生的综合形象想象较多,概括性想象则在中学高年级中较多。此外,中学生能够主动抑制那些不符合现实的想象,其想象中虚构的成分逐渐减少,由于生活经验的积累,特别是科学知识的积累,青少年能够较好地区分现实和虚构,这在中学生的阅读兴趣方面表现得十分明显,中学生对童话故事的兴趣大大降低,更喜欢富于现实性的文艺作品,如描写生活的作品等。

> **专栏6-8　拓展阅读**
>
> 思维的种类
>
> 　　依据不同划分标准,思维可以划分为不同的种类。
>
> 　　1. 发散思维和聚合思维
>
> 　　发散思维可以使人的思维活跃,提出各种各样的待选方案,特别是它能够打破思维定式,促进新的问题表征方式的形成,从而提出独特的见解;聚合思维是指人们解决问题的思路朝着一个方向聚敛前进,从而形成唯一的、确定的答案。然而,如果个体只是停留在发散思维阶段,就会让人犹豫不决,不易抓住问题的本质和关键,达不到创造的目的,所以,还需要聚合思维。
>
> 　　2. 横向思维和纵向思维
>
> 　　根据思维进行的方向可以将思维划分为横向思维和纵向思维两种。所谓横向思维,指突破问题的结构范围,从其他领域(或科学)的事物、事实、知识中得到启示而产生新设想的思维方式,它不一定是有顺序的,同时,也不能预测,不受范式的约束;所谓纵向思维,是指在一种结构范围内,按照有顺序、可预测、程式化的方向进行的思维方式。
>
> 　　3. 逆向思维和正向思维
>
> 　　逆向思维是与正向思维相对而言的。所谓逆向思维,是与一般的正向思维相反,它要求在思维活动时,从相反方向去观察和思考,避免单一正向思维和单向度的认识过程的机械性,这样,往往独具一格,常常会有创造性的发现,取得突破性的成果。科学上的许多发明都离不开逆向思维,如物理教学中经典的案例,电与磁的关系,当学生已经能够掌握电,会产生磁的概念,老师就可以启发学生进行逆向思考:磁是否会产生电呢? 由此引入"发电机"这个概念。由此可以培养学生进行逆向思考的习惯。同时,逆向思维与正向思维又是密不可分的。
>
> 　　学习提示:将训练中学生发散思维的方法及时运用到日常学习和生活实践中。

四、中学生思维和想象能力的培养

　　中学生思维和想象能力在其身心发展的基础上得以发展,在学校教育、教学

▶▶▶ 第六章 中学生能力与创造性的培养

和社会影响下,不断地发展和提高。因此,在教学活动中,教师应结合中学生思维和想象能力发展的特点,采用合适的方法促进其思维和想象能力的发展。

（一）中学生问题解决能力的培养

中学生思维的发展主要体现在问题解决的过程中。问题解决是思维活动的普遍形式。现代心理学研究表明,学生问题解决能力的培养,必须立足于日常的学科教学。因此,问题导向式教学模式成为教师培养学生问题解决能力的首选。所谓问题导向式教学模式(teaching through problem solving model)是指教师运用系统化的步骤,指导学生发现问题、思考问题,并循序渐进地解决问题,以增进学生知识,充实生活经验,并培养思考及解决问题能力的教学方法。

1. 问题导向式教学模式的教学设计

问题导向式教学模式,旨在激发学生将高级思维能力运用于问题解决当中。教师在课堂教学中采用问题导向式教学模式,旨在将教材中的基本概念、规则与原理等知识转化为各类问题,指导学生通过问题解决的过程获得知识。

因此,在基于问题教学模式的教学设计中,应主要包括以下两个方面:

一是界定教学目标。问题导向式教学的主要特征在于学生组成学习小组,研究和解决生活问题,教师必须通过适当的教学目标来设计各种问题情境。问题导向式教学模式的设计必须首先清楚有待解决的问题。问题情境的设计可以由教师针对日常学习者进行问题分析,并确定学习目标与教学预期要达到的目标。教师在特定的教学中,应将教学目标和教学策略做紧密的结合,以真实生活情境设计问题,并引导学生在真实生活情境中解决问题,最终达到教学目标。

二是设计适当的问题情境。在确立了教学目标之后,教师应当针对教学目标设计适当的问题情境。通常适当的问题情境应当符合以下要求:一是问题情境必须与真实的情境相吻合,问题应当设计在学生真实的生活经验当中;二是问题情境应当足以使学生产生困惑,激发学生的学习动机;三是问题应当是有意义的,问题的难度应当与学生的认知发展水平相符合;四是问题情境的设置必须与教学目标高度相关;五是好的问题设计必须能够让学生在解决问题的过程中受益。

2. 问题导向式教学模式的实施步骤

一是提出问题。问题导向式教学模式重点在于教师从日常生活中发现可供教学使用的问题,以此激发学生的学习兴趣,引起学生主动探索以及解决问题的动机。教师在提出问题时,应当了解课程与教学所达到的目标是引导学生解决问题,并最终成为一位独立学习的学习者。此外,教师应当让学生了解到,研究问题通常是没有绝对的正确答案,大部分问题的解决是相对的,这些问题都有多种解决方法。教师在分析课程与教学时,学生可以自由开放地表达自己的意见,对研究问题提出自己的想法。

二是组织学生学习。这时,教师可以引导学生建立学习小组,制定各小组的合作计划以及学习方案,最后是小组内合作学习和独立学习相结合。

三是产品展示。教师在组织学生学习之后,接下来的步骤是帮助学生对自己的产品进行展示。通过产品展示,可以展现问题的独特性,了解产品的制作水准,展现学生的能力等。通过指导学生展示自己的产品,教师还要引导学生互为评鉴,透过相互回馈提高学习的水平。

四是问题解决过程的分析与评价。教师通过对学生解决问题的过程进行分析,理清存在的问题,发现学生独特的思维方式,最终可以帮助学生形成符合自己特点的思维风格。

专栏6-8 拓展阅读

问题导向式教学模式

任务:性别和遗传的关系。

目标:

(1)概述人类性别决定过程。

(2)总结出遗传的概念和特点。

过程:

(1)通过学生对遗传的分析,使学生能从现象入手,提高综合分析能力,使其获得研究生物学问题的方法。

(2)通过遗传图解的绘制,培养学生规范书写遗传图谱的能力。

具体步骤:

1. 提出问题

背景资料一则:在某山区,有一个妇女连续生了四个女孩,由于当地的传统还是很重男轻女,所以,周围邻居,甚至是婆婆和自己的丈夫都很瞧不起自己,自己也认为生不了儿子就很没用,便选择了自杀。

问题1:该妇女的命运非常的不幸,但是,生男孩还是女孩真的是由母亲所决定的吗?

问题2:男女的染色体有什么样的区别?性别是由什么所决定的?

2. 小组讨论

活动材料:高中生物教材第X章;课外读物《遗传和基因》;相关视频类材料。

活动过程:首先是小组建立,然后引导每个小组针对"性别和遗传"主题制订学习计划,之后各小组成员依据教材和课外资料进行学习。整个过程中,小组合作学习和独立学习相结合。最后,小组进行讨论和总结,找出解决问题的途径。

3. 产品展示

活动过程:有关"性别和遗传"的读书笔记,以及小组观点的思维导图展示。引导学生对收集到的信息进行归纳、整理。就"生女孩是由母亲决定的吗?"这个问题形成结论,并由小组的代表上台进行发言,每个小组互相评论,再由教师进行点评。

4. 问题解决过程的分析与评价

活动过程:教师依据对问题解决的过程进行分析,发现存在的问题和学生独特的思维方式。

以上是基于高中生物问题导向式教学案例,通过设置问题情境,引发学生对问题进行思考,基于小组合作和个人独立学习的基础,锻炼了学生信息搜集、分析和总结能力,促进学生对问题的理解,激发了学生的学习兴趣。

(二)中学生想象能力的培养

1. 开放式想象训练

开放式想象是以感知事物与学生记忆中的表象进行比较。例如,著名长篇小说《边城》的结局是开放式的,教师就可要求学生结合自身对小说情节以及人物角色性格特征的理解想象故事的结局,想象的结果越多越好,越生动形象越好,在促进学生对故事理解的同时,也训练了他们的想象能力。

2. 多项递层式想象训练

多项递层式想象通过训练学生对感知到的事物的联想能力,来发展其想象力,由所感知到的事件甲再联想到另一个事件乙,再由乙联想到丙,依次联想下去。如,训练学生对梅花的想象,学生由此想象到是冬天和寒冷,并由此想象到梅花傲雪绽放的风姿,再由此想象到其不畏困难的高贵品质。

3. 象征想象训练

象征想象训练是通过寻找物与人的相似之处来提高学生的想象能力。在教学中,教师可以训练学生根据已感知到的事物的特征,想象与此相似的人,如在中学的语文教学中,像《白杨礼赞》《爱莲说》等这些以物喻人的文章,都可以用来训练学生的想象力。

4. 概括式想象训练

这种想象训练的特点是集中某些事物的特点加以改造并重新组合,形成新事物。如现代家庭家具组合柜,就是集中了箱、柜、架等家具的特点和用途而创造的更符合大众需求的新家具。在教学中,教师可以要求学生对一系列事物先进行感知和观察,说明事物的特征和功能,然后,再由学生根据自己的目的对想要发明的东西进行想象,这既可以锻炼学生的感知观察能力,也可以充分训练其想象力。

5. 假设想象训练

这种想象能力训练方法,在教学中可由教师提出想象的题目,然后再由学生结合自身的经历自由地畅想。例如,题目可以是:"假如我是一名教师""假如地球是方的""假如人体特异功能之谜被揭开"等。以此激发学生的想象力,让学生运用、调动已有知识、记忆表象进行创造性构想,引起学生探究事物、思考问题的兴趣,从而提高想象能力。

第五节　中学生创造力的培养

一、创造力概述

不同学者对创造力的定义不同。如林崇德(2009)将创造力定义为:"根据一定目的,运用一切已知信息,产生出某种新颖、独特、有社会意义或个人价值的产品的智力品质。"彭聃龄(1988)则认为,"创造或创造活动是提供新颖的、首创的、具有社会意义的产物的活动"。从以上学者们对创造力的定义可以总结出:创造力不仅是智力活动的一种表现,也是个体通过一定的智力活动,在现有知识和经验的基础上,通过重新组合和独特加工,在头脑中

第六章 中学生能力与创造性的培养

形成新产品的形象,并通过一定的行动使之成为新产品的能力。

综上,创造力(creativity)既是一种能力又是一种产品。作为产品,它具有社会性的特征,需要受到他人的评价、得到社会的承认。创造力又是一种能力,是一种心理特点,可以在没有外显创造产品的情况下真实地存在,所以,创造力又可表现为显性和隐性。对中学生来说,其创造力更多地表现为隐性的创造力。一般来说,他们不可能有太多的创造性产品出现,因此,采用创造性产品对中学生的创造力进行评价,是不合适的。基于以上原因,我们将中学生的创造力定义为中学生进行创造性活动的能力。

研究者普遍认为,创造力有两种重要成分,即创造性思维和创造性个性。创造性思维指个体在强烈的创新意识的驱使下,通过综合运用各种思维方式,对头脑中的知识、信息进行新的思维加工组合,形成新思想、新观点、新理论的思维过程,具有独创性、多向性、综合性、联动性和跨越性五个方面的特点。(陶国富,2002)创造性个性也是创造力的重要组成部分。创造力作为一种能力,是个性结构中的一种重要组成部分,总是与个性的其他成分有着复杂的联系,其发展必然在一定程度上受到其他个性特征的制约,这些个性特征是促进创造性发展的特殊的必要而充分的条件。

二、中学生创造力发展的特点

大量研究表明,儿童创造力发展的总趋势随年龄的增长不断上升,但其中有起有落、有快有慢。国外研究认为,青少年创造力、创造性想象的发展,在初一、初二年级处于下降期,此后一直稳步发展到高中毕业,高中结束时又有一个稍小的低落期,即在中学阶段有两个低落期:13岁和17岁左右。Piers等人研究分析后指出:青少年的创造力是随着年龄增长而逐渐提高的。但是,后来也有研究支持了Torrance的观点,尽管初一、初二年级学生的创造性想象的发展呈现上升趋势,但是,青少年创造力发展的确是有起伏、有波动的。Yamamoto等人关于中学生写作的研究表明,青少年写作方面的创造性在初一至初二有所下降,之后一直到高中毕业都处于上升趋势。

我国也有许多的研究者对中学生创造力发展特点进行了研究。张德琇(1990)认为,中学生的创造力随年级升高而增强;中学生创造力的形式日益完整,初一、初二学生的聚合思维优于发散思维,而从初三开始,发散思维的发展速度明显加快,并超过聚合思维。在高中阶段,出现了以发散思维为主要形式,聚合思维与发散思维协同发展的新阶段。另有研究者发现,中学生创造性思维水平总的趋势是先快后慢地向前发展。从初一到初二明显上升,初二到高一略有下降,高一到高二快速回升,高三略有回落。此外,有研究者采用自编的创造力量表发现,初中生在批判性思维能力上明显高于高中生,而在创造性想象等方面则和高中生没有显著的差异。此外,许多学者对中学阶段创造力的性别差异也进行了一定的研究,但是,没有获得一致性的结论。一些研究支持男生在创造性思维的某一方面或诸多层面优于女生(Hussain & Shamshed,1988),但也有研究认为,创造力不存在男女差异。目前,许多研究在对创造力的男女差异进行比较时,比较笼统,跨文化研究较少,对中学生创造力的性别差异方面还需要进一步的研究和探讨。

三、中学生创造力的影响因素

创造力对中学生的生活和学习发挥着重要作用,由于创造力本身的复杂性,涉及多个方面的内容,因此,影响中学生创造力发展的因素也复杂多样。

(一)智力因素

创造力不等于智力,但创造力以一定的智力发展为前提,智力发展水平是创造性的必要条件。创造力是智力发展的结果,但智力水平高低又不等于创造性的高低,智商高的人可能具有不同的创造性。高创造性,除了受智力因素的影响外,还受制于非智力的人格和环境教育等方面因素的影响。

(二)知识经验

创造是原有知识经验的重新组合,个体原有的知识经验是创造的基础,是创造性思维加工的原料,没有足够的信息储备,就难以进行创新活动。因此,广泛继承前人的知识经验,逐渐积累个体的经验财富,是创造力活动的基础。知识经验的多少与创造性呈正相关,多学科知识的综合有利于创造。但是,知识经验不等于创造力,它只是创造力的基础。过于相信知识经验和教条,反倒会削弱创造力。"定式"现象恰好能说明这一问题,它体现了人们受已有知识经验的影响形成了一种僵化思维趋向,妨碍了问题解决和创造力的发挥。

(三)智力风格

智力风格对创造力的发展也起着重要作用。虽然智力风格本身并不是一种能力,而是运用能力去完成任务的方式的倾向性,但是,这种完成任务的倾向性,包括了个体如何创造性地处理问题的能力。这是创造力的本质部分。有研究表明,全局型智力风格的个体往往拥有卓越的创造水平,但

第六章　中学生能力与创造性的培养

是,并不意味着局部型智力风格的个体就没有创造力,这取决于任务的性质和任务运作时的策略,因此,在两种认知风格之间的灵活转换,能有效地促进创造力的提升。

(四)人格因素

创造力是人格结构的重要组成部分,必然受到人格结构中其他成分的影响和制约。国内的现有理论认为,创造力高的人一般具有以下一些人格特点:①有较强的成就动机和强烈的社会责任感;②有良好的自我概念和自我意识,有独立的人格特点;③在生活中敢于冒险,勇于正视生活中所存在的问题;④对生活有热情、兴趣广泛、好奇心强、具有幽默感;⑤有良好的性格特征和坚强的意志品质;⑥有较强的记忆力和敏锐的洞察力;⑦拥有丰富的知识经验;⑧具有良好的发散思维和聚合思维能力;⑨喜欢在实践中探索、勤于动脑;⑩知道一些从事创造性活动的技巧和方法。

美国心理学家梅克凯南研究发现,创造力较高的人具有独特的个性、不平凡的志趣,以及独特的、新颖的和欣赏的等自由表现的特征;创造力弱的人则一般有社会认可的良好品质,如诚恳、合理、实际,以及责任感和对人友善的态度。美国心理学家威廉斯认为,高创造性的人具有丰富的想象力、充分的好奇心、强烈的挑战性和高度的冒险性这四种主要的人格特征。

(五)动机因素

动机是创造力的驱动力。智力、知识、适当的智力风格与人格特质是有利于创造的,但创造性活动的进行离不开其背后的动机。内部动机能使个体把注意力集中于任务本身,而外部动机则使个体专注于任务的目标。总体来说,个体的内部动机有利于创造性活动,而外部动机则不利于创造力的发挥。但这一原则是相对的,Crutchfield. R 曾指出:"内部驱动者(比如,自我表达欲)动机如果太强烈反而不利于创造力的产生。"因此,对于如何激发和引导内外动机,对创造力的发挥十分重要。

(六)环境因素

任何创造性活动都与环境密切相关,学生创造力的培养受到社会、学校和家庭等环境因素的很大影响。首先,家庭气氛和管教方式是影响个体创造力的重要因素。成长于要求严格的专制家庭中的儿童,创造性较差;而成长于尊重孩子意见和个性的民主家庭的孩子,创造性较好。其次,学校教育方式和文化机制是影响个体创造力的又一重要因素。学校教育过分重视纪律和规范,学习中过分强调答案的准确和标准,不允许学生进行自由地发挥,禁锢了学生创造力的发展。美国心理学家奥斯本发现,那些小时候在农村长大的孩子比在城市长大的孩子有更多机会成为创造性杰出天才。

以上创造力的六大影响因素不能孤立简单地看待。不同领域对各个因素的理想状态所要求的强度是不一致的。比如,敢于冒险这一人格特质在有的领域比在另外的领域更有影响力。某个影响因素的增强并不能补偿另外的影响因素。尽管高的动机因素能补偿环境因素的不足,但是,智力加工的水平并不能补偿冒险或严格遵循社会规范等这些因素。某个因素水平的上升并不必然导致创造力水平的上升。相反,人格与智力风格的极端化是不利于创造的。最后,每个人的创造力水平都是这六个因素不同方面的不同水平的结合。

四、培养中学生创造力的策略

创造力是每个学生都应具备的一种普遍特质,受到环境和个体自身个性特征的综合影响。因此,在学校教育实践中,需要采取适当的策略来培养学生的创造力。虽然并不是每个学生都能够成为非凡的创造者,但教师完全可以使每个学生在原有心理水平的基础上充分发挥其创造才能。

那么,究竟应该如何培养学生的创造能力呢?

(一)发散思维的培养

发散性思维是创造性思维的重要成分。根据吉尔福特(J. P. Guilford)的观点,发散性思维具有三个特征:流畅性、变通性和独特性。流畅性指智力活动畅通无阻,灵敏迅速,能在短时间内表达较多的概念;变通性指思考能随机应变,触类旁通,不局限于某一方面,因而能产生超常的构思,提出不同习俗的新观念。独特性指用前所未有的新角度、新观点去认识事物、反映事物,对事物表现出超乎寻常的独特见解。

培养学生的创造力,可以从培养其发散性思维入手,培养其流畅性、变通性和独特性。要培养这三种特性,需要给学生提供发散性思维的训练机会,安排一些能进行学生发散思维的环境,逐渐培养学生从多方位、多角度认识事物、解决问题的习惯。在这方面,可以借鉴奥斯本发明的"开窍反应"法。"开窍反应"法是一种班级集体讨论方式,它不集中于单一的"正确答案",而是鼓励学生以问题为出发点,去寻找尽可能多的解答和答案。我国数学教学中的"一题多解",作文教学中的"一事多写"(对同一事物用不同体裁作文),都与此类似。

(二)逻辑思维能力的培养

逻辑思维能力是中学生创造力的基础。因此,对其逻辑能力的培养具有重要意义。在创造性活动中,中学生需要依靠直觉思维,提出大胆猜想、假设,对于这些假设能否成立,还须运用逻辑思维进行周密论证。因此,在教学活动训练学生的逻辑思维,有助于提高其创造力。

(三)创设适当的问题情境

创设适当的问题情境是培养学生创造力的重要条件。在日常教学中教师可以运用设问、提问、作业、实验等方式创设一定的问题情境,来调动学生思维活动的积极性和主动性。但是,教师究竟提出什么样的问题,才能唤起学生的求知欲,促进学生创造力的发展呢?心理研究发现,关键在于从问题的刺激情境到问题解决的过程,这个"解答距"的确定是否适当。"解答距"的实质就是教师所提出的问题和学生对这个问题的认识、解决问题之间的差距、矛盾或不平衡性。学生开动脑筋解决问题的过程,也就是缩短差距、解决问题的过程。一般说来,教师应提出难度适中的、使学生经过努力可以解决的问题。

(四)启发学生主动质疑问难

所谓"质疑问难",就是要勇于提出疑问,并为解疑而敢于攻关。现在的中学生,生活在一个空前丰富的大千世界里,接受的新异事物层出不穷。因此,培养主动质疑的品质对于其知识的掌握,以及创造力的培养具有重要意义。首先,教师应鼓励他们大胆质疑、勇于发问。对他们的问题,教师要耐心予以解释,鼓励其去继续探索研究。其次,要引导学生提出疑问,包括无意的提问和有意的提问。无意的即见什么问什么,这在中学生当中较为多见。有意的即为解决某一方面的问题去设疑解疑。教师可引导学生从无意设疑向有意设疑发展,将疑问与创造有机地结合起来。最后,教师还可以从实际出发和学生一起设疑,创设问题的情境,引导学生逐步探索,从而提高学生的创造能力。

专栏6-7　拓展阅读

发散思维训练方式

活动材料:

(1)用六根火柴棍摆出四个大小相同的四边形。

(2)保持笔尖不离开纸面,画出一条线使其穿过右侧图形的九个点。

中学生认知与学习 ◀◀◀

解题提示：每个问题都有三种以上答案。

活动要求：通过进行转换思维的训练，打破学生原有的思维樊篱，促使其尝试新的思考方式，从多个角度和其他支点出发想问题，从而培养其创新能力。

（五）引导学生积极发现和解决问题

创造力的发展依赖于中学生的知识视野、思维方式，以及实践活动等，所以，必须从教学的指导思想、教学内容、教学方法和教学体系等方面进行一系列的改革以培养学生的创造力。当前的信息传递从内容到方法日益丰富多彩，而教科书在丰富性、新颖性、趣味性和实践性等方面的局限性日益显露。所以，从培养学生创造力的角度来看，第一课堂的教学仅是一个方面，可适当开辟第二课堂，通过各种学科小组的科技活动，注意引导学生从多角度观察问题、探索问题、发现问题和解决问题，这对培养学生的创造力来说，非常重要。

（六）鼓励学生敢于突破传统思维

创造力的培养还需要鼓励学生敢于突破传统思维。传统教学禁止学生猜想，这是不利于学生创造力的发展的。从第一课堂到第二课堂，在各种创造性活动中，学生所面临的是没有现成答案，也没有旧例可循的一些新问题，要解决这些问题，只有两条途径：一是依靠不断尝试，探究解决问题的有效办法，找到最优方案；二是依靠猜想，判断思考方向，提出可能性较大的假设，然后加以检验。

■ 内容要点

1. 中学生的感知觉能力在生理成熟，以及社会影响下呈快速发展趋势。在这个时期，中学生感知觉能力的有意性、持久性、精确性，以及概括性，较小学期间有了显著的提升。这一过程是社会影响和个体生理成熟所共同决定的。在平时的生活和学习中，可以采取有效的训练策略来促进其感知能力的发展。

第六章 中学生能力与创造性的培养

2. 中学生注意能力的发展与学习效果联系十分密切。这个时期中学生的有意注意迅速发展，注意的品质也得到了全面提升，表现在广度扩大，稳定性提升，分配灵活，以及转移能力的提升。影响中学生的注意因素可以分为主观因素和客观因素，主观因素包括中学生自身兴趣、爱好、情绪，以及意志力等，而客观因素主要为客观刺激物、教学的组织及学习过程中的无关刺激等。另外，在掌握中学生注意能力发展特点的基础上，还需理解如何应用相应的训练策略，提高学生的注意感知能力和学习效果。

3. 中学生的记忆能力有了显著发展。这个时期，中学生能够主动选择记忆方法，有意记忆占据主导地位，并且成为主要的记忆手段。另外，抽象记忆迅速发展，表明中学生的记忆能力上了一个新台阶。影响记忆的因素主要可以分为记忆的目的、个体记忆时的态度和情绪状态，以及活动任务的性质等。因为记忆与中学生的学习效果存在密不可分的关系，可采取相应的学习策略，以及记忆策略，防止遗忘发生以及增强对知识的理解。

4. 中学生的思维和想象能力也有了快速发展，主要表现在思维抽象发展、创造性和批判性上，但是，中学生思维的发展仍存在一定的片面性和表面性。想象的发展主要表现在有意性、创造性以及现实性等方面。中学生的思维想象能力与个体的解决问题能力密不可分，因此，在教学过程中遵循相应的训练原则和策略，有助于中学生思维能力和想象能力的发展。

5. 创造力可以从创造性思维和个性两个方面进行了解。中学生创造力的发展受到多方面因素的影响，智力加工、知识经验、智力风格、人格特质、动机，以及环境等因素，都在不同程度上影响其创造力的发挥。本书介绍了中学生创造力的主要培养策略。

■ 复习与思考

1. 中学生的能力与创造性的发展有哪些特征？
2. 在课堂中如何运用感知觉和注意规律提高中学生的学习效率？
3. 影响记忆的因素有哪些？提高中学生的记忆效果有哪些方法？
4. 问题导向式教学模式的具体步骤有哪些？
5. 在课堂中如何训练中学生的思维和想象能力？
6. 影响中学生创造力的因素有哪些？可采取什么样的策略锻炼学生的创造能力？

■ 推荐阅读材料

1. 林珍.中小学生思维能力的提高[M].北京:现代出版社,2011.
2. 兰德尔.创造力:跳出盒子思考[M].张潇予,译.上海:上海交通大学出版社,2014.
3. 袁文魁.记忆魔法师[M].北京:化学工业出版社,2012.

■ 索引

❖ 术语索引

感觉(sensation)	6.1
知觉(perception)	6.1
注意(attention)	6.2
记忆(memory)	6.3
思维(thinking)	6.4
想象(imagination)	6.4
问题导向式教学模式(teaching through problem solving model)	6.4
创造力(creativity)	6.5

❖ 人名索引

艾宾浩斯(H. Ebbinghaus)	6.3
吉尔福特(J. P. Guilford)	6.6

第七章 中学生学习的迁移

■ **教学目标**
  ❖ 理解学习迁移的内涵、类型和特点,能够判别现实生活中的迁移现象及其意义。
  ❖ 掌握学习迁移的相关理论,理论之间的异同及发展趋势。
  ❖ 能够结合实际分析影响学习迁移的因素,掌握促进学习迁移的方法。

■ **学习重点**
  ❖ 学习迁移的含义、类型与特征。
  ❖ 学习迁移经典理论的异同与利弊。
  ❖ 认知结构迁移理论的主要观点。
  ❖ 促进中学生学习迁移的具体方法。

■ **课前思考**
  ❖ 什么是学习迁移?
  ❖ 不同类型的学习迁移对中学生的学习起促进作用还是阻碍作用?
  ❖ 如何依据中学生认知发展的特点,有效促进其学习迁移?

第一节 学习迁移概述

学会骑自行车后,再去驾驶摩托车会变得更容易;掌握英语之后再去学习法语就变得更容易。然而,学会骑三轮车后,再去学骑自行车就变难了……为什么前后两种学习过程会产生截然相反的结果?这是否是学习迁移的结果呢?它究竟是促进还是阻碍了学生的学习?

本节将对学习迁移的基本概念、类型和相关理论进行介绍,指出"为迁移而教"的重要性。

一、学习迁移的概念

迁移(transfer)指的是一种学习对另一种学习的影响,或已经习得的经验对完成其他活动的影响。换句话说,迁移是在一种情境中技能、知识和理解的获得或态度的形成,对另一种情境中技能、知识和理解的获得或态度形成的影响,其实质是新旧经验的整合。在日常生活和学习中,我们经常可以观察到不同的迁移现象,如会骑自行车的人比不会骑的人更容易学习驾驶摩托车;或对汉语拼音的学习会对有些英语字母语音的学习发生干扰等。

在内容上,学习迁移的表现可以是多种多样的,既包括在知识、技能等方面的迁移,也包括方法、态度、情感等方面的迁移。例如,一些学生会因为喜欢老师而喜欢其任教的课程。此外,学习迁移还存在于智慧技能与认知策略的学习中,如运用已有的知识解决新问题也属于迁移。

二、学习迁移的类型

学习迁移具有复杂性,依据不同的标准可划分为多种类型。

(一)正迁移、负迁移与零迁移

根据迁移的性质或影响效果间的差异,迁移可分为正迁移、负迁移与零迁移三种类型。其中,正迁移(positive transfer)是一种学习对另一种学习的积极促进作用,如数学学习会促进物理知识的学习;掌握平面几何知识,有助于立体几何的学习;懂英语的人更容易学会法语等。正迁移描述了当两种学习内容相似、过程相同或使用同一原理时,彼此间的积极影响和促进作用。

第七章　中学生学习的迁移

负迁移(negative transfer)指一种学习对另一种学习的阻碍作用,如掌握了汉语语法知识,在初学英语语法时,总是会把汉语语法直接套用在英语语法中,由此影响了对英语语法的掌握;此外,学会骑三轮车也会对学习骑自行车产生一些消极的影响。

零迁移(zero transfer)指两种学习间不存在直接的相互作用,有时也称为中性迁移。实际生活中,不同的经验间存在诸多直接或间接的联系,但由于多种原因个体未能意识到这种内在联系,不能主动进行迁移,从而使某些经验处于惰性状态,表现为零迁移。

(二)顺向迁移和逆向迁移

依据迁移的方向或发生的时间顺序,可以分为顺向迁移和逆向迁移。其中,顺向迁移(forward transfer)指的是先前的学习对后继学习的影响,常说的"触类旁通""举一反三"即属此类;如物理课学的"平衡"概念,会对以后学习化学平衡、生态平衡、经济平衡等产生影响;当学习者面临新的情境或问题时,利用已有的知识经验去面对新情境,解决新问题等,均属顺向迁移。

逆向迁移(backward transfer)指后继学习对先前学习的影响,主要表现为后面的学习对已经获得的知识技能给予的扩充、改组或修正等影响。如学习了微生物课程后,先前学过的动物、植物的概念更加丰富;儿童在刚开始认识世界时认为,活动的物体是生命体,但之后见到汽车就会发现,会活动的并不都是有生命的,此时就要修改已经形成的关于生命体的认识。

(三)一般迁移与特殊迁移

依据迁移的范围或内容的不同,可将迁移分为一般迁移与特殊迁移。一般迁移(general transfer)又称非特殊迁移(non-special transfer),指原理或态度的迁移,即一种学习中习得的一般原理、原则和态度对另一种学习的影响。布鲁纳指出,若将习得的原理、态度应用到以后的学习情境中,后继学习就会变得更省力更有效。如学生获得的一些基本的运算或阅读技能,可以运用到具体的数学或语文课程的学习中;同时,学生对一门学科的喜欢或厌恶的情感态度,也会影响对其他学科知识的学习。因此,教师在学习过程中,除了要培养学生良好知识结构的形成、注重基本原理和概念的教学外,还应重视学习相关的积极情感体验的养成,促进一般迁移。

特殊迁移(special transfer)又称具体迁移,是具体的知识和技能的迁移。这种迁移主要由任务间的相似性所引发,并停留在具体的事物上,迁移的范围较小。当发生这种迁移时,学习者原有知识经验及其组成要素的结构并未发生变化,只是将在一种学习中习得的具体的、特殊的经验直接运用到另一种学习中,或是将这些经验要素重新组合,并运用到另一种学习中。例如,在学习了"日"和"月"之后,再学习"明"字就变得比较容易;学生在学会加减乘除的基本运算后,就可以把已有经验加以重新组合,来解决四则混合运算问题;运动员在熟练掌握跳水的一些基本动作,如弹跳、空翻、入水后,再去学习新的跳水项目时,可以把这些基本动作加以不同的组合,很快就能形成新的动作技能,以上迁移均属于特殊迁移。

(四)横向迁移和纵向迁移

根据迁移的层次或迁移内容的概括水平的差异,可将迁移分为横向迁移和纵向迁移。横向迁移(lateral transfer)即水平迁移,指处于同一抽象概括水平的知识经验彼此间的影响。横向迁移中,不同学习内容间的逻辑关系是并列的,学习的难度和复杂程度大体属于同一水平。例如,直角、钝角、锐角、平角等概念均处于同一抽象概括层次,学生对其中一种概念的学习对另一种概念学习的影响即横向迁移。

纵向迁移(vertical transfer)也叫垂直迁移,指处于不同抽象、概括水平的经验间的相互影响,学习内容间是上下位的逻辑关系,难度和复杂程度处于不同的水平。纵向迁移主要包含自上而下的迁移和自下而上的迁移。其中,自上而下的迁移,指处于上位的较高层次的经验影响下位较低层次经验的学习,常见于演绎式的学习,如对平行四边形相关内容的掌握,有助于学生对菱形、长方形等的学习;自下而上的迁移,指处于下位较低层次的经验影响上位较高层次经验的学习,常见于归纳式的学习,如对猪、牛、羊等动物特性的学习,有利于学生对哺乳动物特性的学习。

(五)低路迁移与高路迁移

1969年,所罗门(G. Salomon)和帕金斯(D. Perkins)提出,根据迁移的路径或者迁移的自动化程度可以分为低路迁移和高路迁移。其中,低路迁移(low-road transfer)指一个非常熟练的技能从一种情境至另一种情境的迁

第七章 中学生学习的迁移

移,通常不需要或很少需要意识、思维的参与,是经过充分练习的技能的自动迁移,如开惯了自家车的人,可以很轻松地开从朋友那里借来的车。

高路迁移(high-road transfer)则是有意识地将先前某种情境下习得的抽象知识运用于新情境。主要包含以下两种:第一,思考当前学习的内容在今后学习情境中可能的应用,如在学习教育心理学原理时思考这些原理在今后教育和教学实践中的运用;第二,面对新的问题时,思考先前习得的知识在这一新情境中的应用,如学习新的物理知识时,思考之前学过的数学原理的作用。高路迁移的关键是,有意识地进行抽象概括,或精心地鉴别出普遍的原理或原则。

低路迁移只涉及陈述性知识,高路迁移则在更大程度上运用了程序性知识和条件性知识。

表7-1 低路迁移与高路迁移的比较

	低路迁移(直接运用)	高路迁移(为将来的学习做准备)
定义	高度练习技能的自动迁移	把抽象知识有意识地运用到新情境中 创造性地运用认知工具和动机策略
关键条件	充分练习 不同的环境和条件 达到自动化的过渡学习	抽象出能够在不同情境中应用的原理、观点或步骤,在有效的教学环境中学习
例子	驾驶不同的车 在机场寻找登机口	阅读策略的应用 用数学课上学到的程序设计校报的版面

(资料来源:Woolfolk A. Educational Psychology [M]. 10th ed. 北京:中国轻工业出版社,2008:320.)

(六)近迁移和远迁移

近迁移(near transfer)是将已习得的知识或技能,应用到与原先学习情境相似的情境中,如在英语课上记单词时使用的复述策略可用于对法语单词的学习;驾驶手动小轿车的能力可以迁移至开大卡车中等。远迁移(far transfer)则指将已习得的知识或者技能应用到新的不相似的情境中,如将物理学的杠杆原理应用于设计易拉罐。从形成的过程和机制上来看,远迁移比近迁移更复杂。此外,近迁移只与陈述性知识和基本技能的掌握有关,而远迁移不仅与陈述性知识、程序性知识有关,还与条件性知识有关。

> **专栏7-1　举例思考**
>
> 　　历史课上,刘若男发现笔记做得越多,考试时的成绩越高,于是决定在地理课上也做更多笔记,结果发现,这种方法很有效,地理成绩也有了显著提高。
>
> 　　数学课上学习完小数的相关内容后,老师问:"4.4和4.14相比较,哪个数字大一些?"梁园回忆起关于整数的知识:三位数比两位数大,回答说:"4.14比较大。"结果老师说,她答错了。
>
> 　　张东强在初中代数中因式分解这部分知识学得非常好,当学习一元二次方程时,他觉得这些知识太简单了,再难的题目也难不住他。
>
> 　　李亚明数学的三角函数学得非常好,他发现在物理课中自己在力学方面的学习也很轻松,尽管很多同学都说,物理中的力学太难了。
>
> 　　在以上例子中,分别体现了哪种类型的迁移?

第二节　学习迁移的经典理论

　　学习迁移现象很早就被人们所关注,我国古代就有"举一反三"、"触类旁通"等反映学习迁移的教学思想,但对学习迁移现象进行系统的研究,则是从18世纪中叶开始的。不同学者从不同的理论出发,对迁移发生的原因、过程及影响因素等进行研究,形成了不同的迁移理论。

一、形式训练说

　　最早的迁移理论是官能心理学代表人物德国心理学家沃尔夫(C. Von. Wolff)提出的形式训练说(formal discipline theory),即对组成心理的各种官能进行训练以提高能力,从而实现迁移。

　　官能心理学认为,人的心理由注意、意志、记忆、思维、想象和推理等不同的官能组成。这些官能都是独立的实体,分别从事不同的活动,如记忆官能进行记忆和回忆,思维官能则从事思维活动,官能间的相互配合构成不同的心理活动。各官能像人的肌体一样,可通过训练或练习得到增强,从而发挥更好的作用。因此,经过训练的记忆官能能够增强能量,以后就能更好地记忆;同样,经过训练的思维官能增强了能量,以后就可以更好地思考其他事情或问题。

形式训练说指出,迁移是通过官能训练以提高各种能力实现的,经过改善的官能自动迁移到其他学习中,使个体终生受用,同时,一种官能的改进也能增强其他官能。因此,形式训练说将训练和改进各种心理官能作为教学的重点,认为具体学习什么内容并不重要,重要的是,通过学习过程训练个体的心理官能,如学习拉丁语、希腊语等古典语言和数学具有训练记忆、推理和判断等心理官能的作用,应在学校教育中受到重视。此外,学习要收到最大的迁移效果,就应该经历一个痛苦的过程,即学习的项目越困难,官能得到的训练就越多;作业越深奥,其学习效果就越有效,因此,学校对学科和教材的选择不必重视其实用价值,关键要看其对官能的训练价值,如难记的古典语言及数学和自然科学中的难题,被视为训练心理官能的最好材料。

形式训练说重视能力的训练和培养,对后来的学习迁移研究产生了深远的影响,对国内外的教学实践也起到了重要的推动作用。但是,对于心理的各种官能是否能经过训练得到提高并自动迁移到以后的学习中?教学目标是训练各种官能还是传授系统的科学知识?形式训练说在回答此类问题时缺乏充分的科学依据,后来的迁移研究者用实验证据对这种学说提出了挑战。

二、相同要素说

桑代克及其同事对形式训练说提出挑战。他们通过一系列的实验(知识窗)发现,对估算、视觉搜索、记忆等基本心智任务的练习,并不能提高不同情境中从事类似任务的能力;相反,在某种情境中的训练对另一种情境中表现的影响与两种情境的相似性有关。在此基础上,桑代克提出了相同要素说(identical elements theory),认为只有当两种学习情境存在相同要素时,迁移才会发生,且不同学习活动的相同要素越多,迁移的可能性越大。如活动 A12345 和活动 B45678 有共同的成分 4 和 5,所以,这两种活动之间才能发生迁移。另外,特殊训练并不能改进个别的心理官能,即特殊训练对提高一般的记忆力、观察力、注意力收效甚微。因此,如果教育者忽视了对学生掌握具体知识、技能、学习方法等的培养,一味追求提高观察力、记忆力、注意力,只是一种天真的幻想。另一位美国心理学家伍德沃斯也得出了与桑代克类似的结论,因此相同要素说又被称为共同成分说(common components)。

相同要素说对学习迁移的研究和实际教学起到了积极的作用,使学校教学脱离了只重形式训练而不考虑实际生活的状况,开始在课程设置和教学内容的安排上注重知识的实际应用。但相同要素说也存在一定的局限性:第一,该理论从联结主义的观点出发,仅强调了学习内容间元素的简单对应关系,只关注学习情境对学习迁移的影响,将学习迁移局限于一个狭隘的圈子里,忽略了主体因素的作用;第二,该理论看到了不同情境中相同要素对于迁移的积极作用的同时,忽略了一种学习可能对另一种学习产生的干扰作用;第三,相同要素说只能机械地解释具体特殊迁移,难以揭示复杂的学习迁移的实质,因此受到了后来迁移研究者的质疑。

专栏7-2　拓展阅读

经典实验研究

桑代克先让被试估计矩形、三角形、圆形及不规则图形的面积,以了解被试判断面积的一般能力,然后用90个$10\sim100cm^2$之间的平行四边形对被试进行面积判断训练(前期训练)。最后,被试接受两种测验,第一种是判断13个与训练图形相似的长方形的面积,第二种是判断27个预测中用过的三角形、圆形和不规则图形的面积。实验结果表明:通过判断平行四边形面积的训练,被试对矩形面积的判断成绩提高了,但对三角形、圆形和不规则图形的判断成绩没有任何提高。这一结果说明,被试在知觉等方面的训练能够迁移到类似的活动中,但并没有迁移到不相似的活动中去。也就是说,特殊训练对于提高一般的观察力、记忆力等收效甚微。

桑代克又研究了选修不同学科对学生智商的影响,受试学生达13000多人,涉及学科包括几何、拉丁语、戏剧、化学和语法等,学习时间长达一年。结果并未发现,某些学科对改善学生的智力特别有效。在此基础上,桑代克进一步指出,形式训练实际上对学生智力并无太大的影响。

三、概括化理论

相同要素说将注意力集中于先前与后来学习共有的因素上,贾德(C. H. Judd)提出的迁移的概括化理论(generalization theory)则将这种共同要素看作是一般性的原理。亦即,前后两种学习活动间之所以能够发生迁移,是因为在前一种学习中获得了一般性的原理,这种原理可以部分地或全部地应用于以后的学习。因此,学习者是否能在两种活动中概括出共同的原理是迁移产生的关键,学习者的概括水平越高,迁移的可能性越大。

1908年,贾德做了"水下击靶"实验来证实概括化理论。他将五、六年级的学生分为A、B两组,分别练习用标枪投中水下12英寸位置的靶子。A组被试先学习"光在水中折射的原理"再去练习;B组被试则直接练习。达到相同的练习成绩后,让两组被试去打水下4英寸位置的靶子,此时,没有学过折射原理的学生(B组)表现出极大的混乱,他们打水下12英寸靶的练习不能帮助其改进水下4英寸靶的成绩,错误持续发生;学过折射原理的学生(A组)则迅速适应了水下4英寸的条件,投靶的成绩非常好。因此,学过"折射原理"的学生能够将这种原理概括化并运用到不同的经验中去,从而能根据靶子的不同位置及时地做出适应和调整。

概括化理论是对相同要素说的进一步发展。相同要素理论仅强调了任务本身的相似性或相同成分,概括化理论则揭示出学习者对原理、原则的概括是迁移产生的关键。大量实验证实了概括化理论的正确性,指出概括并非一个自动产生的过程,而与教师的教学方法存在密切关系。这与课堂教学实践的经验也是一致的,即同样的教材内容,教学方法的不同,会使教学效果产生极大的悬殊,迁移的效应也大不相同。这提示我们,在教学中要注重让学生理解和掌握一般性的原理原则,总结经验,并将所掌握的原理和经验及时用于以后的学习活动中。

概括化理论突破了桑代克相同要素的局限,将相同要素上升到更抽象的原理、原则的层面,同时,将学习者对学习情境的共同原理、原则的概括作为迁移的基本条件,扩大了迁移研究的范围,促进了学习迁移研究的发展。此外,这一理论对教学实践也产生了广泛而深刻的影响。概括能力的培养与学习材料的特点和学习者的能力密切相关,这提示教育者应关注学习材料及个体能力的特点,在教学中鼓励学生对核心、基本概念进行抽象概括,促进其对知识的更好迁移。

> **专栏 7-3　拓展阅读**
>
> **经典实验研究**
>
> 　　1941年,亨德里克森(G. Hendrickson)和施罗德(W. H. Schroeder)对贾德的"水下击靶"实验进行了改进,把被试分为三组:第一组被试不给予任何指导;第二组被试学习光的折射原理;第三组被试则给予进一步指导,说明水越深,目标所在的位置离眼睛所见的位置越远。结果发现,提示原理具有重要的作用,且提示得越详细,效果就越好,进一步证实了概括化理论的正确性。

四、关系转换说

　　关系转换说(relationship transposition theory)是格式塔心理学家沃尔夫冈·柯勒(Wolfgang Kohler)提出的迁移说和斯彭斯(K. W. Spence)提出的转换说综合的结果。格式塔心理学强调,对情境关系的"顿悟"是学习迁移产生的决定因素,也就是说,迁移不是由于两个学习情境具有共同的成分、原理或规则后自动产生的,而是学习者突然发现了两个学习经验间的关系或联系。

　　1929年,柯勒分别用小鸡、黑猩猩和一个3岁的女童作为被试进行的实验支持了上述观点。在小鸡觅食实验中,他先将小鸡置于中度灰和浅灰两张纸上,纸上放米,如小鸡啄食中度灰纸上的米,就让它继续;如啄食浅灰纸上的米,就把它赶走,这可让小鸡学到"中灰色"(刺激)和"啄食"(反应)之间的关系。经过400到600次的训练,小鸡学会了在中灰色的纸上找食物。然后柯勒将刺激情境改变,将两张纸改为深灰和中度灰。按行为主义的刺激—反应原理,小鸡应和以前一样去啄食中灰色纸上的米,但此时,小鸡却去啄食深灰色纸上的米(正确反应率为70%)。柯勒认为,小鸡是对整个刺激情境相对关系的变换进行了反应,而非对单一刺激特征的反应。在对黑猩猩和女童的实验中,也出现了同样的现象,只是女童前期训练所需的时间更少(约45次),正确反应率更高,小女孩始终对更深颜色的纸进行反应。亦即,学习是一种对情境关系的转换,个体在前次学习中顿悟了一种关系,并将此种顿悟转换到新的类似的情境中。

　　关系转换说强调了迁移产生过程中学习者自身的主观能动性,指出只有学习者发现了两事件间的关系,迁移才能产生。需要注意的是,转换现象是复杂的,会受到原先课题的掌握程度、诱因大小及练习量等因素的影响,对原先课题理解得越深刻,掌握得越好,诱因越大,并且练习次数越多,转换现象就越容易产生。在实践中,教师可以通过创造学习情境间关系的相似性,为所学主题提供较多的练习与反馈,以及增加激励学习的诱因条件等方式,促进学生的学习。

五、学习定势说

学习定势(learning set)又称学习心向,指通过先前一系列活动所形成的方法、态度、愿望等倾向,既反映在解决一类问题或学习一类课题时一般方法的改进上,也反映在从事某种活动的暂时性准备状态中,已经形成的学习定势也会对个体以后的学习、活动产生积极的或消极的影响。

学习定势说关注的是学习方法的迁移问题。美国心理学家哈罗(A. J. Harrow,1949)的"猴子实验"证明了学习方法的学习有利于定势的形成。实验中,哈罗给恒河猴呈现由两个刺激物组成的配对刺激(如漏斗与圆筒,圆柱体与圆锥体),在一种刺激物(圆柱体)下面放有食物(葡萄),另一刺激物(圆锥体)下面则不放任何东西。实验开始后,猴子偶尔拿起其中一个刺激物,碰到食物随即吃掉。这样反复练习6次以后,再呈现另外一种配对刺激物,仍然是其中一个下面放有食物,另一个刺激物下面没有食物,同样也进行了6次辨别实验,然后再换另外的配对刺激物进行实验。如此反复下去,虽然不断变换刺激物,但猴子选择放有食物的刺激物的百分比迅速上升,进行尝试的次数越来越少,越来越快地取到食物。这种现象被解释为"学习方法的学习"(learning to learn),说明猴子在前几次辨别学习中学会了选择的方法,或形成了辨别学习的定势,并将学会的方法或形成的定势运用到以后的学习中,从而使学习效果得到提高。

在以儿童为被试的实验中也证实了定势的存在,而且人类比动物更容易形成学习定势。值得注意的是,学习过程中,定势可能促进同类或相似课题的学习,也可能干扰需要灵活性的课题的学习,产生负迁移,心理学家陆钦斯(A. S. Luchins)著名的"量水实验"证明了这一点。因此,教师在组织学生练习时,既要考虑课题的同一性,又要考虑其变化,减少负迁移的不良影响。

> 专栏7-4 拓展阅读
>
> ### 陆钦斯的"量水实验"
>
> 　　量水实验中,陆钦斯将被试分为实验组和控制组,要求所有人用大小不同的容器(容器A、B、C)量出一定量的水(D)。实验组被试从第1题做到第8题,控制组被试则只做6,7,8三题。结果发现,实验组在解1~8题时,大多采用B－A－2C的方法进行计算;控制组解6,7,8题时则采用更为简便的计算方法:A－C或A＋C。这说明,实验组做6,7,8题时受到了前面定势的影响。
>
> 表7-2 定势对学习的影响材料
>
> | 课题序列 | 容器的容量 | | | 要求量出的容量 |
> |---|---|---|---|---|
> | | A | B | C | D |
> | 1 | 21 | 127 | 3 | 100 |
> | 2 | 14 | 163 | 25 | 99 |
> | 3 | 18 | 43 | 10 | 5 |
> | 4 | 9 | 42 | 6 | 21 |
> | 5 | 20 | 59 | 4 | 31 |
> | 6 | 23 | 49 | 3 | 20 |
> | 7 | 15 | 39 | 3 | 18 |
> | 8 | 28 | 59 | 3 | 25 |
>
> 表7-3 定势对学习影响的实验结果
>
> | 组别 | 人数 | 采用间接法正确解答(%)(D＝B－A－2C) | 采用直接法正确解答(%)(D＝A＋C 或 D＝A－C) | 方法错误者(%) |
> |---|---|---|---|---|
> | 实验组 | 79 | 81 | 17 | 2 |
> | 控制组 | 57 | 0 | 100 | 0 |
>
> (资料来源:彭聃龄.普通心理学[M].北京:北京师范大学出版社,2004:279.)

第七章　中学生学习的迁移

专栏 7-5　举例思考

有的同学数学学得很好,却不能在购物时算清花了多少钱;有些家庭主妇在超市购物时,计算能力很强,但在解决纸笔计算的数学问题时,却表现不好。

陈晓认为,汉、英这两种语言有许多共同点,可以利用这些相同点来促进自己更好地学习英语。例如,英语的字母(A,B,C)和汉语的拼音(a,b,c)基本保持一致,因此,可以利用汉语拼音来学习英语字母;此外,在这两种语言中也存在一些语法结构大体一致,可以利用汉语的语法结构(如主、谓、宾结构,"我是一个学生")来理解英语的语法("I am a student")。

在化学课上关于"氧化还原反应"教学中,刘老师给学生讲解清楚"氧化还原反应"的本质是化合价的变化,并不一定是有氧元素的得失。因此,学生在以后的学习中只要发现有化合价的变化,就能判断是氧化还是还原反应。

思考,这些迁移现象可以用哪种理论进行解释?

专栏 7-6　原理应用

依据经典学习迁移理论组织教学

教师应将同类和类似的内容归纳在一起安排教学,并使学科内容尽量地联系日常生活,促进学生更好地实现知识间的迁移,更好地将知识应用于实际。

教师既要指导学生学习具体的学科知识和技能,更要重视一般原理、原则、方法的教授,并促进学生在具体的学习中概括和抽象出一般化的原理。

学生的思维定式和学习方法心向会影响迁移。因此,在学习开始时,教师首先要指导学生掌握学习方法,培养学生善于抓住和分析事物的本质特征,并在不同的学习情境中灵活运用原理解决问题,以此来保证学生既可以利用积极的定势解决问题,同时,又能打破已形成的僵化定势,灵活地、创造性地解决问题。

第三节 学习迁移的当代理论

迁移是学习的一个重要方面,每当有新的学习理论提出,迁移理论也会随之更新。当代著名的学习论包括奥苏贝尔的认知—同化学习理论、信息加工心理学的产生式理论和认知策略理论,与此相应的迁移理论,则包含奥苏贝尔的认知结构迁移理论,安德森等人提出的产生式迁移理论和元认知迁移理论。这三种理论相互补充,其中,认知结构迁移理论更适合解释有意义的陈述性知识的迁移,产生式迁移理论适合解释技能的迁移,认知策略理论则适合解释认知策略的迁移。

一、认知结构迁移理论

(一)认知结构迁移理论的基本观点

认知结构迁移理论又称为迁移的图式理论,是奥苏贝尔(1968)根据其有意义学习理论(即认知同化论)发展而来的。他对迁移的内涵、认知结构及其影响新学习(迁移)的主要变量,以及如何操纵认知结构变量来影响新学习的技术进行了卓有成效的理论和实证方面的研究。

奥苏贝尔指出,一切有意义的学习都建立在已有学习的基础上,个体头脑中已有的、按一定层次组织的认知结构,对新的学习所发生的影响,就是教育心理学上所说的迁移。

所谓认知结构,简单地说,就是学生头脑中的知识结构。从广义上讲,认知结构是学生已有观念的全部内容及其组织;从狭义上讲,认知结构是指学生在某一学科的特殊知识领域内的观念的全部内容及其组织。所以,认知结构主要由两部分构成,一是指人在以前学习和经验中所形成的知识经验本身,它以观念的形式存储在人脑中;二是指对这些知识经验的组织。

认知结构变量,也称认知结构特征,是个体在学习新知识时,已有认知结构中有关观念在内容和组织方面的特征,包括已有认知结构的可利用性、稳固性和可辨别性。奥苏贝尔指出,学习不是简单的刺激—反应间联结的建立过程,也不是简单的一种情境与另一情境的相互影响,而是学习者利用已有认知结构中的适当观念不断同化新知识的过程。因此,原有认知结构的特征是实现学习迁移的"最关键的因素",原有认知结构中相应知识的可利用性、可辨别性和稳固性越强,越能够促进新知识的学习。亦即,有意义的学习都是在原有认知结构基础上产生的。

因此,迁移以认知结构为中介,先前学习获得的经验通过影响已有认知结构的特征作用于新的学习。

(二)影响学习迁移的三个认知结构变量

奥苏贝尔从认知结构的三个特征阐述了已有认知结构如何影响有意义学习或迁移。

1. 已有认知结构的可利用性

奥苏贝尔认为,认知结构中是否有适当的起固定作用的概念能够被用来作为新知识的同化点(即原有知识的可利用性),是影响新的学习和迁移的最重要的因素或变量。学习新知识时,如果在个体已有的认知结构中,能找到可以用于同化新知识的已有知识(概念、命题或具体例子等),那么,该个体已有的认知结构就具有可利用性,迁移也容易发生;反之,如果在学生已有认知结构中找不到可用于同化新知识的知识,那么,该认知结构就缺乏可利用性,迁移就很难发生。

奥苏贝尔进一步指出,因为知识通过累积获得,并按一定的层次组织,所以学生已有的观念在概括程度、包容性上越高,就越有利于新知识的获得和组织。具体表现是下位观念向上位观念还原,不稳定、不巩固的新知识向巩固的知识还原,如学习锐角、钝角三角形等概念时,这种新知识就会向学生已有的有关三角形的概念进行还原。因此,他更强调上位的、包容范围大的和概括程度高的原有观念的作用。另外,如果学习新知识时,学生已有认知结构中缺乏这样的上位观念,教师可以从外部给其嵌入一个这样的观念,使之起到吸收与同化新知识的作用,这种从外部嵌入的观念被称为陈述性组织者。如为使小学一年级学生形成句子和句子成分的概念,教师告诉学生每一个完整的句子都要包含两个部分:"谁"和"干什么"。儿童先学习的这一上位知识就能对其形成句子和句子成分的概念起到组织者的作用。接着教师给出如下句子:①小明去上学;②妈妈爱宝宝;③爸爸开汽车;④湖面上的船;⑤飞得很高。教师帮助学生分析①—③都是句子,都有"谁"和"干什么",④—⑤都不是句子,第④句缺"干什么",第⑤句缺"谁"。这样,学生理解什么是句子,什么不是句子就比较容易,如果没有起组织者作用的上位概念的支持,仅仅通过这几个正反例的分析,学生就不容易理解句子的概念。此外,在学习数学和自然学科时,先前习得的知识往往对后继的学习起到这样的组织作用。例如,学生总是在掌握分数概念之后学习百分数,在这里,分数概念是上位的,起组织者作用,而百分数概念是下位的,上位分数概念的支持作用使下位百分数概念更容易学习。

2. 已有认知结构的稳固性

影响新的学习和迁移的第二个变量是同化新知识的原有知识的稳固性。原有知识越巩固、越清晰、越稳定,就越容易促进新的学习。例如,学生对百分数的意义理解得越透彻,就越容易掌握出勤率、成活率、折扣等百分率的意义及计算,以至在实际生活中遇到含水率、烘干率等新问题时,也能顺利解决。倘若学生没有牢固掌握原有知识,那么,这些原有知识不但不会促进迁移,反而还会起到干扰作用。例如,小学生在学习汉语拼音的同时学习英文字母,当汉语拼音未牢固掌握时,汉语学习常常会干扰英文字母的学习,这就是一个负迁移的例子。在教学实践中,教师可以利用及时纠正、反馈、过渡学习等方法,来增强原有的起固定作用的观念的稳定性,从而促进新知识的学习与保持。

3. 新旧知识的可辨别性

可辨别性指的是认知结构中原有的观念和新的学习任务之间的可区别程度,或者说,新旧知识间的异同。它是认知结构影响迁移的另一重要变量。

可辨别性建立在原有知识的巩固性这一基础上。例如,当在物理学中讲雷达是利用无线电波反射对远距离物体进行侦察和定位这一原理时,教师可利用学生已经掌握的回声的知识来同化新知识,当学生意识到声波和无线电波间的相似点,那么,声波这一原有知识就可以同化无线电波这一新知识,但是学生也必须能够区分两者的不同之处,因为不同点能使新知识作为独立的成分保存下来,而且当新知识与认知结构中原有的知识相似而不同时,原有的知识倾向于先入为主,新知识容易被旧知识所取代。因此,如果没有意识到新旧知识的不同之处,两者的可分离程度就会受到损害,那么,新知识就不容易被掌握。在教学中,为了促进学生更好地掌握新知识,除了提高原有知识的巩固性之外,引导学生意识到新旧知识的异同,也是一种很好的方法。另外,如果面对一种新的学习任务,学生对新旧任务分辨不清或者比较模糊时,教师则可以设计一个比较性组织者,来帮助他们认识到新旧知识的异同点,并促进他们对知识的辨别和巩固。例如,在学生要学习

第七章 中学生学习的迁移

佛教知识的时候,为了避免他们将新知识(佛教)和原有知识(基督教)相混淆,从而影响新知识的掌握,那么,教师可以在学习佛教知识之前,先给学生呈现一个比较性组织者,即指出佛教与基督教的异同,这样可以促进他们更好地学习。

二、产生式迁移理论

1989年,辛格勒和安德森(M. K. Singley & J. R. Aderson)出版了《认知技能迁移》一书,系统地阐述了迁移的产生式理论。这一理论实质上是桑代克的相同要素理论在信息加工心理学中的翻版,它的特点是以产生式规则取代了相同要素。

产生式是储存在人脑中的一系列用"如果—那么"形式表示的规则,一个产生式就是一个条件——行动规则,即C—A规则。C代表行动产生的条件,它不是外部刺激,而是学习者工作记忆中的认知内容;A代表行动,它不仅是外部的反应,还包括学习者头脑内部的心理运算。

迁移的产生式理论适用于解释基本技能的迁移。其基本思想是,前后两项技能产生迁移的原因是这两项技能间重叠的产生式,重叠越多,迁移量就越大。安德森认为,在桑代克时代,心理学没有找到适当的形式来表征个体习得的技能,导致错误地使用外部刺激和反应(即S—R)来表征技能,因此,不能反映技能学习的本质。而信息加工心理学家用产生式和产生式系统表征人类的技能,抓住了技能迁移的实质,所以,导致先后两项技能学习产生迁移的原因,不应该用它们共有的S—R联结的数量来解释,而应该用其共有的产生式数量来进行解释。在认知技能方面,从一种技能到另一种技能的迁移量,主要依赖于两种任务的共有成分量,而这种共有成分的量,是以产生式系统来考察的。具体来说,就是用相同或相似的产生式法则,来描述两任务含有的共同的知识和经验,若两个情境有共同的产生式或产生式的交叉、重叠,就可以产生迁移。

产生式迁移理论将知识分为程序性知识和陈述性知识两类,由此将技能的学习分两个阶段:首先,必须经由一个陈述性的阶段,即要将规则以陈述性知识的形式进入学习者的命题网络;然后,将这些知识进行练习和应用,从而使这些陈述性知识转化为程序性知识,进而变成个体的产生式、产生式系统。另外,根据这两类知识之间的相互作用,一些教育心理学家提出了迁移的不同类型(表7-4)。

表 7-4　不同类型知识的迁移

后一学习 \ 前一学习	陈述性知识	程序性知识	
		自动化基本技能	认知策略
陈述性知识	近代历史知识的学习对古代历史知识的学习产生影响	英文打字的熟练程度会影响对五笔输入法规则的学习	学会总结文章大意会影响对学科原理和观点的理解
程序性知识 自动化基本技能	语法知识的学习会对语言表达能力的学习产生影响	学会仰泳会对学习蝶泳产生影响	学会制订计划将有助于修理电视机
程序性知识 认知策略	理解乒乓球大小对球速的影响,将有助于决定采用何种罚球方法	开车技能的自动化有助于预测各种驾驶情境	编写程序的方法(如流程图)有助于安排学习活动

(资料来源:吴庆麟.教育心理学.献给教师的书[M].上海:华东师范大学出版社,2003:258.)

安德森等人设计了大量实验来验证其迁移理论,但目前该理论的研究仍停留于计算机模拟阶段。尽管如此,它在实际教学中的意义十分明显。因两项任务共有的产生式数量决定迁移水平,因此,要注重基本概念原理和规则的教学,以便为后继的学习做准备。此外,先前学习的内容必须有充分的练习,才易于迁移。

专栏 7-7　举例思考

扣球技术包括了助跑、起跳、腾空、空中击球和落地缓冲等"共同的产生式",而正面扣一般高球是所有扣球技术的基础,有了熟练掌握正面扣一般高球的坚实技术基础,在学习扣近体快球和调整扣球技术时,就容易在保持助跑、起跳的连贯性,以及选择正确的击球点和区别不同的节奏变化、助跑路线等"共同产生式"方面实现正向迁移,使个体能够更顺利地掌握相对复杂的扣球技术。

三、迁移的元认知理论

元认知(meta-cognition)是指认知主体对自己的认知过程、结果及与之相关的活动的认知,它使主体能够监控自己正在进行的认知活动,并做出适当的调节。一般来说,元认知是伴随认知活动而进行的,通常表现为结果预期、自我指导、自我评价、自我监控等行为,它可能是有意识的,也可能是无意识的、不言自明的。研究表明,自我监控、评价策略的好坏、及时调整策略等元认知活动,对专家来说,通常是自动进行的,而对新手则要通过传授和练习才能逐步获得。另外,许多智力在中等以下且学习能力差的儿童通常缺乏元认知能力,他们既对自己的学习任务、学习方法缺乏意识,也不善于调节与控制自己的学习过程,那么,能不能通过适当的训练,来提高这些儿童的元认知能力,并使这种能力迁移到他们的学习中去呢?一些学者对其进行了大量的研究。

珀林克萨和布朗(M. Pulinchser & A. L. Brown)设计了一个针对阅读困难的初中生的训练计划。在此计划中,被试要接受两个阶段的训练。第一个阶段是"纠正性反馈训练",即当学生回答正确时,立即给予表扬;回答错误时,立即指导他们纠正错误。第二个阶段是"学习策略训练",包括如何陈述主要观点、如何分类信息、如何预测别人可能提出的问题、如何澄清混乱等。结果表明,接受训练前被试回答问题的正确率只有15%;经过第一阶段的训练后,正确率上升到50%;经过第二阶段的训练后,正确率上升到80%。此外,这种训练的效果还能迁移到被试的课堂学习中。后来,珀林克萨和布朗进一步完善了他们的训练计划,主要包括以下三种策略:①质疑或对段落的主要内容设问;②试图解决疑问;③在训练过程中,教师除示范这些策略外,还设计了能让学生互相学习的环境,使学生懂得,阅读是一个积极且有建构意义的活动。研究表明,经过训练后,学生只需要较少的意识努力就能掌握这些元认知策略。

从教学实践的角度来看,元认知训练实际上是"学会学习"(learning to learn)的同义语。一些研究者认为,个体在学习活动中的元认知,可以归为两种认识,即关于自己已经知道什么的认识和关于如何调节自己学习行为的认识。实际经验表明,许多学生在学习上的困难都是因为缺乏元认知能力,通过自我提问、自我评价、自我调节等元认知训练,他们就会掌握有效的学习方法,并广泛地迁移到不同的学习情境中。

> **专栏 7-8　原理应用**
>
> **依据现代学习迁移理论组织教学**
>
> 　　在教学中，教师可以通过改革教材内容和教材呈现方式，来改进学生原有的认知结构以达到迁移的目的。
>
> 　　通过示例进行归纳学习。在教学的过程中，教师可以演示一些正面和反面的示例，给学生提供反应的机会，并根据学生的反应提供适当的反馈，这样，不仅能促进学生学会辨别各种不同的情境，并根据情境做出适当的反应，还能让他们体验不同示例的相似性与差异性，从而完成极为自然的归纳学习。
>
> 　　教师在教学中可利用出声思维等方法，将专家或优秀学生解决问题的方法教给学生，或对学生进行元认知训练，以培养学生主动迁移的意识与能力。
>
> 　　(资料来源：陈允成，帕森斯.教育心理学[M].何洁，等译.上海：上海人民出版社，2007：35.)

第四节　为迁移而教

　　苏联教育学家苏霍姆林斯基指出，教给学生能够借助已有的知识去获得新知识，是最高的教学技巧之所在。好的教育能使学生"触类旁通""举一反三"。教育的主要目标就是使学生能够将所学的知识迁移到新的情境中，解决以前没有直接学过的问题。因此，"为迁移而教"是教育的永恒主题。那么，在学校教学过程中，有哪些因素会影响学习迁移？教育工作者又如何实现为迁移而教呢？本节将对影响学习迁移的因素，以及促进迁移的方法进行详细论述。

一、影响学习迁移的因素

　　学习迁移是一种普遍存在的现象，在学习过程中，许多因素都会直接或间接地影响学习迁移。如果将这些因素进行归纳的话，主要可分为客观因素和主观因素两个方面。

第七章 中学生学习的迁移

(一)客观因素

1. 学习材料的特点

学习材料作为学生学习的对象和知识,对学习迁移有重要影响。从桑代克的相同要素说到产生式迁移理论,都从不同角度陈述了学习材料对迁移的影响。桑代克认为,学习对象间的相同要素越多,迁移的量就越大;产生式迁移理论则强调了两种学习之间产生式的重叠,重叠越多,迁移的量就越大。另外,如果两种学习材料之间有相同的要素或产生式,那么,正迁移就容易产生;如果学习材料之间存在不同点,那么可能导致负迁移。因此,为了促进学习迁移,防止干扰,在教学中,教师应该引导学生学会辨别学习材料之间的相同点和不同点,从而提高迁移效果。

2. 学习的情境因素

任何知识经验的获得和应用都与一定的情境相联系,这里的情境包括最初的学习与后来迁移中所涉及的物理和社会环境,而且前后两种学习的情境越接近,迁移就越容易产生。

例如,如果学习者看到了像狗、猫、马和鹿这些哺乳动物的例子,他们就很可能辨认出牛也是哺乳动物,因为牛和其他例子很相似;他们不太可能把这个概念迁移到蝙蝠上,因为蝙蝠与他们最初看到的例子相差太远。

在问题解决方面,如果首先问一年级的学生这样的问题:安金有两块糖果,科姆又给了他三块,现在安金一共有多少块糖果?

然后再问他们:那么他们就能很容易地解决这一问题。

布鲁纳有三支铅笔,他的朋友奥兰大又给了他两支,现在,布鲁纳一共有多少支铅笔?

然而,如果在第一个问题之后紧接着呈现下面的问题:索菲有三块饼干,弗莱沃有四块饼干,那么,他们一共有多少块饼干?这时,学生就表现得不那么好,因为第一个问题与第二个问题间的关系更为紧密,而与第三个问题的关系相对较弱。这个结果进一步表明,迁移通常是针对情景的,相似的情境更有利于迁移,而不相似的情境不利于迁移。另外,在关于策略迁移的研究中也发现,经过训练后,学生掌握的策略、方法之所以不能有效地运用到随后所遇到的问题,除了训练本身的问题外,新情境的变化也是影响学生不能成功迁移的一个重要因素。

从学习迁移的角度讲,知识经验获得的情境与知识应用的情境,在许多方面都密切相关,如情境中事物之间的关系、问题呈现的方式与空间位置等。因此,在教学实践中,教育工作者要以学习者为中心,重点研究真实学习活动中的情境化内容,注重学习情境和今后应用情境的一致性,使学生遇到的问题和进行的实践与今后校外所遇到的问题情境保持一致,从而为学生创设一种有利于知识迁移的情境。除此之外,教师还要促进学生对情境中各种关系的理解,并能够引导他们运用所学的知识原理去解决各式各样的问题等。

(二)主观因素

1. 学习者的学习定势或心向

学习定势,也称学习心向,是指学习者进行学习活动时的心理准备状态。学习者在以往学习中形成的愿望、态度、知识经验、思维方式,都能构成其学习的心理准备状态,使后继学习具有一定的倾向性,并朝特定的方向进行。

许多研究者都对学习定势进行了深入的研究,发现学习定势对学习迁移的影响可能是积极的,也可能是消极的。哈罗(A. J. Harrow)通过实验发现,当以由易到难的次序安排学习任务时,被试就能较容易地解决这些问题,即更容易形成有利于问题解决的学习定势,学会学习,并且学生经过训练所形成的这种学习定势能迁移到其他情境中去。Duncan(1960)通过实验还发现,与学习快(学习较优秀)的学生相比,学习定势对学习慢的学生所起的促进作用更强。而卢钦斯(A. S. Luchins)的"量杯取水"实验,除了证明定势的存在之外,还说明已经形成的定势对随后解决问题的消极影响(见本章第二节)。后来,奈特(K. J. Knight,1963)设计了一个类似的实验,对产生僵化行为的原因进行了分析,结果发现被试在较难的问题中用惯了一个公式后,他们以后就有坚持运用这一公式的倾向,且这一倾向很难改变;若被试在较易的问题解决中用惯了一个公式,则在解决新问题时,能较灵活地应用,亦即在学习中对某一法则或方法付出的代价愈大,则定式导致的僵化行为就愈难改变。

2. 学习者主动的迁移意识

主动迁移意识实际上是学习者自我调控的一种表现,有效的学习者能够明确地意识到迁移的重要性,有强烈的内部动机来利用迁移的机会,具体表现为能主动识别不同学习任务之间的相关性,识别可以迁移的具体情境,在迁移机会出现时,主动、恰当地提取或接通有关的经验或可利用的资源,并灵活地应用这些经验或资源。由于具有这种主动的自我调控,使得学习者减少了头脑中惰性知识经验的储存,提高了已有经验的可利用性。一些研究和实际教学都发现,有时,尽管学生头脑中储存了迁移所必需的经验,但这些经验似乎处于惰性状态,不能被有效地加以利用,这与缺乏主动迁移的意识有关。因此,自我调控是促进学习与迁移的关键因素之一。

3. 学习者的个性因素

迁移在很大程度上受个体的个性因素所影响,如意志的坚定性、持久性、对新情境主动探索的精神、自信心、努力表现出最佳学习成效的动机等。由于个性倾向性的差异,尽管不同学习者可能具有相同的经验水平或认知经验,但具有积极、主动个性倾向性的学习者更容易产生稳定的迁移。至于概念或原则等认知经验,只有当它们被充分地结合到认知系统中,并成为个性的一部分时,才能被真正地获得,并有可能迁移到新的情境中。

4. 学习者认知结构的特点

关于认知结构,不同的心理学家在使用这一术语时,持有不同的含义:皮亚杰认为,认知结构等同于认知图式,是指主体与外部世界连续不断地进行交互作用而建构的心智结构;而布鲁纳认为,认知结构即类别及其编码系统,也称表征系统;当代认知心理学家则倾向于把认知结构的主要成分看作是"一套感知类目""知觉范畴""比较抽象的概念"或"主观臆测或意象";根据奥苏贝尔的观点,认知结构指的是学习者头脑中的知识结构,广义的认知结构是学习者头脑中全部的观念和内容,狭义的认知结构是在某一学科内的观念、内容和组织,奥苏贝尔认为,认知结构通过其可辨别性、稳固性和可利用性三个特征影响迁移。

总的来说,认知结构是人们对外界事物进行感知、概括的一般方式或经验构成的已有观念结构,其质量,如知识经验的准确性,知识经验的丰富性,知识经验间联系的组织特点等,都会影响学生对新知识的学习,影响解决问题时提取已有知识经验的速度和准确性,进而影响学习迁移。

5. 学习者的学习策略

儿童的学习策略主要是通过自发的形式获得的,而处于不同发展阶段的学生对学习策略的掌握与应用水平基本不一致,大体分为学前,小学,初、高中三个时期。学前期儿童尚不能自发地掌握学习策略,即使自发地运用某种策略,也是无意识的;小学期儿童已能自觉地掌握许多策略,但仅限于比较简单的策略,且不能有效地运用这些策略来提高学习效率,如果教师能在策略运用上给予学生清晰的指导,则有助于他们对策略的运用;初、高中时期的学生在自己熟悉的知识领域可以自发地形成策略,自觉地运用恰当的策略来改善自己的学习,并能根据任务需要来调整策略。

学生学习策略发展的不同水平,会影响其知识的学习、问题的解决和迁移,学习策略对迁移的影响主要表现在认知策略与元认知策略的影响上。研究者报告了元认知影响迁移的证据,他们在长达七个月的时间内,对商科学生进行了两种元认知技能训练,即目标导向(orienting)和自我判断(self-judging)的培训。其中,目标导向是指通过思考可能的目标,以及认知活动使自己做好解决问题的准备,自我判断则是指用于帮助学生正确评估成功地完成任务所需努力的一种动机活动。结果发现,在后续的统计课学习中,那些接受过训练的学生比没有接受训练的学生表现得更好,在接受训练组中,目标导向行为和自我判断行为与其统计课的成绩间均呈正相关。

除了以上因素外,智力水平等个体的能力特征也会影响迁移,而且各个影响因素之间可能存在交互作用。例如,陈哲研究了在类比问题解决中,知识领域的相似性对儿童迁移的影响,结果发现,知识领域的相似性与所习得技能的一般性存在交互作用:对于那些初始学习具体和特定知识的儿童来说,迁移会受到知识领域相似性的影响,但对那些初始学习抽象和普遍知识的儿童来说,迁移则不会受到知识领域相似性的影响。

二、教学中促进学习迁移的方法

如果没有教师的鼓励与引导,学生不会自然而然地将课堂上所学的知识应用到后继的学习和真实的生活情境中去。因此,大多数研究者认为,通过恰当的教学,迁移能力是可以提高的,这就是我们提倡的"为迁移而教"。

（一）确立明确具体的教学目标

明确具体的教学目标起着先行组织者的作用，它可以使学生对学习目标有关的已有知识形成联想，并促进迁移的发生。在教学实践中，教师在每个新的单元教学之前，可以为学生确立明确具体的教学目标，还可以让学生一起参与教学目标的制定，并要求学生了解某一阶段学习的子目标，这样，就能够促进学生建立清晰稳定、辨别性强的先行组织者，从而起到整合具体知识的作用，进而达到更好的迁移效果。

（二）注意教学材料和教学内容的编排

奥苏贝尔认为，学生的认知结构是从教材的知识结构转化而来的，好的教材结构能够简化知识，促进知识的良好组织，从而更好地促进迁移。因此，在教材的编排和教学内容的安排上，教师必须兼顾科学知识本身的性质、特点和逻辑结构，使之和学生已有的知识经验水平、智力状况、年龄特征等相匹配。同时，教师还应考虑教学时间和教法上的要求，力求将最佳的教材结构展示给学生。教学中应充分利用教学材料中的内在联系，引导学生产生正迁移，对缺乏内在联系的教材，则可利用教学进行弥补。

（三）改进教材呈现方式

奥苏贝尔认为，"不断分化"和"综合贯通"是认知组织的基本原则，这两条原则在教材的组织和呈现方面也同样适用。不同学科的知识在人的大脑中是按层次进行组织的，最具包容性的观念处于这个层次结构的顶端，下面依次是包容范围较小的、越来越分化的观念。因此，在教材内容的呈现上，也应该遵循由整体到细节的顺序，使学生的知识在组织过程中纳入到这一层次结构当中。除了从纵向方面遵循由一般到具体的不断分化原则外，教材内容的呈现还要加强概念、原则，乃至各章节之间的内在联系，促进学生对知识掌握的融会贯通。

（四）加强教学方法的选择，促进学生学习方式的改变

在确定教学目标、内容和教材呈现方式之后，以什么方法进行教学，就成为教师在教学尤其是课堂教学中要考虑的重点问题。面对不同的教学内容、不同的学生，教师的教学方法也应该是灵活多样的，采用不同的方法，把不同的内容教给学生，不仅有助于学生对知识的学习，而且有助于其学习和迁移能力的发展。在实际教学中，教师可以采用讲授法、发现法、讨论法等

多样化的教学方法,以促进学生的学习。教师教学方法运用得如何,直接影响到学生的学习方式,要落实"以学生为中心"的思想,首先要改变学生被动学习的状况,让学生通过各种方式学会学习,学会了如何学习,就可以实现最普遍的迁移。

(五)充分利用各种可迁移的情境,并在不同情境下呈现多种实例

教师在教学过程中,首先,要为学生创设各种情境,使当前所学的知识与原有知识建立密切联系,利用原有知识经验的迁移来促进学生对当前所学知识的理解和掌握。其次,在学生掌握了一定的知识之后,应为学生设计一些能够运用所学知识解决具体实际问题或新理论问题的情境,让学生学会运用知识。学生学习情境的创设应注意两点:一是,使新情境与学生所学知识的情境之间保持相似性,否则,会增加迁移难度,达不到教学目的;二是,新情境要给学生充分发挥创造性的机会,因而必须要有新意,要让学生最大限度地调动各种知识去解决问题。

教师在教学过程中帮助学生建立抽象的知识结构和认知图式时,应在最大范围内给学生呈现与真实生活背景相联系的实例,使其了解课堂中习得的知识是如何应用的。通过呈现各种正例和反例,特别是让学生自主举例证明,有利于学生了解概念原理的适用条件,促进正迁移。

(六)改进对学生的评价

作为教学活动的组成部分,教学条件下的评价也应该具有教育性。在传统应试教育条件下,教师对学生的评价主要是终结性评价(以学习成绩为依据),这种评价为某一阶段的学习提供了一个成果总结,但对后继学习的帮助不大。教师应该更加灵活、有效地运用各种评价手段,如形成性评价手段,即在教学发生之前或教学之中进行评价,这种评价方式不仅可以指导教师自己制订教学计划,还可以引导学生形成积极的学习态度,并促进有效的学习迁移的产生。另外,给学生提供及时反馈,也可强化后继的学习。布朗(Brown)等人在一个阅读理解的实验中,用矫正性反馈训练法教给学生元认知策略,结果不仅使学生对阅读理解问题的正确反应的百分比明显提高,而且促使其将学到的元认知策略迁移到了常规课堂的其他学习中去。

(七)让教学对学生产生意义

研究表明,学生对材料的理解程度及教学内容、教学方法对学生有意义

第七章 中学生学习的迁移

的程度对迁移有直接影响。学习材料对学生有意义的条件包括：所呈现的教学内容要有价值，要对学生离开学校走入社会有所帮助；教学过程要有趣，符合学生的特点和接受能力，如可以采取真实生活中的例子；教学内容能够激发学生主动探索的意识，促进学生的卷入程度等，这些都能够促进正迁移的发生。

对教学来说，"为迁移而教"的内涵十分丰富，除了上面提到的，还包括许多内容，如加强策略性知识的教学，注意对学生知识应用过程的指导，加强课堂所学知识与实践的联系，等等。总之，教师要在充分理解迁移发生规律及其影响因素的基础上，在每一项教学活动中，在每一次与学生正规或非正规的接触中，都注意利用和创设有利于积极迁移的条件和教育契机，把"为迁移而教"的思想渗透到每一项教育活动中去。

专栏7-9　原理应用

如何在你的课堂上促进迁移

1. 在多种不同背景下提供你所讲授内容的例子和应用机会。

◇ 小学：一位三年级的老师选择了学生写作中的一些例子，来讲授语法和拼写规则。她在黑板上呈现了这些例子，并利用这些例子作为她讲课的基础。

◇ 初中：一位自然课老师在开始讨论光的折射时问学生，为什么戴眼镜看东西比不戴眼镜要更清楚。之后，又用大量实例阐述折射这一概念，如把铅笔放进一杯水里，以及透过放大镜来看物体。然后学生详细地讨论了这些实例。

◇ 高中：一位几何老师利用建筑学的例子阐述课程内容在现实中的应用。同时，还利用杂志中的图片和幻灯片来展示数学概念与现实世界的联系。

2. 采用那些可以提供给学习者理解学习主题所需信息的例子和其他表征形式。

◇ 小学：一位老师把边长是 1 cm 的立方体放进一个长 4 cm、宽 3 cm、高 2 cm 的盒子里讲体积概念。他把立方体放进盒子里，让学生数立方体的个数，直到整个盒子装满 24 个立方体，然后提问，帮助学生理解盒子的体积是 24 cm^3。

◇ 初中:一位历史老师通过讲一些简短的故事来讲解概念,并指导学生分析故事和帮助他们识别概念的本质特征。

◇ 高中:一位英语老师准备了一张幻灯片来阐述莎士比亚戏剧中的一些主题、角色和场景。学生利用这些信息来总结莎士比亚的作品并得出一些结论。

(资料来源:埃根,考查克.教育心理学:课堂之窗[M].郑日昌,主译. 6版.北京:北京大学出版社,2009:390.)

专栏7-9 举例思考

王老师是一名英语老师,她发现,在自己所教的班级里有一名男生不喜欢学英语,成绩最差,但是,这名男生对航模很感兴趣,上课期间会时不时地摆弄各种飞机模型。于是,王老师在课后找了个机会,便和这名学生聊起了航模,王老师还利用课余时间和学生一起设计、制作模型,鼓励学生参加航模比赛。另外,王老师会找一些有关的书籍给他看,并故意在书中夹杂一本有精美图片的英文版的航模书。这本书让这名学生爱不释手,但是,他几乎看不懂,只好经常来找王老师学习英语。这名学生从这件事情中认识到英语的价值,此后,他开始非常认真地学习英语,成绩不断提高。

试用本章理论分析,此案例的王老师利用什么原理激发了学生的英语学习?

■ 内容要点

1.学习的迁移实质上是一种学习对另一种学习的影响。依据不同的标准可以对迁移进行不同的分类,具体有正迁移、负迁移与零迁移、顺向迁移和逆向迁移、一般迁移与特殊迁移、横向迁移和纵向迁移、低路迁移与高路迁移,以及近迁移和远迁移。这些分类没有好坏优劣之分,只是体现了研究者从不同的角度来研究迁移,以及对迁移不同的理解深度。

2.不同研究者从不同的理论基础出发,对迁移现象进行了系统的研究,形成了多种多样的迁移理论,主要包括形式训练说、相同要素说、概括化理论、关系转换说,以及学习定势说。

3. 20世纪60年代后,由于认知学习理论的发展,出现了比较有影响力的现代迁移理论,包括奥苏贝尔的认知结构迁移理论,安德森等人提出的产生式迁移理论,以及元认知迁移理论。

4. 迁移并不是自动产生的,教师需要通过一定的策略来促进学生学习迁移的产生,具体包括确立明确具体的教学目标,注意教学材料和教学内容的编排,改进教材呈现方式,加强教学方法的选择,并促进学生学习方式的改变,充分利用各种可迁移的情境,并在不同情境下呈现多种实例,改进对学生的评价,让教学对学生产生意义等。

■ 复习与思考

1. 什么是迁移?根据不同的分类方式,学习迁移有哪些种类?
2. 经典的迁移理论有哪些?各有什么优缺点?
3. 概括化理论的主要内容是什么?
4. 奥苏贝尔的认知结构迁移理论的要点有哪些?
5. 学习迁移的产生式理论的基本观点是什么?对教学有哪些启示意义?
6. 试述影响迁移的重要因素,促进迁移的方法有哪些。
7. 如何为迁移而教?根据自己的学习经验举例说明。
8. 思考所学迁移理论对自己将来教学的启示。

■ 推荐阅读材料

1. 埃根,考查克. 教育心理学:课堂之窗[M]. 郑日昌,主译. 6版. 北京:北京大学出版社,2009:390.
2. 吴庆麟. 教育心理学:献给教师的书[M]. 上海:华东师范大学出版社,2003:258.
3. 费兹科,麦克卢尔. 教育心理学:课堂决策的整合之路[M]. 吴庆麟,等译. 上海:上海人民出版社,2008:177.

■ 索引

❖ 术语索引

- 迁移(transfer)　　　　　　　　　　　　　　　7.1
- 正迁移(positive transfer)　　　　　　　　　　7.1
- 负迁移(negative transfer)　　　　　　　　　　7.1
- 零迁移(zero transfer)　　　　　　　　　　　　7.1
- 顺向迁移(forward transfer)　　　　　　　　　7.1
- 逆向迁移(backward transfer)　　　　　　　　7.1
- 一般迁移(general transfer)　　　　　　　　　7.1
- 特殊迁移(special transfer)　　　　　　　　　7.1
- 横向迁移(lateral transfer)　　　　　　　　　　7.1
- 纵向迁移(vertical transfer)　　　　　　　　　7.1
- 低路迁移(low–road transfer)　　　　　　　　7.1
- 高路迁移(high–road transfer)　　　　　　　　7.1
- 近迁移(near transfer)　　　　　　　　　　　　7.1
- 远迁移(far transfer)　　　　　　　　　　　　7.1
- 形式训练说(formal discipline theory)　　　　7.2
- 相同要素说(identical elements theory)　　　　7.2
- 概括化理论(generalization theory)　　　　　　7.2
- 关系转换说(relationship transposition theory)　7.2
- 学习定势(learning set)　　　　　　　　　　　7.2
- 认知结构(cognitive structure)　　　　　　　　7.3
- 程序性知识(procedural knowledge)　　　　　7.3
- 陈述性知识(declarative knowledge)　　　　　7.3
- 元认知(meta–cognition)　　　　　　　　　　　7.3
- 主动迁移意识(active transfer consciousness)　7.4
- 学习策略(learning strategy)　　　　　　　　　7.4

❖ 人名索引

- 沃尔夫(C. Von. Wolff)　　　　　　　　　　　7.2
- 辛格勒(M. K. Singley)　　　　　　　　　　　7.3

第八章　中学生学习动机的激发

■ **教学目标**
- 了解学习动机的含义与来源,理解学习动机与情感、认知间的关系。
- 掌握学习动机的行为主义理论、人本主义理论和认知理论。
- 理解动机理论对激发学生学习动机的意义,掌握激发学生学习动机的方法。
- 了解自主学习的内涵,能够科学地指导学生进行自主学习。

■ **学习重点**
- 主要的动机理论及其内容。
- 动机理论在教学实践中的应用。
- 自主学习的循环模式及其操作。

■ **课前思考**
- 是否可以通过提高学习动机的强度提高学习效率或效果?
- 给学生提供物质奖励会不会损害学生的内部动机?
- 受到其他同学排斥的学生,其学习动机会受到怎样的影响?
- 为什么会出现学习拖延行为?

第一节 学习动机概述

学生的学习动机是使他们在学校教育中取得成功的关键因素,因此,教师进入课堂前应了解的最重要的事情就是:学生是如何看待学习的?每天背着书包去上学的孩子都爱学习吗?如何激发学生的学习动机,让其变得"爱学""乐学"?本章将探讨学习动机的内涵,让教师了解学生的学习动机,并在此基础上运用动机理论激发学生的学习动机。

一、学习动机的概念

(一)什么是动机

动机指的是激发、引导和维持个体行为的心理过程。具体而言,动机对行为的影响表现为三点:①激发功能,如同汽车的发动机,能推动个体产生某种行为,使个体由静止状态转向活动状态,如为了消除饥饿而引起择食行为,为了获得优秀成绩而学习,为了摆脱孤单而结交朋友等;②指向功能,如同汽车的方向盘,能使行为指向一定的对象或目标,如在学习动机支配下,人们可能去图书馆或教室;在休息动机支配下,人们可能去电影院、公园或娱乐场所;在成就动机驱使下,人们会主动选择具有挑战性的任务;③维持和调节功能,如同汽车的油门,当行为指向个体追求的目标时,动机就会使这种行为继续下去;相反,当行为背离了个体所追求的目标时,这种行为的积极性就会降低,或者完全停止下来。

(二)什么是学习动机

学习动机(learning motivation)是指引学生表现出学习活动,维持并指引学习活动趋向目标的心理倾向,主要由学习需要和诱因组成。其中,学习需要(learning demanding)是学生在学习活动中感到有某种欠缺而力求满足的心理状态,又被称为内驱力,是由社会和教育对学生的客观要求所转化的学生头脑中对学习的一种主观需求状态;诱因(inducement)则是驱使学生产生学习行为的客观条件或外部因素,当学生学习的内部条件(需要或内驱力)已经成熟时,外界条件或环境因素起到了导火索功能。主观需求是驱使学生学习的根本动力,但如果没有相应的客观条件或刺激物作为诱因,有效学习也较难发生。需要和诱因是学习动机的两个基本成分,两者间密切相关,共同影响学生的学习。

第八章 中学生学习动机的激发

> **专栏 8-1 举例思考**
>
> 1. 个体怎样对其行为做出选择？例如，为什么一些学生选择一回家就开始做作业，另一些学生则选择了先看电视？
> 2. 个体需要多长时间来开始或启动他们的行为？为什么有些学生能立刻开始做作业，而另外一些学生则总是拖延耽搁？
> 3. 个体选择某种行为的卷入水平和强度有多大？为什么有的学生一翻开书，就能被吸引并聚精会神，而另外一些学生则翻开后心不在焉？
> 4. 什么因素会影响一个人选择坚持或放弃某种学习行为？你的学生读莎士比亚的作品是一口气读完，还是读几页就放下了？
> 5. 当个体从事一项活动时，其内在的思维和情感是怎样的？学生是因为喜欢读莎士比亚的作品，还是因为这样做体现了他们的能力，或是因为担心将要到来的考试不得已才去读莎士比亚的作品？

二、学习动机的类型

（一）外部动机与内部动机

根据学习动机诱因的来源，可将其分为内部动机和外部动机。

内部动机（intrinsic motivation）是由学习者的内在需要所引起的动机。如由于学生理解了学习的意义或对学习感兴趣而表现出的积极学习。隐藏在内部动机背后的基本理念是，完成或参与某一活动获得的奖赏来自于活动本身，这一奖赏经常是内部的愉悦情绪或情感。

外部动机（extrinsic motivation）是由学习活动的外部结果所引发的动机。例如，某次测验中，学生为了获得父母和老师的表扬而努力学习，学习是学生为了达到某种结果的手段。外部动机的满足不在学习活动本身，而在学习活动之外。

内部动机和外部动机具有不同的特点，可能引发不同的行为结果。其中，内部动机的目的在于获得自我奖赏。如一些学生基于好奇心去学习，其学习目的在于掌握知识，他们会因为自己在学习活动中学到知识而得到满足，从而积极地参与学习过程，选择更有挑战性的任务，且其学习行为具有更大的稳定性和坚持性。外部动机的学习目的则在于获得外部奖励。如有些学生因想表现得比别人强而去学习，一旦失败就会感到挫败，从而逃避学习，或者选择没有挑战性的任务。因此，与外部动机相比，持内部动机的学生的学习行为更加主动、持久。

在教育领域,外部动机与内部动机之间的关系一直备受争议。有研究者认为,外部激励的存在会削弱内部动机的强度。但是,并非所有的外部动机都会对内在动机产生负面的影响。以下三方面的因素会导致外在动机对内在动机的损害。首先,个体期望完成任务后能够获得外在奖励。此时,个体完成任务只是为了获得外部奖励,会削弱其参与任务、对任务本身的兴趣或内在动机。如果教师或家长所提供的外在奖励是学生意料之外的,或学生完成任务不是为了获得外部奖励,此时,学生对学习本身的动机和兴趣就会增强;其次,奖励对个体是很重要的东西,此时,学生的学习只是为了获得对他们而言更为重要的外部奖励物,而不是被学习本身的特征所吸引,也会削弱其对学习的内在动机;第三,奖励物是有形的,如分数、金钱和奖品等,有形奖励物的存在一般会削弱学生对学习本身的兴趣;而如果教师所提供的更多的是无形奖励,如口头的表扬或微笑、拥抱、关心,或全班同学的鼓掌和温暖关爱等,则不会削弱学生学习的内在动机。

在实际教学中,学习动机的引发源于个体内部的心理特征与其所处环境间的交互作用。因此,为更多地调动学生的内部学习动机,并更好地利用外部动机激励学生的良好学习行为,教师需要了解影响动机的心理特征及这些特征如何与环境进行交互作用的规律。

专栏7-2　举例思考

在"机器"单元教学中,张老师将班上的学生进行了分组,每组的任务是设计一种交通工具。设计好的工具要由橡皮带启动,并能够承载一磅的重量运行至少六英尺。张老师为学生提供了各种各样的材料,当然,学生也可以自己找材料。制作完成后,每个小组都要在班上演示自己小组的作品。同时,要对每种工具在载重情况下的运行速度和距离进行测量。然后,选出一件作品代表班级参加市里举办的比赛。张老师发现,学生对这个项目特别感兴趣,对设计和制造工具特别用心。他还注意到,学生在这一项目上投入大量的课余时间,为了测试和改造他们的设计,有些学生甚至忙得早出晚归。

想一想:学生们对于此项目的动机是如何被激发的?这一动机是来自内部的还是外部的?是否存在个体内部心理特征和外部环境之间的交互作用?

第八章 中学生学习动机的激发

> 事实上,在这一案例中,大多数学生的兴趣可能是由该项目本身所激发的。然而,这些学生可能也觉察到了一些潜在的外部结果,如完成这一项目后可以获得好的成绩;或者,若他们的机器能被选中代表班级参加比赛,便可获得老师和同学的夸赞;或者,可能会在市级竞赛中获得奖励等外部的好的结果。
>
> 在这里,张老师为学生提供了一个充满机会的环境,但是,每一个学生对这一机会的反应则取决于其自身的心理特征。这与相互作用的动机观点是一致的,即认为动机的引发源于个体内部的心理特征和他们所发现的自己所处环境的相互作用。此观点的意义在于,教师如果想知道怎样才能激励学生,就必须了解那些影响动机的心理特征,以及这些特征是如何与环境进行交互作用的。
>
> (资料来源:费兹科,麦克卢尔.教育心理学:课堂决策的整合之路[M].吴庆麟,等译.上海:上海人民出版社,2008:177.)

(二)直接的近景性学习动机与间接的远景性学习动机

根据学习动机起作用时间的长短,将学习动机分为直接的近景性动机和间接的远景性动机。

直接的近景性学习动机,指的是由活动的直接结果引起的促使活动更多地发生的动机,如学习是为了应付老师的测验或博得老师的好感。这种动机很具体,效果比较明显,但不够稳定,易随环境的变化而变化。

间接的远景性学习动机,则是指由于了解了活动的社会意义、活动结果的社会价值而引起的参与某种活动的动机,如"为中华之崛起而读书"。这种学习动机,既具有一定的社会性和理智色彩,又与个人的志向、理想、世界观相联系,因此,具有较强的稳定性和持久性,能在相当长的时间内起作用。

(三)普遍型学习动机与偏重型学习动机

根据学习动机的范围,可将学习动机分为普遍型学习动机和偏重型学习动机。

具有普遍型学习动机的学生,对所有学习活动都充满兴趣,他们不但认真学习所有知识性的学科,对技能性学科甚至课外活动也从不懈怠。一般而言,高学业成就的学生往往持有普遍型学习动机,这类学生将学习动机与学习兴趣、态度、意志、价值观等融为一体,即使外界条件发生变化,也能保持较高的动机水平。

具有偏重型学习动机的学生,只对某门学科有较强的学习动机,对其他学科则不予关注。该动机主要受学生学习过程中学业成败或师生关系等外在因素的影响。如果一个学生的多门功课均遭受失败而只有一门成功或只获得了某一位老师的关心爱护,这种学生很可能只会对成功的那一门科目或该老师任课的科目有较强的学习动机。

(四)认知内驱力、自我提高内驱力和附属内驱力

教育学家奥苏贝尔(D. P. Ausubel)指出,学校情境中促使学生追求成就、希望获得成就的内在力量包含三种内驱力:认知内驱力(cognitive drive)、自我提高内驱力(ego-enhancement drive)和附属内驱力(affiliated drive)。学生所有的指向学业的行为都可以用这三种内驱力加以解释。随着学生年龄的增长,这三种内驱力的比重会有变化。

认知内驱力,即一种要求了解和理解知识或要求掌握知识的强烈的需要,以及系统地阐述问题并解决问题的需要。这种内驱力多半是从好奇倾向中派生出来的,但个体的这些好奇倾向或心理素质,最初只是潜在的而非真实的动机,没有特定的内容和方向,要通过个体在实践中不断取得成功,才能真正表现出来并具备具体的方向。因此,学生对于某学科的认知内驱力或兴趣,往往不是天生的,主要是后天获得的,有赖于特定的学习经验。在有意义的学习中,认知内驱力可能是一种最重要和最稳定的动机。这种动机指向学习任务本身(为了获得知识),满足这种动机的奖励(知识的实际获得)是由学习本身提供的,属于内部学习动机。

自我提高内驱力指的是学生通过自己的能力或学业成就,赢得相应地位和威望的需要,这种需要从学生入学开始,日益显得重要,并成为学习需要的重要组成部分。这种内驱力与认知内驱力不一样,它不是直接指向学习任务本身,而是把学业成就看作赢得地位与自尊心的根源,属于外部动机。从另一个方面说,失败对自尊是一种威胁,因而较高的自我提高内驱力的存在,也会促进学生在学业上做出长期而艰巨的努力。在学习过程中,认知内驱力固然重要,但自我提高内驱力,也是必不可少的。

附属内驱力,是学生为了保持长者(如家长、教师等)或同伴的赞许、认可或接纳而表现出的努力学习的需要。它具有三个条件:第一,学生与长者或同伴在情感上具有依附性;第二,学生从长者或同伴那里所博得的赞许、

第八章 中学生学习动机的激发

认可或接纳(如被长者视为可爱的、聪明的、有发展前途的人,而且受到种种优惠的待遇)中获得了一种派生的地位;第三,为享受到由这种派生地位带来的乐趣,学生会有意地使自己的行为符合长者或同伴的标准和期望(包括对学业成就方面的一些标准和期望),并借此获得并保持长者或同伴的赞许、认可或接纳,这种赞许、认可或接纳,往往使一个人的地位更确定、更巩固。附属内驱力也是一种外部学习动机,它既不直接指向学习任务本身,也不把学业成就看作赢得地位的手段,而是为了从长者或同伴那里获得赞许、认可或接纳。

研究表明,在儿童早期,附属内驱力表现得最为突出。儿童努力学习以获得学业成就,主要是为实现教师和家长的期望并得到其赞许。到了儿童后期和少年期,附属内驱力的强度有所减弱,来自同伴、集体的赞许和认可,逐渐替代了对长者的依附。在此期间,赢得同伴的赞许就成为促使学生学习的一个强有力的动机因素。青年时期认知内驱力和自我提高内驱力,则成为学习的主要动机,学生学习的主要目的是满足自己的求知需要并从中获得相应的地位和威望。据此,教师与家长在对不同发展阶段的个体进行教育的过程中,针对发展早期的个体应注重树立对学生的合理期望和对其行为的正确引导,后期则要关注交往同伴的兴趣与价值取向等情况,帮助学生选择好的交往同伴,为其学习动机的激发营造良好的环境条件。

专栏8-3　原理应用

合理应用内部激励和外部激励

根据学生的年龄选择激励源。诸如分数、表扬这样的外在奖励,对于年龄小一些的学生,效果更好;诸如"为了乐趣而做某件事"这样的内在激励,对于年龄大一些的学生更起作用。但是,也不能为此而过度局限自己的选择——无论在哪一个年龄阶段,学生都是不一定符合某种一般模式的特殊个体。

使用多种方法激励学生。外在激励能够迅速改变儿童的行为,但是,这种改变是暂时的。内在激励对行为的改变是缓慢的,可是,这种改变却是持久的。为了取得长期和短期的效果,将两种激励结合起来,是比较有用的办法。想要了解并实施最有效的激励方法,最好的方法是尝试多种不同的激励途径。

> 不要低估内部动机的重要价值。具有强烈内在动机的学生,往往对学习更感兴趣,并最终能够成就一番大事业。
>
> 培养学生的自我效能感。教师不但要塑造学生的内部动机,让其对学习的内容或学习过程充满兴趣,还应将课堂活动安排得更能激发学生的好奇心,激励学生对自己完成某种活动的胜任感或较高的自我效能感,从而培养其学习兴趣。给学生充分的自由,如让他们针对问题提出自己的解决方案,让他们改善自己的环境等自由选择的权利,这对他们来说,是一种挑战,同时,也是一种激励。
>
> 教师自身表现对所教授内容的热爱与激情。教师在教学过程中,对自身所教授的科目或内容充满兴趣,或自己不断尝试新的方法,来表现其好奇心和兴趣,都会激发学生对所学内容的兴趣。如教师对热带雨林或者现代短篇小说感兴趣,学生就可能会注意到这一点,并以教师的行为为榜样,表现出较高的兴趣与动机。
>
> (资料来源:斯滕伯格、威廉姆斯.教育心理学[M].张厚粲,译.北京:中国轻工业出版社,2003:319.)

三、学习动机与学习效果

学习动机对学习效果的影响可分为两个方面:①总体上整个动机水平对整个学习活动所产生的影响;②在具体的学习活动中,学习动机对学习效果所产生的影响。

总体而言,作为一种非智力因素,学习动机会对学生的学习活动起到重要的促进作用,即动机越强,个体学习的积极性就越高,学习效果也越佳。如对于在班级中学习动机强的学生,他们的学习成绩一般较高,将来取得成就的可能性也越大;相反,对于学习动机低的学生,他们的厌学情绪一般较强,中途退学的可能性也越大。

但学习效果除了会受到学习动机的影响之外,还会受到其他一系列主客观因素的影响,如任务的性质、学生的智力、知识基础、学习方法、人格特征、身体及情绪状况等。对于某一具体学习任务,动机对学习效果的影响并非简单的单向关系。

首先,学习动机的强度和学习效率之间的关系呈倒 U 形曲线。在具体的活动中,为使行动达到最佳效果,就要避免过高或过低的动机,只有当动机强度处于最佳水平时,才能产生最好的效果,这就是著名的耶基斯—多德森定律(图8-1)。如有些学生平时成绩特别好,但是,想考上大学的动机过于强烈,以致在考场上由于情绪高度紧张导致注意和知觉的范围变得狭窄,进而影响了记忆与思维能力的正常发挥,最终连一些平时非常熟悉的题都答不出来。当然,如果一个人对学习活动抱无所谓的态度,缺乏动机,他的学习效果也较差。

其次,最佳动机水平并不是固定不变的,而是随着任务性质的不同而不同。在比较容易的任务中,行为效果随着动机的增强而上升,当动机处于中等偏高的水平时,行为效果最佳;在比较困难的任务中,行为效率反而会由于动机强度的增强而下降,只有当动机处于中等偏低的水平时,行为效果才最好;在中等难度的任务中,当动机水平为中等时,行为效果才最好。由此可见,随着任务难度的不断增大,动机的最佳水平随之下降。

最后,在进行难度相同的学习任务时,最佳动机水平因人而异。如对于同样困难的任务,能力较低的学习者,其最佳动机水平应处于中等偏低处;但对于能力较高的学习者,其最佳动机水平则可处在较高处。

因此,在教育实践的过程中,教师应正确评估任务的性质,以及学生的个体差异,并据此灵活引导、调整学生的动机水平,从而有效地改善学生的学习行为及其效果;相反,如果片面强调动机对学习的促进作用,一味提高学生的动机水平,可能会弄巧成拙。

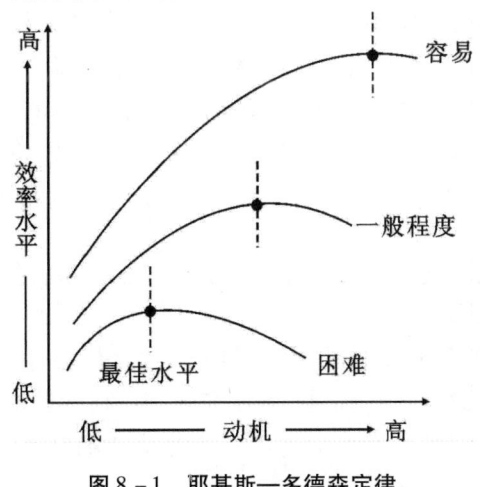

图8-1 耶基斯—多德森定律

第二节 学习动机的主要理论

现代心理学的学习动机理论包括行为、认知、人本及社会文化四种取向,本节也从这四种取向来探讨个体、环境和自我调节因素等变量如何影响学生的学习动机与学习行为。

一、行为主义取向的动机理论

动机的概念与行为主义的一个原则密切相关,即过去受到强化的行为比过去没有受到强化的行为或受到惩罚的行为更易于重复出现。具体来说,学校情境中获得奖励(如高分、奖品、赞扬、给予权利或荣誉称号等)的学生,将会产生进一步的学习动机;没有得到强化的学生将不会产生动机;被惩罚(如低分、训斥、嘲笑、剥夺权利等)的学生则可能逃避学习。

在用强化理论来激励个体的行为时,应充分考虑个体差异,对于不同的学生而言,同一强化物对其所产生的动机价值是不同的。如当教师说:"我希望你们都能够保证按时交上读书笔记,否则就会扣分。"此时,教师的假定是,分数对大多数学生而言,都是一个有效的诱因,但一些学生可能因学习成绩一直较差,逐渐变得对此漠不关心,认为分数不重要,因此,分数不能激励他们努力学习。再如,教师对学生说:"做得不错!我知道如果你努力的话,就一定能成功。"这样的语言对于那些认为任务很难的学生来讲是一种奖励,而对于那些认为任务较容易的学生来讲,则是一种惩罚(因为老师表扬的潜在含义是,你不得不格外努力才能完成任务)。此外,强化物的激励作用也会因情境以及个体对奖励的期待的不同而不同(见专栏 8-4)。因此,在教育教学的过程中,教师不能以自己的标准确定强化物的价值,而应通过交流沟通,及时了解学生的情况和特点,从学生的角度思考强化物对学习的影响。

> **专栏 8-4 举例思考**
>
> 情境一:斯库革先生付给比尔 60 美元,让他油漆围栏。比尔觉得 60 美元的薪酬对这项工作而言,绰绰有余,所以,他倾其全力来做此事。可是,当他干完时,斯库革先生说:"我认为你干的活不值 60 美元,给你 50 美元。"

情境二：与上述情形相似，只是斯库革先生开始时答应给比尔40美元。当比尔做完时，斯库革先生赞赏他的出色工作，给了他50美元。

情境三：大卫和芭芭拉在聚会中相遇，双方一见钟情。聚会结束后，他们在月光下漫步许久。当走到芭芭拉家的门口时，大卫说："芭芭拉，跟你在一起真的很愉快。这是50美元，希望你能接受。"

情境四：玛尔塔的姑姑给了她50美元，让她下周六教小帕普打棒球。如果玛尔塔答应了，那么，她将错过参选学校棒球队的机会。

思考：在这四种情况下，50美元是不是一种有效的强化物？对他们之后的行为会产生怎样的影响？

在第一、第三和第四种情况下，50美元并不是一个有效的强化物。在第一种情况下，比尔的期待一开始被提得很高，但是，斯库革先生使其破灭了。即使比尔最后所得报酬与第二种情况相同，但在第二种情况下，比尔可能更乐于为斯库革先生再次油漆围栏，因为他所得的报酬高于他的期待。在第三种情况下，大卫给芭芭拉的50美元是带有侮辱性的，肯定不会增强芭芭拉以后与他一起出去玩的兴趣。对于第四种情况，虽然在大多数情况下，50美元可以说是慷慨的，但是，这一次对玛尔塔来说未必是一个有效的强化物，因为它与一个更有价值的活动冲突了。

二、认知取向的动机理论

认知心理学家充分关注了人类认知信念对人类行为的调节和支配作用，逐渐形成和发展了一系列重要的动机认知理论，主要有期望—价值理论、成就动机理论、成就归因理论、成就目标理论、自我效能理论、自我概念理论、自我价值和自我决定理论。

（一）期望—价值理论

期望—价值理论（expectancy - value theory）认为，期望（expectancy）是指学习者根据学习经验产生的对实现某种目标的预期或期待，或是学习者寻求希望的事物或结果的发生。不同的心理学家对期望概念的理解不大一致。一种理解是，期望是个体要求某种目标或结果实现的愿望，即希望某种目标和结果能够实现，如希望考上大学，希望能够通过研究生入学考试等。另一种理解是，期望是个体对某种目标或结果能够实现的可能性的估计和判断,如对考入大学的可能性的估计,就反映出个体对目标的期望。有时候,在使用期望概念时,同时具有上述两种意义。

价值(value)有客观价值与主观价值,客观价值是指客体的实际效用,主观价值是指主体对客体实际效用的估计。期望—价值理论中的价值,是指主观价值,是指个体对行为结果的意义或重要性的主观判断。

期望—价值理论认为,人们从事何种行为,取决于觉察到行为目标实现的可能性,以及目标的主观价值。觉察到目标行为实现的可能性越大,实现目标的愿望就越强烈,目标价值诱因越高,则从事相应行为或活动的动机就越强烈。此外,期望—价值理论认为,当个体面临许多高期望、高价值的目标时,个体需要做出决策时,选择行为的可能性(B)取决于期望(E)与价值(V)的乘积。

$$B = E \times V$$

期望价值理论说明学习动机受到两种力量的共同作用,即学习者对学习目标的期望和学习目标达到后对自身的价值。学习动机是这两者共同作用的结果。如果其中一方为零,动机就不会产生,也不会有指向学习行为的目标出现。

(二)成就动机理论

成就动机理论认为,个体具有追求成功与避免失败的倾向。这种追求成功与避免失败的倾向是行为的重要动机力量。麦克利兰(D. C. McClelland)、阿特金森(J. W. Atkinson)关于成就动机理论的大量研究都表明,学生的成就动机与其学业成就密切相关,是其取得学业成就的基础。这里具体叙述阿特金森的成就动机理论。

阿特金森的成就动机理论由于受到米勒冲突模式的影响,因而将成就取向的行为看成趋向与回避倾向之间产生冲突的结果,每一个与成就取向相联系的行动都有成功和失败的可能性。成就行为是追求成功与避免失败两种情绪冲突的结果。把成就动机解释为追求成功与避免失败的一种合成倾向,是阿特金森的成就动机理论的核心。

1. 追求成功

阿特金森认为,追求成功的倾向(Ts)是由追求成功的动机(Ms)、获得成功的可能性(Ps)、成功的诱因值(Is)三种因素决定的。它们之间的关系可用下列公式表示:

$$Ts = Ms \times Ps \times Is$$

▶▶▶ 第八章 中学生学习动机的激发

在这个公式中，Ms 表示长期的、稳定的、追求成功的动机，可以用 TAT 的方法测量出来。Ps 是指认知的目标期望，表示取得目标成功的可能性。当预期成功是必然时，Ps = 1；当预期失败是必然时，Ps = 0。因此，Ps 将在 0~1 的范围内变动。Is 表示成功的诱因值。阿特金森认为，成就目标的诱因值实际上是一种情感，标志着"成就上的自豪感"。阿特金森指出在，困难任务上的成功比在容易任务上的成功，会更多地体验到这种情感。如学生在容易学习的科目上得到高分时，并不感到自豪，但在难学的科目上取得高分时，会感到非常自豪。因此，成功的诱因值不仅与任务完成的可能报偿有关，也与任务的难度水平有关。阿特金森设想 Is 和 Ps 是反比关系，即 Is = 1 − Ps。如果 Ps 小，则 Is 大；如果 Ps 大，则 Is 小。

2. 避免失败

阿特金森认为，成就取向活动引发积极的情感预期，是由于过去成功而产生自豪的体验。同样，消极的情感预期，也是从早期的失败和羞愧感的体验中学到的。害怕失败与希望成功一样，都是在成就取向的情境中诱发的。

阿特金森认为，追求成功的倾向并不能单独决定最终的行为，避免失败的倾向(Taf)在决定行为中同样有着重要的作用。避免失败倾向(Taf)是由避免失败的动机(Maf)、失败的可能性(Pf)和失败的诱因值(If)三种因素决定的。三者间的关系可用下面式子表示：

$$Taf = Maf \times Pf \times If$$

在这个公式中，Maf 表示避免失败的动机，Maf 的强度可以用考试焦虑问卷(Test Anxiety Questionnaire, TAQ)予以确定。很明显，客观上要求对成就行为给予评价时，便会导致这种动机的唤起，因而一个人在测验中的正常反应就提供了对他这种动机的很好度量。因此，TAQ 用来测量 Maf 的强度是可行的。

Pf 表示失败的可能性，If 表示失败的诱因值。与 Is 被设想为一种"成就上的自豪感"相反，If 被设想为失败后所体验到的是消极情感，如羞愧。一般来讲，在容易任务上比在困难任务上的失败所体验到的羞愧感大。阿特金森也假定 Pf 与 If 是一种反比关系(很少有研究能够支持这一假定)，即 Pf = 1 − If。由于 Ps + Pf = 1，因此，Pf = 1 − Ps。与追求成功倾向中提到的 Is = 1 − Ps 相结合，可得出 Is = Pf。同样，根据上面的关系式，可以得出 If = Ps。

3. 成就动机的合成

阿特金森认为,成就动机的合成倾向(Ta),可理解为趋向成就活动的倾向与回避成就活动的倾向在强度上的相减关系。用公式表示:

$$Ta = Ts - Taf = (Ms \times Ps \times Is) - (Maf \times Pf \times If)$$

如前所述,$Is = 1 - Ps$,$Pf = 1 - Ps$,$If = Ps$,因此,上述公式可表述为:

$$Ta = Ms \times Ps \times (1 - Ps) - Maf \times (1 - Ps) \times Ps$$
$$= (Ms - Maf) \times [Ps \times (1 - Ps)]$$

从这个公式可以看出,合成成就动机的强度和方向,依赖于追求成就的动机强度(Ms)和避免失败的动机强度(Maf),以及个体对成功可能性的估价(Ps)。合成成就动机的强度,必须考虑个体对成功可能性的估价(Ps),但当 Ps 给定时,合成的成就动机就取决于追求成就的动机强度(Ms)和避免失败的动机强度(Maf)。如果 Ms > Maf 时,Ta 是正值,这类人合成的成就动机就高,表现为趋向成就活动。如果 Maf > Ms 时,Ta 为负值,这类人的合成成就动机就低,表现为回避或抑制参与成就活动。

专栏 8-5　原量应用

引导学生形成合理期待,激发成就动机

◇ 教师要帮助学生认识自己的能力,找出自身的优势,分析不同学科的特点,对学习形成合理的期待。

◇ 教师可通过主题班会、演讲、辩论等多种形式,帮助学生认识学习的当前意义和长远意义,提高学习目标的主观价值。

◇ 通过独特的教学设计来吸引学生的注意力,引发其兴趣爱好,培养探究精神,激发成就动机。如教师可将教学内容与实际生活相联系,与学生感兴趣的内容和话题相联系。这样,既能引发学生兴趣,也能使其认识到学习内容的价值。

◇ 教学实践中,教师要善于减少失败带给学生的伤害和引发的焦虑,给学生提供相对宽松的学习环境及成功的机会,增强其成就动机。

◇ 教师应了解影响成就动机的客观因素和主观因素,教学过程中要及时与学生沟通,避免不利因素对学生学习动机的影响。

（三）归因理论

归因是指人们对他人或自己某种行为结果的原因进行判断或推论,即对行为原因的知觉和分析。归因理论就是关于人们如何对自己或他人的行为原因做出解释或推断的理论。

韦纳认为,一般来说,人们倾向于将成败归因为能力、努力、任务难度、运气、身心状况、其他(如别人的帮助或评分不公等)这六种因素。按照这六种因素的性质,可将其分别归入三个维度：①控制点(原因的位置),指影响成败的因素来源于个体自身(内控)还是外在环境(外控)；②稳定性,即原因是否会发生变化,其中,努力和运气都是不稳定的因素,因为它们都易随情境而改变,而能力在归因理论中被视为是相对稳定的；③可控性,即学生认为自己在多大程度上能够为成功或失败负责,或是否能掌握学习情境,如学习者能够控制自己的努力,但他们不能控制运气或者任务难度。韦纳的成败归因理论可用表8-1表示。

表8-1 韦纳的成败归因理论

因素	成败归因维度					
	控制点		稳定性		可控性	
	内控	外控	稳定	不稳定	可控	不可控
能力	√		√			√
努力	√			√	√	
任务难度		√	√			√
运气		√		√		√
身心状况	√			√		√
其他		√		√		√

韦纳的归因理论认为,成败归因对成就行为的影响,是以影响未来成功期望和情绪情感反应为中介的。它们之间的关系,可以用图8-2所示的模式予以表示。

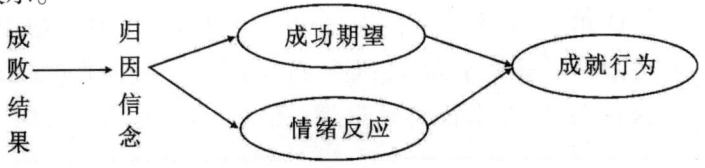

图8-2 归因对成就行为的作用模型

这个模式说明,个体会利用各种前提信息对自己行为的成败进行归因,并由此引起成功期望和情绪情感的变化,进而影响其后继的成就行为。

积极的归因模式:成功——能力高、努力足——自豪、自尊——增强对成功的期望——愿意从事有成就的任务;失败——缺乏努力——内疚——相对地增强对成功的高期望——愿意并坚持从事成就任务。

消极归因模式:成功——运气——不在乎——不能增强对成功的期望——缺乏从事成就任务愿望;失败——缺乏能力——羞愧、无能感、沮丧——降低对成功期望——避免或缺乏对成就任务的坚持性。

在极端情况下,消极的归因会导致习得性无助,即个体认为,自己再怎么努力也不会取得成功的信念。这种观点带来不可抗拒的羞耻感和自我怀疑,最终导致放弃任何尝试与努力。

习得性无助效应最早由奥弗米尔和塞利格曼发现,后来在动物和人类研究中被广泛探讨。简单地说,实验研究发现,经过训练的狗在遭受电击时,可以越过屏障或采用其他的方式来逃避。但是,如果狗经常受到不可预期(不知道什么时候到来)且不可控制的电击(如电击的中断与否,不依赖于狗的行为),当狗后来有机会逃离电击时,也变得无力逃离。同时,这些狗还表现出其他方面的缺陷,如感到沮丧和压抑,主动性降低,等等。狗之所以表现出这种状况,是由于实验的早期,电击的终止都是在实验者掌控之下的,狗会认识到,自己没有能力改变这种外界的控制,从而学到了一种无助感。有关人类的实验中也证实了个体如果产生了习得性无助,就会感到一种深深的绝望和悲哀。

根据塞利格曼等人的观点,习得性无助的产生主要经历以下过程:①获得"结果是不可控的失败体验";②产生"结果不可控"的认知,即无论自己如何反应,都不能影响结果,结果都是失败;③形成"将来结果也不可控"的期待,即在以后的行为中,无论自己是否努力,也都将面临失败的结果;④产生无力感。无力感产生后表现出对认知、动机和情绪三种心理成分的破坏作用。亦即,在认知上,个体产生行为与结果之间相互关系的期望,即产生结果不可控、失败不可避免等认知和期待;在动机上,个体倾向于放弃反应,不做尝试,消极被动,对什么都不感兴趣;在情绪上,个体则会变得冷漠和抑郁。

第八章 中学生学习动机的激发

> **专栏 8-6　拓展阅读**
>
> **努力是一把双刃剑**
>
> 　　曾经有研究者做了这样的实验：让被试（大学生）想象考试失败之后的大学生的一些情况，包括让被试推测失败了的大学生的能力、情感，周围人对其能力的评价，将要受到的来自教师的惩罚，他们如何解释失败等。结果发现，被试对考试中经过了努力而失败的学生表现出最大的否定情感；对因为某种理由（比如有病）而没有努力，并导致失败的学生表现出的否定情感最小，并且也不低估自己的能力。被试认为，那些既不对考试成败加以解释又不努力的学生最容易受到教师的批评，亦即在学生看来，是否努力决定是否会得到教师的奖惩。
>
> 　　想一想：从这个实验中，你发现，学生们是如何看待努力和成败之间的关系的？这一看法和教师与家长的看法有何不同？
>
> 　　从这个实验中，对于学生来说，努力然后获得成功，是最理想的状态。不努力虽然会受到教师的惩罚，但努力后失败，却会暴露自己能力上的不足，面临着能力被否定、自尊心受到伤害的危险。因此，心理学家把努力称为"双刃剑"。
>
> 　　另外，家长与教师和学生对于努力的看法并不一致。一般来说，家长和教师都会鼓励学生多加努力，不管努力之后是否成功，学生们都会得到充分的肯定；相反，不努力的学生通常会受到批评，即便是在取得好成绩的情况下，也不会得到很多的奖励，父母最多可能会说"还是要努力，否则，下次就不会有好成绩"。然而，对于学生来说，不努力而取得好成绩，是最能证明自己能力的，也最能获得周围同伴的赏识；努力但是失败容易受到能力低下的评价。研究表明，人们在失败的时候，会有意识地削弱努力的程度，这是一种保护自己自尊心的防御机制。实际上，人们在预测到会失败时，也会采取同样的防御措施。这种自我防御机制，是为了在失败时不至于给自己造成不利，不至于损害自己的形象而采取的保护措施。

（四）自我效能理论

班杜拉认为，个体的行为、认知与环境是相互作用与相互影响的。个体的行为要受到环境和个体认知的影响，同时，又会影响环境和个体的认知；

个体的认知是个体行为结果和环境信息内化的结果,同时,又会调节个体的行为,通过不同的行为方式改变环境;环境是个体认知的信息源泉,是行为施加影响的对象和条件。

班杜拉最初(1977)认为,"自我效能"(self-efficacy)是指个体对自己在特定背景中是否有能力去操作行为的期望,这种"自我效能期望"与个体对行为的"结果期望",是截然不同的。"结果期望"是指个体对自己的行为会导致的结果的推测。例如,学好英语和计算机,能够使自己找到一个理想的工作,这就是一种"结果期望",而个体对其能否学好英语和计算机的能力的判断与信念,则是一种"自我效能期望"。20世纪80年代以后,班杜拉把自我效能看作对行为操作能力的知觉(包括判断和评价),以及个体有关自身能力的稳定信念。这样,他又提出知觉的自我效能(perceived self-efficacy)和自我效能信念(belief of self-efficacy)两个概念。知觉的自我效能是指个体对形成和实施要达到指定操作目的行动过程的能力的判断,知觉的自我效能即自我效能感(sense of self-efficacy)。自我效能感深化到人格系统,就成为自我效能信念,即有关自己能力的认知取向或能力信念。班杜拉认为,这种知觉的自我效能和自我效能信念是人类行为的重要调节和控制力量。

班杜拉及其同事的大量研究表明,个体的自我效能受到四种因素的影响:

(1)完成任务的经验。过去在类似任务上的表现是最重要的因素。例如,做口头报告的成功经历会提高个体在做报告上的自我效能感。

(2)替代性经验。即通过观察学习获得的经验,例如,观看其他人报告的精彩范例,通过观察他人演讲技巧而使个体自我效能感有所增强。

(3)言语劝说。虽然口头说服在其有效性上存在一定的限制,但是,老师的评论,如"我相信你可以做一个很好的报告",仍然可以增强学生的自我效能感。

(4)情绪与生理状态。消极情绪状态,如焦虑、抑郁或恐惧等,会降低对自我效能的判断;生理上的因素,如疲劳和饥饿等,即使与任务无关,也会降低个体的自我效能感。

(五)自我价值理论

科温顿(covington)认为,自我价值(self-worth)的需要是所有个体具有的一种基本需要,人天生具有自我价值保护的倾向。当个体的自我价值受到威胁时,会极力维护。在学校,学生学习动机的一个重要方面,便是对自

第八章 中学生学习动机的激发

我价值的维护。研究表明,大多数学生把自我价值感等同于取得成功的能力,他们把能力看作是决定个人成败的主要因素,是体现自我价值的最重要的方面。

通常,对于学习上的成功,学生们更喜欢用高能力来解释,因为高能力有利于提升自我价值感;对于学习上的失败,他们则更喜欢用低努力来解释,因为由低努力而导致的失败并不意味着低能力,从而维护自我有价值的积极意象。在充满竞争的学校环境中,这种自我保护的动机在学生中很常见,其学习的动力主要源于为了提升和保护有关能力的自我概念而进行的努力。科温顿进一步指出,许多学生在学习中不愿意付出努力,其根本原因是为了维护自我价值。对学生来讲,"努力是一把双刃剑",一方面,努力会得到教师的夸奖;另一方面,高努力则又意味着低能力。所以,尽管在大多数课堂情境之下,努力是被推崇的,不努力则会受到老师的指责和批评,但是,许多学生还是不愿付出努力,原因就在于当付出了极大努力而仍然失败时,学生不仅会感到羞愧痛苦,而且可能会因为自己的能力不如别人而丧失自尊和自信。反之,如未经努力而遭到失败,心理上纵然失望,但受到的挫折反而比较低,而且自己还可以用"未努力"的文饰作用来安慰自己。

专栏 8-7　原理应用

从不同方面激发学生的自我效能感,增强自我价值

教师可以通过言语暗示或者替代强化提高学生的自我效能感。

培养学生的能力增长观,让学生理解能力多元化,是可以通过学习与努力,在后天教育和学习中予以改变与提高的,并对学习保持一种积极乐观的态度。

合理运用奖励。第一,将奖励建立在学生个人进步的基础之上。只要他付出努力、取得了进步,教师就应该予以奖励,让所有学生都有机会感受到学习成功的自豪,体会到努力的价值和意义。第二,鼓励学生多进行自我奖励。单纯的外部奖励有时会降低内部动机水平,尤其是当这种奖励并不是学习的自然后果且又处于他人的掌握之下时。因此,教师要多鼓励学生进行自我激励。第三,成绩往往是最普遍和最直接的奖励,其评定应讲究科学的方法,保证每个学生能够得到自己相对满意的成绩。

合理设置任务。提供中等难度的、具有挑战性的任务,使学生经过努力可以实现,让学生感受到对学习的控制性,体验到自身技能的提高和能力感。

三、人本主义取向的动机理论

人本主义心理学家马斯洛(A. Maslow)认为,学生先天具有发自内心的成长潜力,教师的任务不只是教学生知识,更重要的是,为学生设置良好的学习环境,包括良好的心理环境,无条件地积极关注学生,让学生自行学习。马斯洛的需要层次理论正好解释他的这个观点。

在其层次理论中,按照不同层次需要的不同意义,区分为缺失需要(deficiency needs)(生理需要、安全需要、爱和归属的需要、尊重的需要)和成长需要(growth needs)(求知和理解的需要、审美的需要、自我实现的需要)。缺失需要对个体身心健康发展非常重要,必须得到满足,而这些需要一旦得到满足,个体有关这方面的动机也会减少。相反,成长需要,如求知和理解的需要、审美的需要、自我实现的需要等,永远也得不到完全的满足。实际上,求知和理解世界的需要满足得越多,人们学习更多知识的动机就越强。学校教学中,教师要了解学生的缺失需要是否已经得到了基本满足,尽量激发其成长性需要,增强其自我实现的动力,促进学生的学习。

专栏 8-8　原理应用

关注、爱护和尊重学生

◇ 在学校教育中,以学生为中心。

◇ 通过区分学生的行为和他们的内在价值而给予学生无条件积极关注。

◇ 营造安全和有秩序的课堂氛围,使学生相信,他们在这里可以学到一些东西,同时,他们也被赋予了这样的期望。

◇ 从学生的角度来考虑教和学。

◇ 帮助学生满足他们的缺失需要和发展需要。

四、社会文化取向的动机理论

社会文化取向的理论在理解动机时,强调学习者和他人一起进行学习

第八章 中学生学习动机的激发

时的经验。他们认为,人具有在社会环境中和他人发生联结的需要。这是所有人的基本需要。人通过参与活动来维持稳定的人际关系,来确定自己属于特定群体的信念。人的活动目的就是维持其在群体中的身份及人际关系,而学习是通过观察和学习特定文化群体中更有能力的人而进行的,并涉及参与群体实践。身份(identity)是该取向观点的核心概念,如果学生把自己看作是班干部,那他的行为就将按照他认定的班干部应该做的事情去进行。比如,关心同学,协助老师工作等。个体具备何种身份,是由其在群体活动中的参与程度决定的。一个人要想成为班干部,必须受老师肯定,被同学推选,且具备相关的组织领导能力。

合法的外周参与(legitimate peripheral participation)意味着,当个体刚刚被卷入一个集体时,虽然他的能力不够完善,对团体的贡献很小,但并不会被指责,而会被原谅。但每一种工作做到极致,都将成为专家。为了不被集体摒弃,个体要不断进步,同时,集体中的其他人有尽心帮助他达到某种水平的义务。在教学中,教师的作用就是创设各种类型的群体活动,确保所有的学生参与到其中,让学生围绕问题进行合作,对学习产生责任感。

以上是对四种取向的动机理论的简要介绍。其对动机的增强见表8-2。

表8-2 四种取向的动机理论增强

理论	增强途径
行为主义	采取奖励或惩罚形式的外在强化物 高分表扬,低分批评,自由活动留校,奖励记过
认知主义	基于观念、归因、期望和价值的内在强化物 理解功课和家庭作业的目的;相信自己有能力取得成功;把成功归于努力的学习,期望通过努力取得进步
人本主义	以人要取得成就,杰出和自我实现的需要为基础的内在强化物 鼓励学生相信自己的能力,建立良好的教学环境,发展自尊,教师以热情支持的方式行事等
社会文化取向	以人际联结和人际关系为基本需要 鼓励学生积极参与集体活动,促使学生体验在集体中的责任和义务

根据以上对动机理论的简述,可以看到影响学习动机的因素众多,图

8-3呈现了一个有关学习动机的整合模型,为教师激发和培养学生提供了有效的途径。

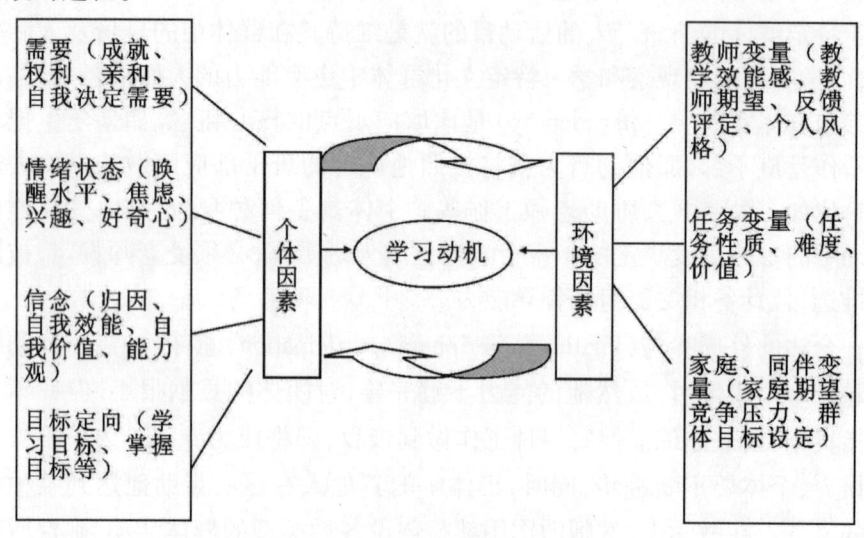

图8-3 学习动机的整合模型

(资料来源:陈琦,刘儒德.教育心理学[M].北京:高等教育出版社,2005.)

第三节 学习动机的激发与培养

对于学生的学习有两个方面非常关键:一是学生"会学不会学"的问题,即学生是否掌握了有效学习的策略与方法,是否学会学习。二是学生"学不学"的问题,即学生是否有学习的积极性和动力,有没有"我要学习"的愿望。教育教学中,首先要了解的问题是,学生是否有学习的主动性和积极性,为什么一些学生能够努力学习,即使遇到困难与挑战,也能够坚持,而有些学生却不能,虽然他们具有相应的学习能力,但也会放弃学业上的努力?如何有效地激励学生的学习动机?要成为优秀的教师,必须理解与掌握一系列调动与激励学生学习积极性的方法,基于8.2节学习动机理论,可以看到,影响学习动机的因素众多,主要包括学习者个体因素、环境因素及二者之间的互动。

第八章 中学生学习动机的激发

一、学习动机激发与培养的一般方法

（一）学生需要的满足

学生有很多需要，常见的有权力需要（need for power）、亲和需要（need for affiliation）、自我决定的需要（need for self-determination）和成就需要（need for achievement）。不同时候学生有不同的需要，而且，在同一时间，学生受到多个水平需要的影响。教师在以满足学生需要为契机激发学生动机时，要以满足学生较低级需要为出发点，即缺什么，就满足什么。当一个因为父母离异缺少关爱的学生讨厌学习时，老师首先要设法多关心学生，这才是激发学生学习动机的前提。

（二）学生期望与价值的维持

学生的学习需要有一定的成就期待，对于学习的价值有充分估计，认识到各种课程的学习都是重要的，不论是对于一般的社会交往的维持，还是对学生个人的成长都很关键。学生的成就期望与任务价值会随着年龄的增长而下降，这是由于随着年级的增长，学习任务越来越具有难度，许多学生在一些课程的学习之中经历了多次失败后，对于学习的成功就不再抱有期待。另外，学生也会随年龄增长开始反思，为什么要努力学习，为什么要在学习上付出辛苦，思考的结果是学习没有什么意义与价值。如何保持学生在学习中有比较高的成就期待，对于学习的价值有一个充分的认识，是教育教学中需要加以重视的。例如，结合学科的性质，讲述学科知识在实际生活中的应用，给学生解析学习的重要价值。再比如，在初中阶段以后，给学生更多的鼓励，克服学生学习的挫败感和习得性无助，避免学生学业成就期望的大幅度降低。

（三）学生成就动机的培养

学生向上就像葵花向阳一样，每个学生都具有进步的愿望，都希望做得优秀。但在教育实践中，教育教学可能会极大挫伤学生积极向上的劲头。亦即每个学生都具有成就动机倾向，但环境、教育教学因素却缺乏成就动机的激发因素。学校教育环境要创设能够适应学生追求向上天性的条件。除此之外，根据成就动机理论的观点，要注意培养学生的独立性，这种独立性的培养有助于学生成就动机的发展。增加学生成功的机会有利于维持学生的成就期待，对于增强学生的成就动机也很重要。教育教学中，需要让学生

普遍体验到成功的快乐,而不是让学生总是处于一种被挫败的境地。低的分数、低的评价,终究会使得学生丧失成就追求。

(四)学生归因信念的训练

学生对学习成败的归因信念是可以通过训练提高的。

归因训练模型具体分为以下四步:

第一步,让学生暴露其原有的归因风格。发现问题是解决问题的第一步,要想引导学生正确归因,首先要了解学生原有的归因风格,通过让学生暴露自己的归因风格,来了解其内心对自己学业成败原因的解释。

第二步,进行活动,获得新的成败体验。这一步所进行的活动必须与学生的消极归因有关,如对在物理学习方面存在消极归因的高中女生来说,可以选择"物理补习小组""物理自习辅导""物理兴趣小组"等活动。在活动过程中,要求学生完成一些任务,使其获得成败体验。

第三步,无论学生是否完成任务,都要求学生进行成败归因。如果学生表现出积极归因,应及时肯定;若出现消极归因,则进入第四步,引导学生积极归因。

第四步,引导学生进行积极归因。这是归因训练最为关键、难度最大的一步。首先,要澄清不合理归因。由于学生对自己的归因是否正确没有太清楚的认识,这需要教师在学生暴露出来的归因风格的基础上,引导学生分析自己归因的不合理之处,让学生意识到不同的归因直接影响后续的学习。其次,渗透"一分耕耘一分收获"的意识。使学生认识到,每个人不是天生就能获得成功,成功取决于自身的努力程度。最后,引导学生客观评价自己的学业,积极分析成败的因素,看到学生还没有努力到的地方,教师要及时给予指导。最后,使学生保持积极的归因方式。

(五)学生自我效能的增强

这里再一次要说的是,要给学生普遍成功的机会,学校教育教学要把这一点认真考虑一下。在许多学校,许多学生的考试成绩都是不及格的,以不及格来威胁学生,强迫学生学习,实际上学生已经让成绩完全给击垮了。他们失去对学习能力的自信,具有非常低的学业自我效能。给学生成功的机会,哪怕是学得最差的学生,都需要学习上的成功作为奖励和支持,来提高他们的学习自信,增强学业自我效能感。当然,自我效能感的增强也可以通过口头说服、榜样示范等来加以引导。

(六)学生积极概念的形成

无论是对学生还是对其他的个体,建立积极的自我概念是生命的目标。要引导学生正确地看待自己,恰当地评价自己。尤其是对那些学习成绩差的学生,要鼓励和引导他们对于自己的学业能力与学业水平形成一个积极的评价。要承认学习上与其他同学之间的差距,但也不要自暴自弃。只要努力就会进步,只要有进步,就是成功。此外,对于有的学生,教师要帮助他们缩小实际自我与可能自我的差距。

(七)学生学习中自我价值的维护

学生自我价值、自尊的维护,也是学校教育教学中问题最多的方面,学生在千方百计地维护自我价值和自尊,而教育教学有时候是不顾一切地伤害学生的自尊与尊严,让他们的短处与不足晾晒在阳光下。每个学生都有短处,也都有长处。学生的能力也是不同的,有时候,学业上的失败不是缺乏能力,而只是缺乏学校所设置课程的学习能力,学校所重视的能力与学生的实际能力并不一致。为什么社会赞许能够起到激励学生学习的作用,就是因为每个学生都希望得到老师对其能力的肯定。学生维护自我价值、维护自尊没有错,而且是一种优秀的品质。教育教学中不是要改变学生,让他们不要维护自尊与自我价值,而是要改变教师,要教师不要总是极力去伤害学生的自尊。一个人如果没有了自尊,生命的意义将会受到质疑。

(八)学生学习自主性的支持

学习的自主性似乎与学习动机没有关系,但一旦具有学习的自主性,学生就具有了主动性,学生自己知道计划安排自己的学习、监督自己的学习进程和结果,这种自我调节学习本身就是一种动机过程。新的课程改革,强调学生学习的自主性,这一点非常好。但目前看来还远远不够,学习自主就是一种学习上的自觉。教师要放弃完全捆绑学生的学习,学习什么、怎么学习、实现怎样的结果,完全由学校与教师设定,导致学生的学习非常被动。教师需要帮助学生设定学习目标,计划学习过程,达成学习结果,但不是代替。学习内容、过程与结果需要学生自我决定。

(九)学生成就目标的引导

大量的研究都证明,为成长而学习、为掌握而学习,是学生取得学业成功的重要动力。实际上,学生学习的目的就是为了更好地成长、更好地发展,掌握知识,提高能力,只不过学校教育教学的引导,使得许多学生偏离了学习目的的本源,单纯地追求成绩,表现自己、证明自己。由于学校评价把成绩作为唯一依据,家长盯着分数、教师盯着分数,学生做梦都在考试,在他们的世界里,除了考试分数就没有别的了。而且以往学校教育中所强调的能力,不一定就是个体适应社会所必需的能力。学校教育教学中需要改变评价标准,不能把分数作为衡量学生发展与成长的唯一标准。评价要多元化,要评价学生的进步与发展,而且是从不同的方面进行评价。如有的学生学业能力强、研究能力强,有的学生有创造性,有的学生问题能力强,有的学生社会能力强等。

(十)学生集体责任与义务的确立

学生通过参与班级、社团和学校的活动,来维持稳定的人际关系,获得归属感;同时,通过归属于特定群体,观察和学习特定文化群体中更有能力的人来提高自己。如果教师积极引导学生,使其认识到,自己在集体中自我控制、尊重别人的权利、努力和参与、帮助别人四个方面的地位和作用,加强主人翁的责任感和意识,那么,学生就会用集体的行为准则去要求自己,最终达到培养学生责任心的目的。

二、培养与激发学生学习动机的教学设计

根据学生学习动机的特点,国外学者提出了两种培养与激发学生学习动机的教学模式,即 ARCS 模式与 TARGET 模式。

(一) ARCS 模式

ARCS 模式是由柯勒(J. Keller,1987)从动机—成绩—教学影响理论出发而提出的一种宏观理论,他把个体在教学中的期望价值和学习结果引起的心理反应划分为四类:注意(attention,A),切身性(relevance,R),自信心(confidence,C)和满意度(satisfaction,S),认为在教学设计中要从这四类要素来激发学生的学习动机。

(1)注意。教学应唤起学生的感知,引起并维持学生的好奇和注意。教学中要提供新异性、变化性和不确定刺激,激发学生的探究行为和更深层的兴趣。在教学中,教师经常考虑:"我做什么才能引起学生的兴趣(感知唤起)? 我怎样才能激起求知的态度(好奇唤起)? 我怎样才能保持他们的注意(变异性)?"

(2)切身性。教学内容应与学生自身有关,切身性有两种,即目的指向切身性和过程指向切身性。目的指向切身性指教学内容对学生的现在和将

第八章　中学生学习动机的激发

来有多大用处;过程指向切身性指教学方法是否能满足学生的需要。因此,教学内容应与学生的需要和生活贴近。在教学中,教师经常考虑:"我怎样才能更好地满足学生的需要？我怎样、何时向学生提供合适的选择、责任感和影响？我怎样才能将教学与学生的经验联系在一起？"

(3)自信心。学生相信他们能够获得成功的可能性。影响自信心的因素有能力知觉、控制知觉和对成功的期望即相当于自我实现的预言。教学中应提供学生容易获得成功的机会。在教学中,教师经常考虑:"我怎样才能帮助学生建立积极期望成功的态度？学习经历将怎样支持或提高学生对自己的胜任能力的信念？学生将怎样清楚地明白他们的成功是建立在努力和能力基础之上的？"

(4)满足感。学习行为的后果是积极的,且与学生的期望一致。满足感影响学生的持续性学习动机。影响满足感的因素有强化和反馈、内部奖励和认知评价。因此,每节课的教学都应让学生学有所得,让学生从成功中得到满足。在教学中,教师经常考虑:"我怎样才能给学生提供应用他们新获得的知识或技能的有意义的机会？什么东西将对学生的成功提供强化？我怎样才能帮助学生对他们自身的成就保持积极的感受？"

(二) TARGET 模式

TARGET 模式是在成就目标理论的基础上,根据大量的研究成果提出的。艾姆斯(Carol Ames,1990,1992)提出了六种影响学生成就目标定向的课堂结构因素:任务设计(task design,T)、权利分配(authority distribution;A)、认可方式(recognition practices,R)、小组安排(grouping arrangement,G)评价方式(evaluation practices,E)、时间分配(time allocation,T)。简称,TARGET(Brophy,1998)。艾姆斯认为,教师可以通过调节上述六种课堂结构,创造一种有利于掌握目标定向的课堂气氛。

(1)任务设计。关注学习活动有意义的方面,设计新颖、多样、变化、符合学生兴趣的学习任务;设计合理的、具有挑战性的任务;帮助学生建立短期的、自我参照的学习目标;支持学生发展和使用有效的学习策略。

(2)权利分配。着重帮助学生参与决策;布置任务时给予学生选择机会;为学生提供发展责任心和独立性的机会;鼓励学生发展、使用自我管理、自我监督技能。

(3)认可方式。鼓励学生的自我奖励;使评价隐私化,不公开评价;肯定学生的努力,认可学生所从事的与学习有关的各种活动,给予学生改进提高的机会,鼓励学生将错误看成学习的一部分。

(4)小组安排。提供合作学习和相互作用的机会,鼓励小组成员多样化,以扩大同伴交往范围,采用异质的、多样化的小组划分方法。

(5)评价方式。尽量不公开学生的分数,不要强调成绩的横向比较,为学生提供提高他们成就的机会,建立反映学生学习进步的评分方式。

(6)时间分配。调整学习不良者的学习任务或时间要求,允许学生自定步调地学习,鼓励学习进程的灵活性。

通过上述教学设计,使得学生关注努力,面对成败做出努力归因,对学习活动有高度的内在兴趣,使用有效学习策略和自我调整策略,全身心投入学习活动,对学习任务有积极情感,对学校、班级有归属感,能承受失败等。

第四节 自主学习

道家有云,"授人以鱼不如授人以渔"。这句话告诉我们,教学活动中,相比于教授学生知识,教会学生怎样学习,更为有效。其原因在于,学生是学习的主体,绝大部分学习活动、学习时间是由学生自己所支配和控制的。在当前的中国教育体制中,尽管学习任务在相当程度上是由教师安排的,但却有赖于学生的推动与执行。如果学生不能有效地利用时间、控制自己的学习活动,也就不能高效地学习,不能达到现代社会对自己的要求。

一、什么是自主学习

与"教师主导"学习取向不同,自主学习(self-regulated learning)强调"以学习者为中心",强调学生的主观能动性在学习活动中的重要作用。具体而言,自主学习指的是学习者所采取的一种包含目标设置(goal setting)、策略运用(strategy use)、自我监控(self-monitoring)、自我调节(self-adjustment)在内的学习取向。其中,自我监控是指对某一项学习任务中的外显或内隐的结果进行有意地观察。在这样的学习过程中,学习者为了掌握某种知识或技能,自发产生一系列相应的思考、感受和行动。

研究者发现,自主学习活动在高学习成就学生的学习过程中发挥了巨大作用。与低学习成就学生相比,高学习成就的学生会为自己设置更为明确的具体目标,使用更多的学习策略,对学习过程有更多的自我监控,而且能更系统地根据自己的学习结果来调整所投入的精力。

二、自主学习的优势

(一) 自主学习强调学习方法的掌握

强调自主学习,就是强调"如何学习"。以自主学习为导向的学生,其注意力并非局限于知识本身,而在于学习方法。如果学生清楚地认识到自己是学习的主人,而不是学习的牺牲品,意识到自己可以利用自己的资源去克服学习上的困难,即使是一开始心存疑虑、不爱上学的孩子,也能够逐步改变自己的态度和学习行为,最终获得较高的分数。如果学生意识到教师的主要目的在于教他们如何学习时,他们就会放松对教师的戒备心理,更乐意去寻求帮助。学生一旦在自主学习的过程中摸索出最符合自己的学习过程,就会事半功倍。

(二) 自主学习有利于提高学生的学业成就

能够有效地进行自主学习的学生,就能够根据自己的实际情况灵活地调整自己的学习活动,因而能够保证最高的学习效率。相反,一味地等着老师给自己安排学习任务,或者自己有限的学习策略不能有效地解决学习中遇到的阻碍等,无疑会降低自己的学习效率,在激烈的升学竞争中浪费掉自己的宝贵时间。

(三) 自主学习有利于激发学生的学习动机

对于那些刚刚进入学校的小学生而言,从属动机发挥着主要作用,他们的学习目的是达到家长、教师的期望,获得家长、教师的认可和赞扬。但是,随着年龄的增长,学生的学习动机将发生变化。学习动机的自我激发,最终还是取决于自己的学业水平、自我效能,以及为自己设置的目标。如果学生在学习过程中始终不能自立自足的话,学习的动机将减退以至倦怠。

(四) 自主学习有利于提高学生的自我效能感

自己的成功经验能够促进自我效能感的形成。在自主学习过程中,学生主动监控自己的学习活动,自发设置学习目标,灵活选择自己的策略,并根据学习的效果进行适时调节。自主学习一方面,促进了学生的成功,另一方面,也使学生充分地认识到自己是学习的主人,困难能否克服,取决于自己是否努力。学生清楚地观察到、认识到自己的一系列学习过程,以及学习过程中的动态调整对于最终目标的实现发挥着怎样的作用。一旦取得成功,学生就能将自己的学习行为与学习效果直接联系起来,生成自我效能感。而在教师主导的学习中,学生较少对自己的学习行为与学习效果之间的关系进行观察和思考,从而为不正确的归因创造了前提。

另外,自主学习对自我效能感的影响是深远的、广泛的。自主学习能力的训练,是对学生成长的一种投资,将带来短期的、中期的和长期的回报。一句话,自我调节训练所带来的好处与学生的成长息息相关。不仅如此,学业自我效能感的提升,也将带动学生在其他任务上自我效能感的提升。

(五)自主学习有利于提高学生和教师的士气

自主学习不仅对学生自身具有积极作用,而且对整个班级具有积极作用。自主学习训练将提升整个班级自主学习的水平,提高班级对学业的参与积极性,营造出活跃的学习气氛;这种气氛又反作用于学生与教师,带动学生和教师的积极情绪,形成良性循环。

三、自主学习的循环模式

为了使学生掌握自主学习的方法,齐默尔曼(B. J. Zimmerman)提出了自主学习的循环模式(图8-4),并主张在课堂教学、家庭作业中引入自主学习的训练。齐默尔曼同时提出,应重视对五大学习技能的自主学习训练,它们分别是时间的计划和管理技能、文章的理解和概括技能、记笔记的技能、考试的预测与准备技能以及写作技能。

自主学习的循环模式包含相互联系的四个过程,它们分别是:

(1)自我评价与监控。学生根据对先前表现和结果的观察与记录,判断自己学习的效果,简言之,就是学生对自己现有学习水平的认识与评价。学生可以通过多种方法做到对自己准确地评价。有些学生对自己的拖沓行为并没有清楚地认识,一旦让他们(她们)把自己每天做的事记录下来,他们就会惊讶地发现自己浪费了大量的时间。另外,教师、家长、同学的反馈,也是自我评价的有效途径。

(2)目标设置与策略计划。学生分析学习任务,设置具体的学习目标以及规划,或者改善为达到目标所选用的策略。对于某项特定的学习任务,学生需要对其进行分析,然后设定一系列特定的目标,并为了达成这些目标而计划自己的学习策略。如果面对的学习任务是陌生的,就需要教师对该环节的执行加以指导。如果之前已经尝试过完成该学习任务,那么,学生需要根据自己完成的情况调整自己的目标和策略。

(3)策略执行与监控。学生试图在结构化的情境中使用某种策略,或者在执行过程中监控其精确性。在设定了特定的目标,并选择了具体的策略之后,接下来要做的就是将计划付诸实践,即为了实现目标执行选定的策略。策略的执行受到三个因素的影响——以前所使用的策略、来自教师或同伴的反馈,以及自我监控。如果不对自己严密监控,学生在使用新策略时,常常局限于以前使用的更为熟悉的策略。如果学生在持续的练习中,能获得具体的、清晰的反馈,最后也能逐渐学会新策略的运用。

(4)策略结果的监控。集中注意力于学习效果与策略使用过程之间的联系,即监控策略的变化所导致的不同效果,以确定策略的有效性。策略的有效性受到任务性质的制约,因而学生在解决学习任务的过程中,要不断监控学习的效果,并经常变换策略,直到发现最适合该任务情境的策略。当学生开始监控新学习策略的有效性时,常常不能有效地区分不同策略的不同效果,这需要学生更为仔细地监控和持续练习。策略结果的自我监控对自我调节来说非常重要,因为他们会产生相应的认知、情绪或者行为方面的反应结果。如果策略实施的结果不尽理想,学生可能视此为完善自我的机会,产生改进策略的反应;相反,对那些还没准备好接受糟糕结果的学生而言,将感到这是一种失败,并做出一系列消极的、无效的反应。

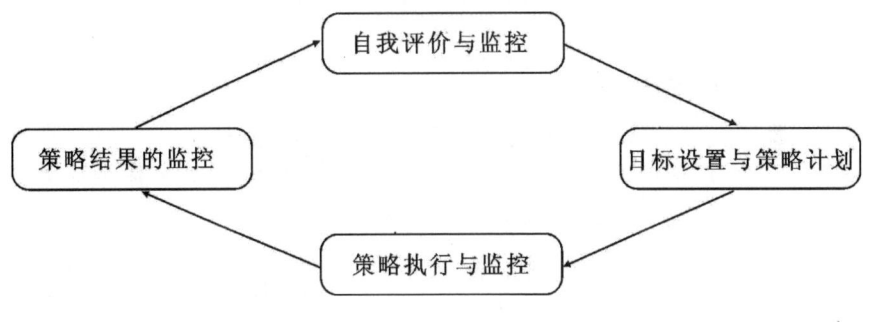

图8-4 自主学习的循环模式

四、学业拖延

(一)什么是学业拖延

学业拖延(academic procrastination)指的是学习者能够意识到自己应该按时完成学业任务,却并没有在所设定的期限内达到目标,或者总是推迟到最后一分钟才草草完成学业任务。拖延以行为的延迟为主要特征,被认为是自我调节(self-regulation)的失败。尽管在某些情境下,拖延具有积极意义(比如,等待新信息的获得,从而为决策提供更全面的依据),但在绝大多数情境下,拖延总是会带来消极后果。

(二)学业拖延的影响因素

产生学业拖延的原因主要包括:①动机不足。例如,学生总是倾向于从事自己喜欢的事,因此,学生常常抵挡不住电视节目、课外活动的诱惑而耽误了学习。另外,任务难度较大会降低学生完成任务的期望,学生由于应对策略的贫乏而不知所措。②害怕失败。自我效能感低的学生担心失败对自我价值造成威胁,因而通过拖延为自己的失败寻找借口——"我的失败源于拖延,而不是因为我没有能力"。③害怕成功。为了与周围的同伴打成一片,学生可能会避免让自己看起来"出类拔萃",以此获得同伴的认可与接纳。

(三)通过自主学习训练战胜拖延

学业拖延的产生,源于自主学习循环模型运作过程的失败:对自我能力的低评价,不恰当的目标设置,无效的应对策略,策略执行的失败,缺乏应对策略与学习效果关系的认知,学习环境中的动机冲突。最重要的是,学业拖延的学生缺乏自我监控。正如前文所强调的,自主学习能力的形成,将有利于学习行为和学习效果的良性循环。因此,自主学习训练是战胜拖延的有效途径。

> 专栏8-9 拓展阅读
>
> **失败恐惧症——拖延症的原因之一**
>
> 拖延被认为是一种保护自我的心理策略,个体基于多种原因而拖延。其中,对失败的恐惧是导致拖延的原因之一。
>
> 害怕失败的人有自己的一套观念,这些观念将"为成就而全力以赴"变成了一件令人恐惧的、冒险的事情。这些观念是:①我做的事情直接反映了我的能力;②我的能力水平决定了我作为一个人所具有的价值——也就是说,我的能力越强,我的自我价值感越高;③我做的事情反映了我的个人价值。简言之,自我价值感=能力=表现。
>
> 这仿佛是一个人的内心呼声:"我表现好,表示我很有能力,所以,我喜欢自己。"或者"我表现不好,表示我没有能力,所以,我感觉自己很糟糕。"表现的好坏已经不仅仅是某件事情做得好或不好的问题,而是被夸大为个人是否有能力、是否有价值的一个衡量标准。

> 基于这样的观念,拖延成为个体保护自我价值的一种策略。比如:对于某些没有复习计划,而是习惯于考前突击的学生,他们(她们)的潜意识里可能就有这样的逻辑:"如果我努力复习了,结果却没考好,这就意味着我很笨;但是,如果我只是考前突击一下,即使没有考好也没有关系,因为我可以将糟糕的成绩归咎于自己没有付出百分之百的努力;换句话说,虽然这次我没有考好,但是,只要全力以赴,我就一定可以考好。"
>
> 如果发生了这种情况,教师就不得不对学生的认知观念进行干预了。

五、教师、家长的作用

自主学习取向对教师提供了新的要求。首先,自主学习取向不等同于将学习时间、学习活动完全交给学生自己去安排。学生的经验和水平是有限的,是需要发展的,自主学习能力也同样需要培养与发展。即使是学习优秀的学生,也会在某些技能上存在缺陷。自主学习取向强调了自主学习的重要性,而自主学习能力的培养,有赖于适宜的学习环境,因而教育者应当有意识地承担起创设这种学习环境的重任。教师在教学活动中,除了为学生传授具体的知识,还应将自主学习训练贯穿于课堂教学、作业布置和测验考试中。

由于与传统的"教师主导"学习取向不同,教师在课堂、作业、考试等教学环节安排的自主学习训练内容,可能会导致家长的不解与抵制。为了争取家长成为培养学生自主学习技能的"合力"而非"阻力",教师必须与家长进行深入的沟通,阐明自主学习训练的重要性,争取家长的配合。

> **专栏 8-10 举例思考**
>
> 一位学生在期中化学考试中考了 59.5 分,在自以为某题正确的情况下,找到老师要求加上该题应得的分数。老师细心地解释了不能得分的原因,但当看到该生失望沮丧的表情时,还是毫不犹豫地给他加了 0.5 分,并告诉他:"这次借给你,下次考试时还要还回来。"学生高兴地答应了。

中学生认知与学习

> 期末考试中,这位学生化学考了65分,找到老师要求还上当初借的分数,老师笑着说:"看到你进步,我很高兴,那0.5分就不用还了。"
> 在这个案例中,机智的老师是从哪方面激发了学生的学习动机呢?

■ 内容要点

1. 学习动机是激发并维持学生的学习活动指向某一目标的心理倾向。学习动机能够导致学生努力的增加,能够加强认知过程、提高学习效率,能够增强学生在学习活动中的持续性,并最终导致行为的改善。

   需要注意两点,一是动机决定强化何种结果,不同的动机强化不同的结果,这些动机不见得都是有利于学习的;二是学习动机的强度对学习效果的影响受到任务性质的调节,学习动机的强度需要灵活的调整。

2. 本章介绍了四种取向的学习理论,分别是行为、人本、社会文化,以及认知主义。其中,行为主义的动机理论以强化为核心概念,行为主义认为,强化是行为得以维持的原因,但强化不足以解释人的复杂动机系统。人本主义的动机理论认为,学生具有成长的潜力和需要,教师要做的是为学生提供良好的成长环境。社会文化取向的动机理论强调了人际交往需要的作用,指出教师应当让学生在各种群体活动中进行学习。

3. 认知取向的动机理论在教学实践中具有重要意义,该取向强调认知信念的动机作用。其中,期望价值理论认为,人的行为是由目标实现的可能性及目标的主观价值共同决定的,成就动机理论进一步指出,人同时具有追求成功和避免失败两种倾向,最终的动机是趋近倾向与回避倾向的差值。归因理论强调了归因方式对行为的影响,指出消极的归因方式将通过降低成就期望,增加消极情绪,进而损害成就行为。班杜拉提出的自我效能感理论认为,自我效能感对个体行为具有重要的控制力量。而自我价值理论强调自我价值在学习中的作用,指出了自我价值对于学习的潜在阻碍作用。

4. 如何有效地激励学生的学习,是每个教师的必修课。如何将经典的心理学理论知识转化为学生的实践技能?这一问题的解答只有在教学实践中,才能得出最佳的答案。其中,ARCS模式与TARGET模式能够给予教师一定的启发。

第八章 中学生学习动机的激发

5.学生是学习的主体,自主学习对于学习成就的取得具有巨大作用。自主学习包括自我评价与监控、目标设置与策略计划、策略执行与监控、策略结果的监控四个环节。自主学习能力的提高有赖于学生在相应环节上的学习技能的提高,同时,也需要教师提供适时的指导。学业拖延这一常见问题被认为是自我调节的失败,且原因是比较复杂的。事实上,在自我价值理论等诸多动机理论中,已经暗示了学业拖延的产生原因。理清学业拖延的原因,对有效地开展的自主学习训练具有重要意义。

■ 复习与思考

1.什么是学习动机?学习动机对学生学习有怎样的影响?

2.什么是外部动机?什么是内部动机?外部动机和内部动机对行为的激励有什么不同?

3.什么是避免失败的动机?什么是趋向成功的动机?

4.学生对于自己在学习中的成败进行归因时,做出的不同归因对其未来的学习行为有何影响?

5.什么是自我效能感,自我效能感的影响因素有哪些?

6.学习动机的自我价值理论的基本内容是什么?

7.马斯洛对缺失需要和成长需要的区分有何教育意义?

8.什么是社会文化取向的动机理论?

9.如何激发学生的学习动机?

10.如何培养学生的自主学习能力?

11.拖延是如何产生的?应当如何干预?

■ 推荐阅读材料

1.博克,袁.拖延心理学[M].蒋永强,陆正芳,译.北京:中国人民大学出版社,2009.

2.齐默尔曼,邦纳,科瓦齐.自我调节学习:实现自我效能的超越[M].姚海林,徐守森,译.北京:中国轻工业出版社,2001.

索引

❖ 术语索引

- 学习动机(learning motivation)   8.1
- 学习需要(learning demanding)   8.1
- 诱因(inducement)   8.1
- 内部动机(intrinsic motivation)   8.1
- 外部动机(extrinsic motivation)   8.1
- 强化(reinforcement)   8.2
- 惩罚(punishment)   8.2
- 期望—价值理论(expectancy – value theory)   8.2
- 期望(expectancy)   8.2
- 价值(value)   8.2
- 归因(attribution)   8.2
- 习得性无助(learned helpless)   8.2
- 自我效能感(sense of self – efficacy)   8.2
- 自我价值(self – worth)   8.2
- 身份(identity)   8.2
- 合法的外周参与(legitimate peripheral participation)   8.2
- 自主学习(self – regulated learning)   8.4
- 学业拖延(academic procrastination)   8.4
- 自我调节(self – regulation)   8.4

❖ 人名索引

- 奥苏贝尔(D. P. Ausubel)   8.1
- 麦克利兰(D. C. McClelland)   8.2
- 阿特金森(J. W. Atkinson)   8.2
- 海德(F. Heider)   8.2
- 琼斯(E. E. Jones)   8.2
- 戴维斯(K. E. Davis)   8.2
- 凯利(H. Kalley)   8.2

第八章　中学生学习动机的激发

- 罗特（J. B. Rotter） 8.2
- 韦纳（B. Weiner） 8.2
- 班杜拉（A. Bandura） 8.2
- 科温顿（Covington） 8.2
- 马斯洛（A. Maslow） 8.2
- 柯勒（J. Keller） 8.2
- 齐默尔曼（B. J. Zimmerman） 8.4

参考文献

[1] 伍尔福克.教育心理学[M].何先友,等译.北京:10 版.中国轻工业出版社,2008.

[2] 埃根,查克.教育心理学:课堂之窗[M].郑日昌,主译.6 版.北京:北京大学出版社,2009.

[3] 比格,谢米斯.写给教师的学习心理学[M].徐蕴,张军华,等译.北京:中国轻工业出版社,2005.

[4] 布鲁纳.布鲁纳教育论著选[M].邵瑞珍,张渭城,等译.北京:人民教育出版社,1989.

[5] 车文博.人本主义的心理学元理论[M].北京:首都师范大学出版社,2010.

[6] 陈琦,张建伟.建构主义与教学改革.教育研究与实验[J],1998(3):46-50.

[7] 陈琦,刘儒德.当代教育心理学[M].北京:北京师范大学出版社,2007.

[8] 陈琦,刘儒德.教育心理学[M].北京:高等教育出版社,2005.

[9] 陈琦,张建伟.建构主义学习观要义评析[J].上海:华东师范大学学报(教育科学版),1998(1):61-68.

[10] 陈威.小学生认知与学习[M].北京:高等教育出版社,2013.

[11] 陈允成,帕森斯,享森,等.教育心理学:实践者—研究者之路(亚洲版)[M].何洁,徐琳,夏霖,译.上海:上海人民出版社,2007.

[12] 舒尔茨 DP,舒尔茨 SE.现代心理学史[M].叶浩生,译.8 版.南京:江苏教育出版社,2005.

[13] 冯忠良,伍新春、姚梅林,等.教育心理学[M].北京:人民教育出版社,2000.

[14] 高申春.人性辉煌之路:班杜拉的社会学习理论[M].武汉:湖北教育出版社,2000.

[15] 郭德俊.中小学课堂教学的动机设计与情绪调节.北京:首都师范大学出版社,2002.

[16] 皮连生.教育心理学[M].3版.上海:上海教育出版社,2004.

[17] 王振宏.学习动机的认知理论与应用[M].北京:中国社会科学出版社,2009.

[18] 邢强.归因和自我效能感在自我调节学习中的作用[J].广州大学学报(社会科学版),2007,615:13-17.

[19] 韩永昌.心理学[M].5版.上海:华东师范大学出版社,2009.

[20] 赫根汉.心理学史导论[M].郭本禹,等译.4版.上海:华东师范大学出版社,2003.

[21] 加涅,布里格斯,韦杰.教学设计原理[M].皮连生,庞维国,等译.上海:华东师范大学出版社,1999.

[22] 李红.教育心理学[M].武汉:武汉大学出版社,2007.

[23] 林崇德.发展心理学[M].北京:人民教育出版社,2009.

[24] 林正文.儿童行为的塑造与矫正[M].北京:北京师范大学出版社,1998.

[25] 刘儒德.学习心理学[M].北京:高等教育出版社,2010.

[26] 费尔德曼.发展心理学:人的毕生发展[M].苏彦捷,等译.北京:世界图书出版公司北京公司,2007.

[27] 斯莱文.教育心理学:理论与实践[M].姚梅林,等译.北京:人民邮电出版社,2004.

[28] 斯滕伯格,威廉姆斯.教育心理学[M].张厚粲,译.北京:中国轻工业出版社,2003.

[29] 马丁,邦普.心理技能训练指南:教练员运动员实用手册[M].王惠民,任未多,李京城等编译.北京:人民体育出版社,1992.

[30] 闵卫国,傅淳.教育心理学[M].昆明:云南人民出版社,2004.

[31] 莫雷,何先有,冷英.教育心理学教学参考资料选辑[M].广州:广东高等教育出版社,2004.

[32] 莫雷.教育心理学[M].北京:教育科学出版社,2007.

[33] 莫雷.教育心理学[M].广州:广东高等教育出版社,2005.

[34] 彭聃龄.普通心理学[M].4版.北京:北京师范大学出版社,2012.

[35] 皮连生.学与教的心理学[M].5版.上海:华东师范大学出版社,2009.

[36] 邱莉.中学生认知与学习[M].北京:北京师范大学出版社,2013.

[37] 皮亚杰.发生认识论原理[M].王宪钿,等译.北京:商务印书馆,1981.

[38] 邵志芳.认知心理学:理论、实验和应用[M].2版.上海:上海教育出版社,2013.

[39] 盛群力,李志强.现代教学设计论[M].杭州:浙江教育出版社,1998.

[40] 史耀芳.二十世纪国内外学习策略研究概述[J].心理科学,2001,24(5):586-589.

[41] 谭顶良.学习风格论[M].南京:江苏教育出版社,1995.

[42] 陶国富.创造心理学[M].上海:立信会计出版社,2002.

[43] 费兹科,麦克卢尔.教育心理学:课堂决策的整合之路[M].吴庆麟,等译.上海:上海人民出版社,2008.

[44] 汪凤炎,燕良轼.教育心理学新编[M].广州:暨南大学出版社,2006.

[45] 王健.运动技能与体育教学:大中小学学生运动技能形成过程的理论探讨与实证分析[M].北京:北京体育大学出版社,2009.

[46] 王甦,汪安圣.认知心理学[M].北京:北京大学出版社,2006.

[47] 王振宏,李彩娜.教育心理学[M].北京:高等教育出版社,2011.

[48] 吴庆麟.教育心理学:献给教师的书[M].上海:华东师范大学出版社,2003.

[49] 扬克洛维奇. 新价值观——人能自我实现吗?[M]. 罗雅,姜涛, 译. 北京:东方出版社,1989.

[50] 叶浩生. 西方心理学理论与流派[M]. 广州:广东高等教育出版社,2004.

[51] 尹可丽. 中小学生认知与学习[M]. 北京:高等教育出版社,2014.

[52] 桑切克. 教育心理学[M]. 周冠英,王学成,译. 北京:世界图书出版公司,2007.

[53] 张春兴. 教育心理学[M]. 杭州:浙江教育出版社,1998.

[54] 张大均. 教育心理学[M]. 北京:人民教育出版社,1999.

[55] 张德琇. 创造性思维的发展与教学[M]. 长沙:湖南师范大学出版社,1990.

[56] 张厚粲. 行为主义心理学[M]. 杭州:浙江教育出版社,2003.

[57] 张佳佳. 初中生学习自控力与注意稳定性、学习成绩的关系及其教育启示[D]. 开封:河南大学,2011.

[58] 张建伟,陈琦. 简论建构性学习和教学[J]. 教育研究,1999(5):55-60.

[59] 张静. 不同认知风格初中生外显与内隐学习的差异[D]. 开封:河南大学,2008.

[60] 张民选. 隐性知识与隐性知识的显现可能[J]. 全球教育展望,2003(8):15-16.

[61] 张世富. 心理学[M]. 北京:人民教育出版社,1988.

[62] 张文新. 青少年发展心理学[M]. 济南:山东人民出版社,2002.

[63] 奥姆罗德. 教育心理学[M]. 彭运石,彭舜,谢立平,等译. 西安:陕西师范大学出版社,2006.

[64] 周跃良. 现代教育技术[M]. 北京:高等教育出版社,2008.

[65] 庄耀嘉. 人本心理学之父——马斯洛[M]. 台北:桂冠图书股份有限公司,1990.

[66] AMABILE T M. Motivational synergy:Toward new conceptualization of intrinsic and extrinsic motivation in the workplace[J]. Human Re-

source Management Review,1993,3(3):185-201.

[67] ANDERSON J R. Rules of the Mind[M]. Hillsdale, New Jersey: Lawrence Erlbaum, 1993.

[68] BANDURA A. (1977). Self-efficacy: Toward a unifying theory of behavioral change [J]. Psychological Review, 84(2):191-215.

[69] BANDURA A. Social foundations of thought and action: A social cognitive theory [M]. Englewood Cliffs, N J: Prentice-Hall, Ine.

[70] BANDURA A. (1997). Self-efficacy: The exercise of control [M]. New York: W. H. Freeman and company.

[71] BURKA J B, YUEN L M. Procrastination: Why you do it, what to do about it now [M]. Da Capo Press, 2008.

[72] 斯莱文.教育心理学:理论与实践(影印本)[M].7版.北京:北京大学出版社,2004.

[73] CASE R. Intellectual development: Birth to adulthood [M]. New York: Academic Press, 1985.

[74] CHEN Z. Children's analogical problem solving: The effects of superficial, structural, and procedural similarity [J]. Journal of experiment child psychology, 1996, 62(3):420-431.

[75] COBB P, Yackel E. Constructivist, emergent, and socio-cultural perspective in the contax of developmental research [J]. Educational psychology, 1996, 31:175-190.

[76] COVINGTON M V. The will to learn: A guide for motivating young people[M]. New York: Cambridge University Press, 1998.

[77] DE CORTE E. Transfer as the productive use of acquired knowledge, skills, and motivations [J]. Current directions in psychological science, 2003, 12(4):142-146.

[78] HUSSAIN S. Creativity, concept and findings[M]. Delhi: Motilal Banarsidasspub, 1988.

[79] KESSLER R. The soul of education: Helping students find connectin,

compassion, and character at school[M]. Washington, D. C. :The ASCD Press,2010.

[80] PRAWAT R S. Constructivism, modern and postmodern [J]. Educational psychologist,1996,31(3-4):215-225.

[81] ROGERS C. On becoming a person:A therapist's view of psychotherapy [M]. London:constable,1961.

[82] SENECAL C,KOESTNER R,VALLERAND R J. Self-regulation and academic procrastination [J]. Journal of Social Psychology,1995,135(5):607-619.

[83] STEEL P. The nature of procrastination:A meta-analytic and theoretical review of quintessential self-regulatory failure [J]. Psychological Bulletin,2007,133(1):65.

[84] STEFFENS K. Self-regulated learning in technology-enhanced learning environments:Lessons of a European peer review [J]. European Journal of Education,2006,41(3-4):353-379.

[85] STERNBERG R G,WILLIAMS W M. 教育心理学[M].张厚粲,译.北京:中国轻工业出版社,2003.

[86] SCHMIDT R A,LEE T D. Motor control and learning:A behavioral emphasis [M]. 3rd. ed. American:Human Kinetics,1999.

[87] SHAFFER D R,KIPP K. 发展心理学:儿童与青少年[M].邹泓,等译.北京:中国轻工业出版社,2009.

[88] SMITH B. On self-actualization:A transambivalent examination of a focal theme in Maslow's psychology [J]. Journal of Humanistic Psychology,1973.

[89] STAMHJ. Introduction:Social constructionism and its critics [J]. Theory & Psychology,2001,11(3):291-296.

[90] PALINCSARAS. (1998). a Social constructivist perspectives on teaching and learning[J]. Annual Review Psychology,1998,49:345.

[91] TORRANCE E P. Guiding creative talent [J]. Englewood Cliffs,NJ:

Prentice – Hall,1962.

[92] WOLTERS C A. Understanding procrastination from a self – regulated learning perspective [J]. Journal of educational psychology,2003,95(1):179.

[93] YERKES R M,DODSON J D. The relation of strength of stimulus to rapidity of habit-formation[J]. Journal of comparative neurology and psychology,1908,18(5):459 – 482.

[94] ZIMMERMAN B J,BONNER S,KOVACH R. Developing self – regulated learners: Beyond achievement to self – efficacy [M]. American Psychological Association,1996.

后 记

　　教育既是一门科学，又是一门艺术。科学意味着教师应遵循教育的客观规律，了解不同发展阶段个体的认知学习的特点与规律；艺术则意味着在实践教学环节中，教师应依据学生发展的实际情况，创造性地灵活运用科学理论与规律，因材施教。只有科学和艺术完美结合，才能取得好的教育教学效果。时代发展对教育提出了新的要求，现代社会的教师更应该掌握教育心理学中有关个体认知与学习的规律，以促进教育教学科学、高效地完成。

　　该教材既适用于高等师范院校的教师教育课程，也能够为教学一线教师提供相关的理论以指导教学实践，帮助教师在把握中学生认知发展特点的基础上，了解学习的规律，促进对学生能力的培养与健康发展。目前，有关中学生认知发展的教材较多，但专门服务于教师教育实践的优秀教材仍比较少。对优秀教师的培养，不仅要求其具备扎实的专业知识背景，而且需要其能够了解中学生认知发展的特点，并能够将所学知识灵活应用于教学实践中。

　　为实现上述目标，结合师范生的知识结构与学习特点，我们在力图保留普通心理学与教育心理学相关基础知识的同时，在全面了解中学阶段青少年认知与学习相关理论规律的基础上，关注基础理论的应用与教育教学实践领域的相关内容，较为完善地构建了该教材的内容框架。

　　首先，在专业基础理论部分，本教材详细介绍了认知与学习的联系及不同学派的学习理论，为理解中学生的学习行为提供了基本理论框架。

　　其次，介绍了中学生知识技能的学习、能力与创造性的培养、学习迁移及学习动机的激发等内容，进一步丰富了中学生学习的一般知识与规律，基本契合师范生对相关理论的掌握与运用。

　　再次，在教材内容上删繁就简，选择了与中学生学习密切相关的内容进行重点介绍，以减轻学习的难度。

此外，为进一步增强教材的实用性，本书在各个章节中均设置了"专栏"模块，通过呈现"举例思考""拓展阅读"等内容，引导学生将所学知识应用于教学实践。

最后，在对师范生自主学习的指导方面，为加强学生学习的目的性和对重点知识的学习记忆，在每个章节的开头设置了教学目标、学习重点及课前思考，对每章内容进行引领，章节末尾均包含了内容要点和复习思考以帮助学生对所学知识进行概括总结，以达到学习的前后呼应、融会贯通及突出重点的目的。

最后，感谢我的研究生帮助收集各章节文献，整理相关教学素材，也感谢陕西师范大学心理学院各位领导的支持。尽管我们始终努力认真撰写书稿，但因自身水平有限，难免存在不足之处，希望各位专家和读者提出宝贵意见与建议！

李彩娜

2016 年 5 月 16 日